JN438991

개정3판

현대인의 식생활과 건강

개정3판

현대인의 식생활과 건강

펴 낸 날　3판 4쇄 2020년 4월 25일 펴냄
3판 1쇄 2013년 2월 28일 펴냄
2판 2쇄 2011년 2월 28일 펴냄
2판 1쇄 2010년 3월 3일 펴냄
1판 6쇄 2009년 3월 3일 펴냄
1판 1쇄 2005년 2월 5일 펴냄

글 쓴 이　홍희옥 . 맹원재
펴 낸 이　임용호
펴 낸 곳　건국대학교출판부
주　　소 : 05029, 서울특별시 광진구 능동로 120
전　　화 : (02) 450-3892~3
팩　　스 : (02) 457-7202
홈페이지 : http://press.konkuk.ac.kr
전자우편 : press@konkuk.ac.kr
등　　록 : 제4-3호(1971. 6. 21)

기획총괄　유 상 우
편　　집　임 경 희
본문삽화　이 영 인
찍 은 곳　(주)동화인쇄공사

ISBN 978-89-7107-558-6 03590

정가 22,000원

개정3판

현대인의 식생활과 건강

홍희옥 · 맹원재 공저

건국대학교출판부

Let thy food be thy medicine, and thy medicine be thy food

— 히포크라테스

개정3판을 펴내며

생활수준의 향상에 따른 식생활의 풍요와 더불어 장수와 건강에 대한 관심이 고조되어 가는 가운데 건강과 관련되어 발표된 우리나라 통계자료와 세계 각국의 최신 정보들을 보강하여 다시 개정3판을 출간하게 되어 저자들로서 매우 기쁘다.

식품소비구조의 서구화와 풍요로운 식생활이 평균 수명의 증가에 크게 기여하였으나 동시에 영양소 섭취의 불균형과 잘못된 식습관으로 고혈압 등 만성질환과 저체중, 비만 등 영양 관련성 질병 등의 증가가 우리 삶을 위협하고 있다.

의학의 아버지 히포크라테스도 음식으로 고칠 수 없는 병은 약으로도 고칠 수 없다고 말한 것처럼 이들 질병의 예방뿐만 아니라 건강을 유지시켜 주는 가장 중요한 요소 중 하나로 건전하고 올바른 식생활을 들 수 있다. 따라서 일상적으로 먹는 식품과 신체에 미치는 영향에 대한 올바른 지식을 습득하여 바람직한 식생활을 영위하는 것이 무엇보다도 중요하다.

이 책은 영양소 섭취의 불균형과 잘못된 식습관으로 야기되는 문제점들과 이로 인하여 발병되는 여러 대사성 질환들을 알기 쉽게 설명하고 예방과 관리방법 그리고 건강한 일상생활을 영위할 수 있도록 바람직하고 올바른 식생활을 제시하는 데 역점을 두었다. 아울러 평균수명의 증가에 따른 장기적인 건강관리를 위한 영양학적 접근의 중요성에 대하여 다루었다.

끝으로 이 책을 출판하기까지 늘 많은 수고를 마다하지 않는 임경희 선생과 건국대학교출판부 관계자 여러분께 감사드린다.

2013년 2월

저자 홍희옥 · 맹원재

머리말

삶의 질 향상은 경제적인 풍요와 더불어 건강에서 오며 건강을 잃으면 모든 것을 잃는다. 건강을 지켜주는 가장 중요한 요소 중 하나가 건전한 식생활이며 건전한 식생활을 위하여 일상적으로 먹는 식품과 이것이 신체에 미치는 영향에 대한 올바른 지식을 습득하는 것이 중요하다.

따라서 이 책에서는 우리의 식생활이 점차 풍요로워지고 또 서구화되는 과정에서 야기되는 영양 섭취의 불균형과 잘못된 식습관이 유발시키는 각종 영양성 질병과 성인병의 발병 원인을 알기 쉽게 설명하고 또한 올바른 식생활을 통하여 이들 질병의 예방 및 치료 방법을 제시하여 건강한 일상생활을 영위하는 데 역점을 두었다. 아울러 복잡 다양한 생활환경에서 살아가는 현대인들이 접하게 되는 스트레스와 환경오염, 그리고 평균수명의 증가에 따른 장기적인 건강관리를 위한 영양학적 접근의 중요성에 대하여 다루었다.

이 책은 저자들의 강의 경험을 토대로 전공을 초월한 대학생 교양과목의 교과서를 염두에 두고 집필하였으며 이 분야에 관심을 가지고 있는 일반인들에게도 좋은 건강지침서가 되리라고 확신한다.

앞으로 건강과 관련되어 발표되는 최신정보와 새로운 지식들을 지속적으로 보완할 것을 다짐한다.

끝으로 이 책을 출판하기까지 많은 수고를 마다하지 않은 건국대학교 출판부 관계자 여러분께 감사드린다.

2005년 1월

저자 홍희옥 · 맹원재

차 례

11장 당뇨병과 영양 235

12장 암과 영양 279

CHAPTER 1

영양소

1. 영양과 영양소

대부분의 사람들은 영양과 영양소를 구분하여 사용하지 않고 있으나 영양과 영양소의 의미는 분명 다르다. 영양(nutrition)은 사람이 체외로부터 식품을 섭취하여 소화·흡수 과정을 거쳐 생명의 유지와 성장 그리고 낡거나 손상된 조직을 재생하고 불필요한 물질을 체외로 배설하는 일련의 과정을 뜻한다.

사람의 체유지, 성장 및 조직의 재생에 이용되는 물질로서 식품으로부터 얻는 물질을 영양소(nutrient)라고 정의한다. 사람이 필요로 하는 영양소는 탄수화물, 지방, 단백질, 무기질, 비타민, 물 그리고 산소이다.

이들 영양소는 체내에서 여러 가지 중요한 기능을 수행하며 이 중 한 가지라도 부족하게 섭취하면 건강을 유지하기 어렵다. 이들이 체내에서 행하는 주기능에 따라 **표 1-1**과 같이 분류한다.

표 1-1. 영양소의 기능별 분류

분 류	영 양 소	기 능
구성 영양소	단백질, 무기질, 물, 인지질, 당지질, 비타민 A	근육, 골격, 기관, 혈액 등 신체조직 구성
에너지 영양소	탄수화물 4 kcal/g, 지방 9 kcal/g, 단백질 4 kcal/g	근육수축, 신경작용, 심장박동, 호흡, 체온유지 등을 위한 에너지 공급
조절 영양소	무기질, 비타민, 물, 단백질	체내 대사과정, 수분균형, 산·염기평형, 혈액응고 등 생리기능의 조절

2. 영양소의 종류와 기능

1) 탄수화물

탄수화물은 자연계에 다량 존재하는 에너지원으로, 식물잎의 엽록체(chloroplast)에서 이산화탄소(CO_2), 물(H_2O) 그리고 태양열을 이용하는 광합성 과정에 의하여 만들어진다. 이렇게 만들어진 탄수화물은 탄소(C), 수소(H), 산소(O)로 구성되어 있다.

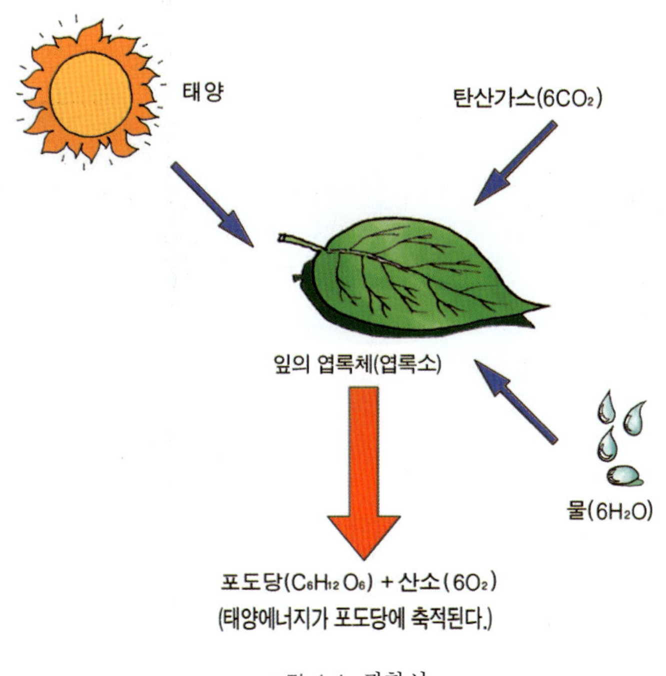

그림 1-1. 광합성

(1) 탄수화물의 분류

탄수화물은 단당류(monosaccharide), 이당류(disaccharide), 올리고당류(oligosaccharide) 및 다당류(polysaccharide)로 분류한다.

♠ 단당류

단당류는 탄수화물을 구성하고 있는 기본단위로 탄소수에 따라 탄소가 3개이면 삼탄당(triose), 4개이면 사탄당(tetrose), 5개이면 오탄당(pentose), 그리고 6개이면 육탄당(hexose)으로 분류한다. 이 중에서 자연계에 많이 존재하는 단당류는 육탄당으로 포도당(glucose), 과당(fructose) 그리고 갈락토오스(galactose)가 있다.

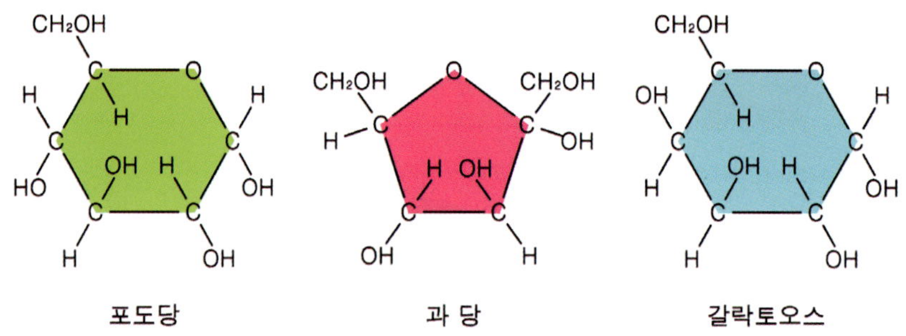

그림 1-2. 포도당, 과당, 갈락토오스 구조

♠ 이당류

두 개의 단당류가 결합된 당류이다. 식품에 가장 널리 들어 있는 이당류로는 맥아당(maltose), 유당(lactose) 그리고 자당(sucrose)이 있다.

맥아당은 두 개의 포도당이 결합된 형태이며, 전분(starch)이 가수분해되어 생성되는 당으로 맥주를 만들 때 알코올(에탄올) 생성을 위한 필수 원료이다.

자당은 포도당과 과당이 결합된 형태로 사탕수수, 사탕무, 꿀과 단풍시럽 등에 들어 있으며 이들을 정제하는 정도에 따라 황설탕, 백설탕, 설탕가루로 구분한다. 그리고 일반적으로 자당은 동물에게서 발견되지 않는다.

유당은 포도당과 갈락토오스가 결합된 형태이며, 유당의 중요한 식품급원은 우유를 비롯한 유제품이다.

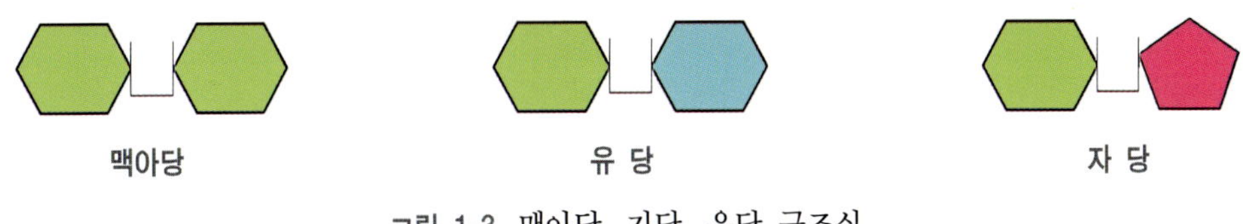

그림 1-3. 맥아당, 자당, 유당 구조식

♠ 올리고당류

올리고당류는 단당류 중 주로 육탄당이 3개에서 10개가 결합되어 있는 당류이다. 올리고당은 식물체내 구조성분으로 존재하며 단당류나 이당류에 비하여 단맛이 떨어진다. 최근에는 박테리아가 생산하는 효소를 이용하여 당으로부터 여러 가지 기능성 올리고당을 생산하고 있다. 종류에는 사용하는 당이름을 따서 말토올리고당(maltooligosaccharide), 갈락토올리고당(galactooligosaccharide) 그리고 프락토올리고당(fructooligosaccharide) 등이 있다. 이러한 기능성 올리고당은 체내 소장에서 분해가 되지 않거나 극히 일부가 분해되어 흡수되므로 1 g당 1.6 kcal의 저열량을 낸다. 따라서 최근에는 음료수, 과자류, 아이스크림, 요구르트 등에 이용되고 있다.

♠ 다당류

단당류가 10개 이상 결합되어 있는 탄수화물을 다당류라고 하며 곡류, 채소, 과일 등에 들어 있는 다당류는 수천 개의 단당류로 이루어져 있다. 영양상 중요한 의의를 가지고 있는 다당류에는 전분, 글리코겐(glycogen)

및 셀룰로오스(cellulose)가 있다.

전분은 수천 개의 포도당이 결합되어 있는 중합체로서 아밀로오스(amylose)와 아밀로펙틴(amylopectin)으로 구성되어 있다. 아밀로오스는 포도당이 직선으로 결합되어 있는 다당류로 채소, 콩류, 밀제품과 쌀에 들어 있는 전분의 약 20%를 차지하고 있으며 나머지는 포도당들이 곁가지를 형성하며 결합된 아밀로펙틴으로 구성되어 있다. 글리코겐은 동물체내에 저장되어 있는 탄수화물로 동물성 전분(animal starch)이라고도 하며 글리코겐의 주요 저장고는 간과 근육이다. 셀룰로오스는 식물체의 구성물질로서 식물세포벽의 기본 조직을 형성하고 아밀로오스와 마찬가지로 포도당이 직선으로 연결되어 있는 다당류이다. 그러나 그 결합형태가 전분과 달라 체내에서 분비되는 소화효소에 의하여 분해되지 않는다.

따라서 다른 탄수화물처럼 에너지원으로는 이용되지 못하지만, 장의

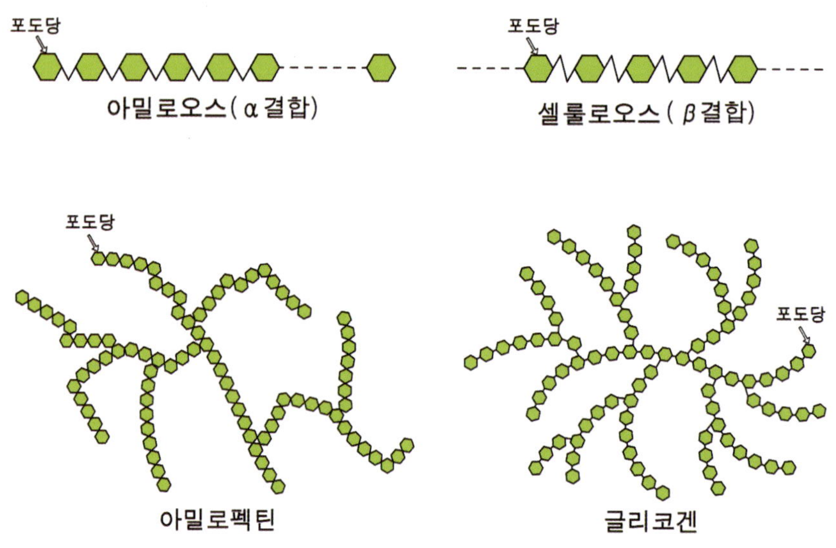

그림 1-4. 다당류 구조

운동을 증진시켜 변비 방지와 직장암의 발생을 억제시키는 효과가 알려지면서 그 중요성이 대두되고 있다.

(2) 탄수화물의 기능

탄수화물은 1 g당 4 kcal의 에너지를 신체에 제공하는 에너지 공급원이다. 이들 에너지는 근육수축, 신경작용, 심장박동, 식품의 소화 · 흡수, 호흡, 새로운 조직의 합성 등 에너지를 필요로 하는 생리작용에 쓰여진다. 특히 신경조직과 적혈구는 정상적인 상태에서 에너지원으로 포도당만 사용하며 과당과 갈락토오스는 체내에서 쉽게 포도당으로 전환되므로 에너지 대사과정은 포도당과 동일하다. 이때 에너지로 이용되는 양보다 많은 양의 탄수화물을 섭취하게 되면 글리코겐의 형태로 간, 근육에 저장되거나 지방조직에서 지방으로 전환된다. 이외에 지방합성, 조섬유로서의 기능, 아미노산 합성, 결체조직 합성 등의 기능과 단백질 절약효과도 있다.

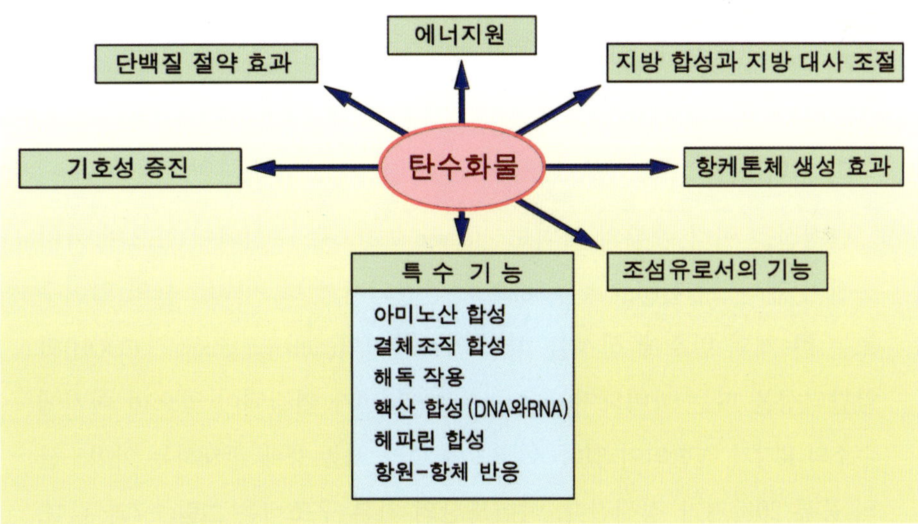

그림 1-5. 탄수화물의 주요 기능

그림 1-6. 탄수화물 급원식품의 100 kcal 제공시 분량

2) 단백질

단백질은 체조직과 기관을 구성하는 중요한 영양소이다. 단백질은 탄수화물이나 지방의 구성원소인 탄소, 수소, 산소 이외에 질소(N)를 가지고 있으며 일부 단백질은 황(S)을 가지고 있기도 하다.

(1) 아미노산

단백질은 여러 종류의 아미노산(amino acid)으로 구성되어 있으며 아미노산이 펩티드결합(peptide bond)으로 연결되어 있다. 아미노산의 일반구조는 한 개의 탄소에 산성을 띠는 카르복실기(carboxyl group, $-COOH$)와 알칼리성을 띠는 아미노기(amino group, $-NH_2$)가 연결되어 있으며 여기에 수소와 R기가 결합되어 있다. 이 R기에 따라 식품 중에 존재하는 아미노산의 종류 20가지가 정해진다. 아미노산의 기본 구조식은 **그림 1-7**과 같다.

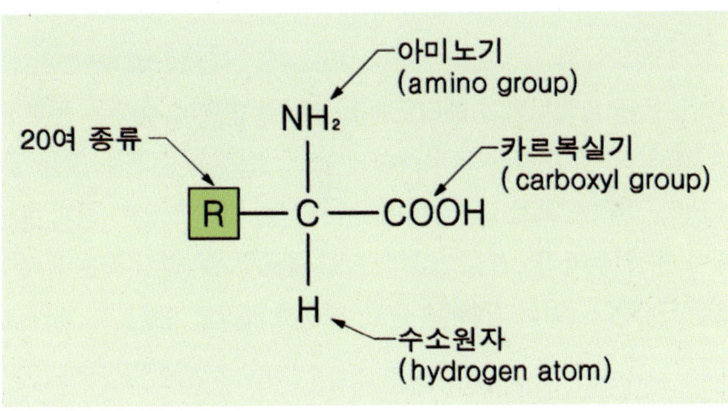

그림 1-7. 아미노산의 일반구조

아미노산은 필수아미노산(essential amino acid)과 비필수아미노산(non-essential amino acid)으로 분류한다. 필수아미노산은 체내에서 합성이 불가능하여 반드시 식품을 통하여 공급해 주어야 하는 아미노산으로 9가지가 이에 속하며 나머지는 체내에서 합성이 가능한 아미노산으로 비필수아미노산이라고 한다.

표 1-2. 필수 아미노산과 비필수 아미노산

필수 아미노산	비필수 아미노산
이소루신(isoleucine)	글라이신(glycine)
루신(leucine)	글루탐산(glutamate)
라이신(lysine)	아르기닌(arginine)
메티오닌(methionine)	아스파르트산(aspartate)
페닐알라닌(phenylalanine)	프롤린(proline)
트레오닌(threonine)	알라닌(alanine)
트립토판(tryptophan)	세린(serine)
발린(valine)	타이로신(tyrosine)
히스티딘(histidine)	시스테인(cysteine)
	아스파라긴(asparagine)
	글루타민(glutamine)

콩밥이 좋은 이유는?

콩에는 필수아미노산인 트립토판과 메티오닌이 부족한 반면에 쌀에는 풍부하게 들어 있다. 그러나 쌀에는 라이신과 이소루신이 부족하게 들어 있으나, 콩에는 이들 필수아미노산이 풍부하게 들어 있다. 따라서 서로 다른 아미노산 조성을 가지고 있는 콩과 쌀을 함께 섭취하면 신체가 요구하는 필수아미노산을 효율적으로 공급할 수 있기 때문에 쌀밥보다 콩밥이 영양적으로 좋은 것이다. 이를 **단백질 상호 보충효과**라고 한다.

(2) 단백질의 기능

단백질은 신체의 구성성분으로 조직을 형성하고 호르몬, 항체 등 특수물질의 합성 그리고 체내에 에너지가 부족할 때는 에너지도 제공하며 포도당, 지방의 합성에도 이용된다.

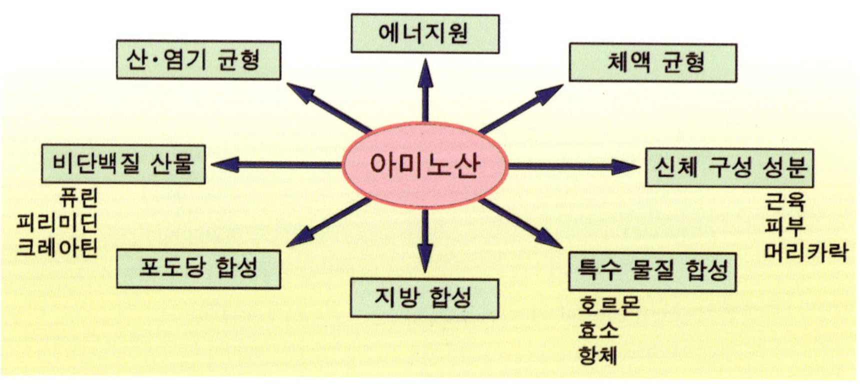

그림 1-8. 단백질의 기능

그림 1-9. 단백질 8g 제공시 급원식품의 분량

3) 지방

지방은 체중의 약 20%를 차지하는 중요한 영양소이다. 신체의 모든 세포 내에 지방이 함유되어 있으며 또한 저장 지방으로 지방조직 등에 축적되어 있다. 인체와 식품 중에 존재하는 중요한 지방은 중성지방이다.

(1) 지방의 구조

지방의 구조는 글리세롤(glycerol)에 지방산(fatty acid)이 1개, 2개 또는 3개가 각각 결합되어 있다. 따라서 지방은 탄소, 수소, 산소로 구성되어 있으며 물에는 녹지 않고 유기용매에 녹는 물질이다.

지방산은 지방을 구성하는 성분으로 대부분의 지방산은 탄소수가 짝수이며 직선으로 연결되어 있다. 지방산 내에 이중결합의 유무로 포화지방산(saturated fatty acid)과 불포화지방산(unsaturated fatty acid)으로 분류한다.

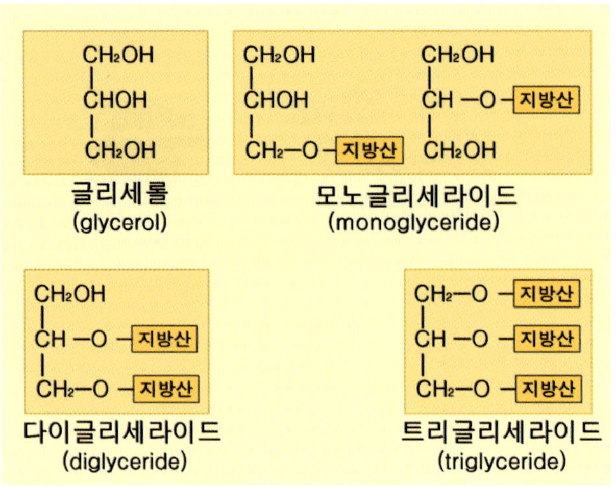

그림 1-10. 지방의 구조

지방산의 구조는?

한쪽 말단에 카르복실기를, 또 다른쪽 말단에는 메틸기(methyl)를 그리고 가운데는 탄소와 수소로 이루어져 있다.

$$\boxed{CH_3}-CH_2-CH_2-CH_2-CH_2-CH_2-CH_2-CH_2-CH_2-CH_2-\boxed{COOH}$$

메틸기 말단 카르복실기 말단

♠ 포화지방산

자연계에 널리 분포되어 있는 포화지방산은 다음과 같은 것들이 있으며, 이 중 팔미트산(palmitic acid)과 스테아르산(stearic acid)이 가장 많이 분포되어 있다.

표 1-3. 포화지방산의 종류

종 류	구 조 식
acetic acid (2 : 0)	CH_3-COOH
butyric acid (4 : 0)	$CH_3-(CH_2)_2-COOH$
palmitic acid (16 : 0)	$CH_3-(CH_2)_{14}-COOH$
stearic acid (18 : 0)	$CH_3-(CH_2)_{16}-COOH$
lignoceric acid (24 : 0)	$CH_3-(CH_2)_{22}-COOH$

그림 1-11. 포화지방산이 많은 식품

트랜스지방산(trans fatty acid)이란?

불포화지방산이 많이 함유되어 있는 식물성 기름에 수소를 첨가하는 과정에서 만들어지는 지방산으로 마가린과 쇼트닝에 들어 있다.
세계보건기구(WHO)는 성인의 1일 섭취량을 총에너지 섭취량의 1% 이내로 제한하고 있다.

♠ 불포화지방산

분자 내에 1개 또는 그 이상의 이중결합(-CH=CH-)을 가지고 있는 지방산으로 사람 및 동물에게 있어 영양상 중요한 물질이다. 이중결합이 한 개 있으면 단일불포화지방산(monounsaturated fatty acid)이라 하고 두 개 이상일 경우 다불포화지방산(polyunsaturated fatty acid, PUFA)이라 한다. 다불포화지방산에는 필수지방산(essential fatty acid)과 오메가 3계 지방산(omega 3 fatty acid)이 있다.

표 1-4. 불포화지방산의 종류

종 류	구 조 식
palmitoleic acid (16 : 1)	$CH_3(CH_2)_5CH=CH(CH_2)_7COOH$
oleic acid (18 : 1)	$CH_3(CH_2)_7CH=CH(CH_2)_7COOH$
linoleic acid (18 : 2)	$CH_3(CH_2)_4CH=CHCH_2CH=CH$ $(CH_2)_7COOH$
linolenic acid (18 : 3)	$CH_3CH_2CH=CHCH_2CH=CHCH_2$ $CH=CH(CH_2)_7COOH$
arachidonic acid (20 : 4)	$CH_3(CH_2)_4CH=CHCH_2CH=CH$ $CH_2CH=CHCH_2CH=CH(CH_2)_3COOH$

♠ 필수지방산

필수지방산은 우리 몸에서 합성되지 않거나 충분하지 않게 합성되므로 반드시 식품을 통하여 섭취하여야만 하는 지방산으로 리놀레산(linoleic

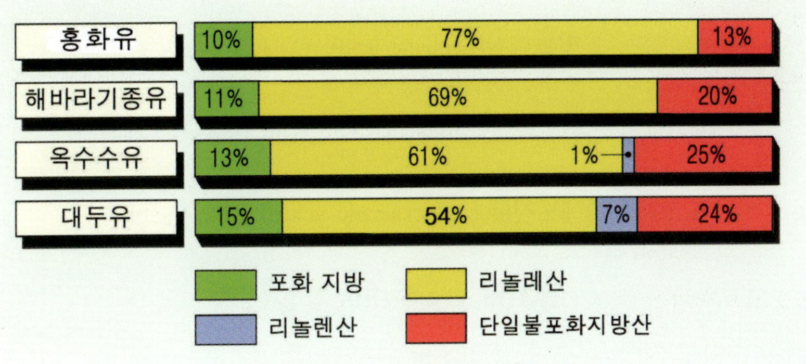

그림 1-12. 필수지방산의 급원식품

acid), 리놀렌산(linolenic acid), 아라키돈산(arachidonic acid) 등이 있다. 필수지방산은 정상적인 체기능을 유지하기 위하여 꼭 필요한 지방산이며 특히 성장기 어린이들에게 결핍되면 성장이 지연되고 피부염과 습진 등이 발생하는 것으로 알려져 있다. 또한 사람과 동물의 번식 기관과 기타 조직에 분포되어 있으면서 호르몬과 유사한 기능을 하는 프로스타글란딘(prostaglandin)을 생산하는 시작 물질이다. 필수지방산은 식물성 지방에 많이 함유되어 있다.

♠오메가 3계 지방산

지방산의 탄소원자 번호를 메틸기쪽에서부터 정하는 오메가 번호방법에 의하여 3번째 탄소에 이중 결합을 가지고 있는 지방산을 오메가 3계 지방산이라고 한다. 오메가 3계 지방산은 식물성 지방(vegetable oil)에 들어 있는 필수지방산의 하나인 리놀렌산과 어유(fish oil)에 들어 있는 EPA(eicosapentaenoic acid) 그리고 DHA(docosahexaenoic acid)가 있다. 이들 지방산은 체내에서 중요한 생리기능을 한다. 즉 혈중 콜레스테롤 농도를 감소시켜 동맥경화증을 예방하며 특히 DHA는 뇌의 구성성분으로 성장기 어린이들의 두뇌 발달에 중요한 역할을 한다.

리놀렌산(linolenic acid), $C_{18}:3\omega 3$

↓

아이코사펜타에노산(eicosapentaenoic acid, EPA), $C_{20}:5\omega 3$

↓

도코사헥사에노산(docosahexaenoic acid, DHA), $C_{22}:6\omega 3$

그림 1-13. EPA와 DHA 합성과정

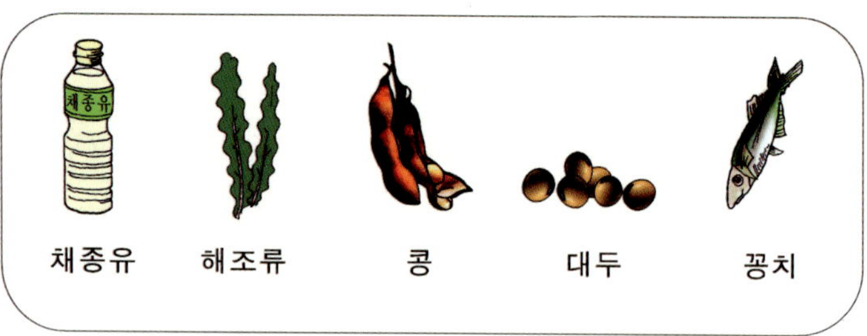

그림 1-14. 오메가 3계 지방산 급원식품

체내에서 오메가 3계 지방산의 기능

· 간에서 중성지방 합성을 저해한다.

· 혈전 생성을 감소시킨다.

· 산소부족으로 인한 조직 손상의 재생에 도움을 준다.

· 혈압을 낮추는 효과가 있다.

*과잉 섭취시 혈관벽이 얇아져 출혈의 위험을 초래할 수 있다.

(2) 지방의 분류

♠ 단순지방

단순지방에는 지방산, 글리세라이드류, 왁스류 등이 있다. 왁스류는 식품에 많이 들어 있지 않으며 피부, 털, 나뭇잎 등에 포함되어 있다.

♠ 복합지방

인지질(phospholipid), 당지질(glycolipid) 그리고 지방단백(lipoprotein)이 여기에 속하며 특수기능을 한다.

인지질은 지방에 인(P)이 결합되어 있는 복합지방으로 수용성 및 지용성의 성질을 가지고 있다. 인지질은 세포막의 구성성분으로 세포막을 통과하는 물질들의 통로 역할을 하며, 특히 신경조직, 간, 심장 등의 활발한 기능을 하는 조직에 많이 함유되어 있다. 따라서 인지질은 에너지원보다는 조직세포의 유지를 위하여 중요한 기능을 가지고 있다.

당지질은 탄수화물과 지방이 결합되어 있는 지방으로 동물의 뇌와 신경 섬유에 존재하며 세레브로사이드(cerebroside)와 강글리오사이드(ganglioside)로 불린다. 강글리오사이드는 녹용에 함유되어 있는 성분으로 널리 알려져 있다. 스핑고신(sphingosine)은 지방산, 6탄당, 헥소사민(hexosamine), 뉴람산(neuramic acid) 등으로 이루어져 있는 복합 화합물로서 이온(ion)을 운반하는 기능을 가진 세포막의 중요한 구성 성분이다.

지방단백은 지방의 운반형태로 단백질과 결합되어 있으며 이외에 중성지방(triglyceride), 인지질, 콜레스테롤(cholesterol)이 함유되어 있다. 지방단백은 밀도에 따라서 카일로마이크론(chylomicron), 최저밀도 지방단백(very low density lipoprotein, VLDL), 저밀도 지방단백(low density lipoprotein, LDL), 그리고 고밀도 지방단백(high density lipoprotein, HDL)으로 구분된다.

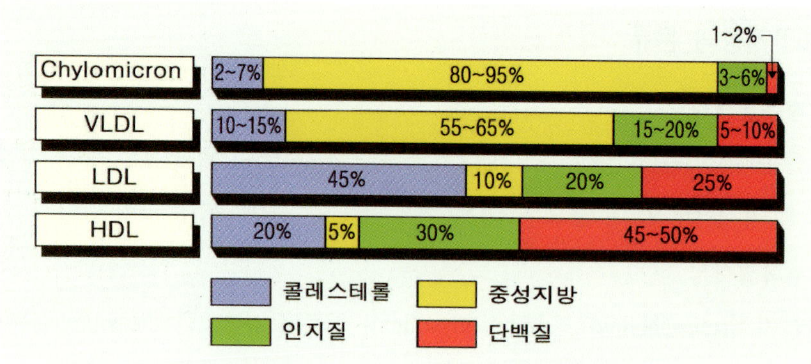

그림 1-15. 지방단백의 구성성분

표 1-5. 지방단백의 주요 기능

종 류	합성 장소	주요 기능
카일로마이크론	소장	섭취한 지방 중 지방산을 체내로 운반
최저밀도 지방단백	간	간에서 합성된 지방을 조직으로 운반
저밀도 지방단백	혈액 내	조직으로 콜레스테롤 운반
고밀도 지방단백	대부분 간, 일부 소장	조직 중에 있는 콜레스테롤을 간으로 운반

♠ 유도지방

유도지방(derived lipid)에 스테로이드(steroid)와 그의 변형체들, 지방산과 글리세롤 등이 속한다. 조지방(crude fat)에 함유되어 있는 스테롤은 동·식물계에 널리 분포되어 있으며, 이 중 동물스테롤(zoosterol)에 속하는 콜레스테롤이 가장 널리 알려져 있다.

콜레스테롤은 생명 유지에 필수적인 물질이다. 특히 모든 동물조직의 필수 신체성분으로 뇌 고형물의 17%나 함유되어 있으며 이외에 성호르몬(sex hormone)과 담즙산염(bile salt)의 합성에 그리고 세포막(cell membrane)과 신경초(nerve sheaths)의 주요한 구성성분이다. 또한 비타민 D_3의 전구물질인 7-디하이드로콜레스테롤(7-dehydrocholesterol)도 콜레스테롤로부터 유도된 물질이다.

이와 같이 콜레스테롤은 체내에서 중요한 생리적 기능을 가지고 있는 반면에 동맥경화증과 심장병의 원인으로 알려져 있다. 인체 내 콜레스테롤은 음식물로부터 공급된 것과 간, 소화관 점막세포에서 합성된 것이다. 대략 혈중 콜레스테롤의 15%는 음식물로부터 소화·흡수된 것이고 나머지 85%는 우리 몸에서 합성된 것이다. 정상 성인의 경우에는 하루 2g 정도 합성한다.

(3) 지방의 기능

지방의 기능은 **그림 1-16**에 나타난 바와 같이 주요한 에너지 공급원일 뿐만 아니라 조직 형성 물질, 지용성 비타민 및 필수 지방산의 공급원이며 동시에 식품에 특별한 향미를 줌으로써 맛을 증진시키고 체온 조절 및 체내 장기들을 둘러싸서 보호해주는 쿠션 역할도 한다.

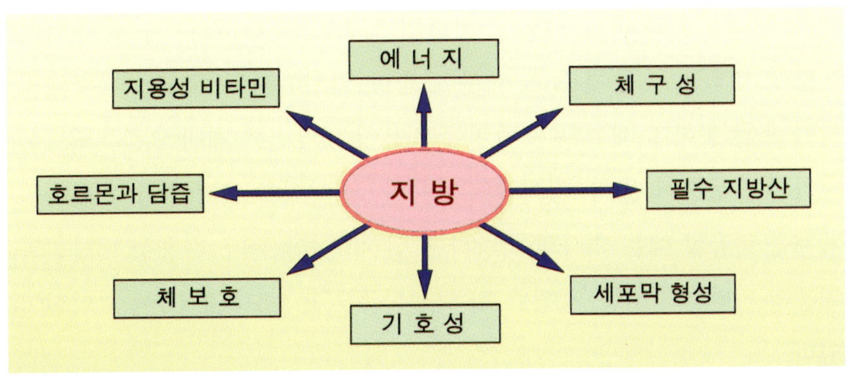

그림 1-16. 지방의 기능

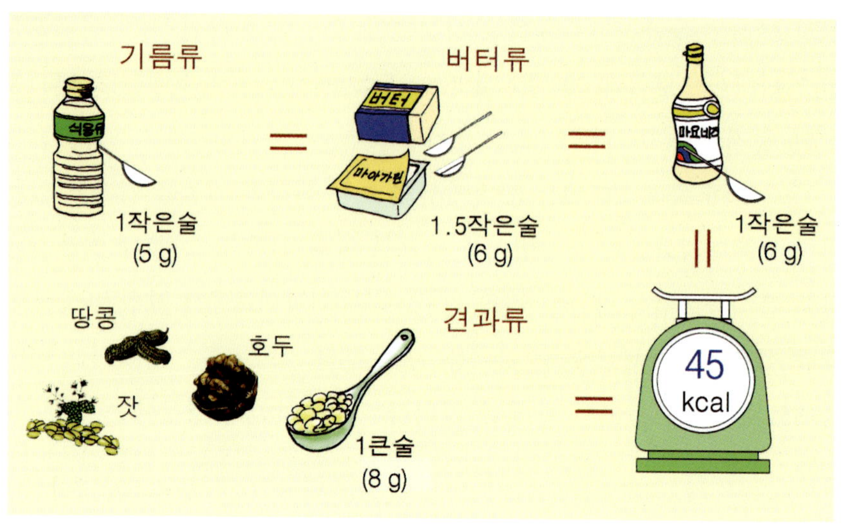

그림 1-17. 지방 급원식품

4) 비타민

비타민(vitamin)은 식품에 들어 있는 유기 화합물로서 인체의 정상적인 성장, 발달 및 건강 유지에 필수적인 물질이다. 비타민은 수용성 비타민(water-soluble vitamin)과 지용성 비타민(fat-soluble vitamin)으로 분류되며 수용성 비타민은 물에 녹기 때문에 과량 섭취하여도 체내에 저장되지 않고 요를 통하여 배설된다. 반면에 지용성 비타민은 체내에 축적되므로 비타민 중독증이 올 수 있어 과량 섭취는 피하여야 하며 지용성 비타민 제재를 복용할 때는 의사의 처방하에 섭취하여야 한다. 수용성 비타민과 지용성 비타민의 기능, 결핍증 및 급원식품은 **표 1-6**과 **표 1-7**에 요약되어 있다.

표 1-6. 수용성 비타민의 기능, 결핍증 및 급원식품

비타민	기 능	결핍증	급원식품
티아민 (thiamine)	탄수화물대사에서 조효소	각기병, 부종, 근육쇠약, 심장박동의 불규칙	해바라기씨, 전곡, 말린 콩, 내장고기, 견과류
리보플라빈 (riboflavin)	에너지대사에서 조효소	입, 혀의 염증, 구각염, 눈의 이상	우유, 버섯, 시금치, 브로콜리, 간, 육류, 생선
나이아신 (niacin)	에너지대사, 지방합성, 지방분해에서 조효소	펠라그라(pellagra), 설사, 피부염, 치매	버섯, 땅콩, 밀기울, 참치, 연어, 닭고기, 쇠고기, 간
판토텐산 (pantothenic acid)	에너지대사, 지방합성, 지방분해에서 조효소	손감각 이상, 피로, 두통, 구역질	버섯, 브로콜리, 전곡, 콩류, 간, 계란
비오틴 (biotin)	포도당 합성, 지방합성에서 조효소	피부염, 혀통증, 부종, 우울증	치즈, 계란노른자, 간, 컬리플라워, 효모
비타민 B_6 (pyridoxine)	단백질대사, 신경전달물질합성, 헤모글로빈 합성에서 조효소	두통, 부종, 경련, 구역질, 구토, 피부박리, 혀통증	닭고기, 연어, 돼지고기, 계란, 시금치, 브로콜리, 바나나, 해바라기씨, 땅콩, 호두
엽산 (folacin)	DNA 합성에서 조효소, 조혈작용	거대아구적 빈혈, 설염, 설사, 성장지연, 정신이상, 신경관 결손	푸른 잎 채소, 견과류, 오렌지주스, 간, 내장고기, 계란, 바나나, 해바라기씨, 효모
비타민 B_{12} (cobalamin)	엽산대사, 신경기능대사에서 조효소	악성빈혈, 신경기능 장애	동물성 식품(내장고기, 굴, 조개)
비타민 C (ascorbic acid)	콜라겐합성, 호르몬합성, 신경전달물질합성	괴혈병(scurvy), 상처치료지연, 부종	시금치, 브로콜리, 감자, 토마토, 딸기, 오렌지, 고추, 키위

표 1-7. 지용성 비타민의 기능, 결핍증 및 급원식품

비타민	기 능	결핍증	급원식품	중독증
비타민 A (retinoid, carotinoid)	시력유지, 성장촉진, 피부와 안구 건조방지	야맹증, 안구건조증(xerophthalmia), 성장지연, 피부건조(keratinization)	간, 생선, 우유, 계란노른자, 시금치, 감자, 당근, 브로콜리, 살구, 복숭아	태아기형, 피부변화, 머리숱이 적어짐, 뼈통증
비타민 D (cholecalciferol, ergocalciferol)	Ca과 P의 흡수촉진, 뼈의 정상유지	구루병(rickets), 골연화증(osteomalacia)	비타민 D 강화우유, 어유, 참치, 연어, 계란, 버터, 마가린	성장지연, 신장손상, 연조직에 Ca 축적
비타민 E (tocopherol, tocotrienol)	항산화제(비타민 A와 불포화지방산의 산화 방지, 생식에 관여)	적혈구 용혈, 신경파괴	식용유, 견과류, 버터, 마가린	근육약화, 두통, 피로, 구역질
비타민 K (phylloquinone, menaquinone)	혈액응고	출혈	브로콜리, 시금치, 양배추, 파슬리, 간, 마가린	빈혈, 황달

5) 무기질

무기질은 결정체인 화학원소로서 합성 또는 분해되지 못한다. 무기질은 하루 필요량이 0.1 g 이상 되는 다량원소(macroelement)와 0.01 g 이하인 미량원소(microelement)로 분류한다. 무기질은 신체의 골격 형성, 체내대사에 필요한 효소의 구성성분, 삼투압 유지, 아미노산과 호르몬의 구성성분, 체액의 구성성분 그리고 산과 염기 평형 조절 등의 중요한 기능을 가지고 있다.

다량 무기질과 미량 무기질의 기능, 결핍증 및 급원식품은 **표 1-8**과 **표 1-9**에 요약되어 있다.

표 1-8. 다량 무기질의 기능, 결핍증 및 급원식품

무기질	기 능	결핍증	급원식품
칼슘(Ca)	뼈 · 치아 구성, 혈액응고, 신경자극전달, 세포조절, 근육수축 · 이완	골다공증, 테타니(tetany)	우유, 유제품, 녹색채소, 브로콜리, 닭고기, 견과류, 뼈째 먹는 생선, 두부, 강화된 오렌지주스,
인(P)	뼈 · 치아 구성, 연조직 구성, 대사물의 구성성분	뼈의 약화	우유, 유제품, 육류, 생선, 참치, 음료수
칼륨(K)	세포내액의 주요 이온, 신경자극전달	심장 박동의 불규칙, 식욕감퇴, 근육경련	시금치, 오징어, 쇠고기, 바나나, 오렌지주스, 토마토, 우유, 브로콜리, 아스파라거스
황(S)	비타민과 아미노산의 구성, mucopolysaccharides의 구성, 약물해독작용, 산 · 염기 평형	발견되지 않음	단백질 식품(육류, 밀의 배아, 콩, 계란)
나트륨(Na)	세포외액의 주요이온, 신경자극전달	근육경련	소금, 육류, 생선, 우유, 유제품, 계란, 토마토
염소(Cl)	세포외액의 주요이온	유아경련	소금, 채소류
마그네슘(Mg)	뼈구성, 효소기능, DNA · RNA합성에 필요, 심장기능, 신경자극전달	근육약화, 근육통증, 심장기능장애, 테타니	밀기울, 생선, 견과류, 새우, 시금치, 바나나, 초콜릿, 토마토

표 1-9. 미량 무기질의 기능, 결핍증 및 급원식품

무기질	기 능	결핍증	급원식품
철분(Fe)	헤모글로빈의 구성성분, 면역기능에 이용	저철분혈증, 빈혈, 창백	육류, 시금치, 해산물, 브로콜리, 밀기울, 두류
아연(Zn)	DNA와 단백질 대사, 성기관과 뼈 발달, 출산에 관련된 효소에 필요, 면역기능, 알코올대사	피부발진, 머리숱이 적어짐, 설사, 식욕감퇴, 맛감각감퇴, 성장발달지연, 면역기능 손상, 상처치료 지연	굴, 조개, 해산물, 육류, 계란, 두류, 전곡, 견과류
셀레늄(Se)	항산화제 : glutathione peroxidase의 구성성분	근육 통증, 근육약화, 심장병	육류, 계란, 생선, 해산물, 전곡
요드(I)	갑상선 호르몬의 구성성분	갑상선종, 크레틴병	유제품, 해조류
구리(Cu)	단백질대사와 호르몬 합성에서 효소기능, 헤모글로빈 합성	빈혈, 백혈구 감소, 성장 지연	간, 견과류, 전곡, 조개, 말린 과일, 두류, 내장고기, 코코아
불소(F)	충치 방지	충치 위험증가	불소첨가음료, 치약, 해조류, 차
크롬(Cr)	혈당 조절	식후 고혈당	계란노른자, 전곡, 돼지고기, 효모
망간(Mn)	탄수화물 대사, 뼈 형성	발견되지 않음	견과류, 쌀, 두류, 귀리, 채소
몰리브덴(Mo)	요산대사	발견되지 않음	두류, 곡류, 견과류
코발트(Co)	비타민 B_{12}의 구성성분	악성 빈혈	동물성 식품

6) 물

물은 공기와 더불어 생명을 유지하는 데 필요한 가장 기본적인 요소로서 성인의 경우 체중의 약 60%를 차지하고 있다. 체내에서 물은 여러 가지 생리기능을 담당하는 용매로서 여러 영양소를 운반하고 체내에서 생성된 노폐물을 제거한다. 또한 물은 체온 조절의 중요한 기능을 한다.

사람은 체내의 지방과 단백질이 50%나 고갈되어도 생명을 유지할 수 있지만 물이 부족하면 생명을 유지할 수 없다.

물 섭취가 부족하면 대변이 굳어져 변비의 원인이 되고 피부에서 수분이 빠져나가면 노화를 촉진시킨다. 체내 수분의 2%가 부족하면 심한 갈증을 느끼고 5%가 손실되면 혼수상태에 빠지며 12%의 체내 수분을 잃게 되면 사망하게 된다(그림 1-18).

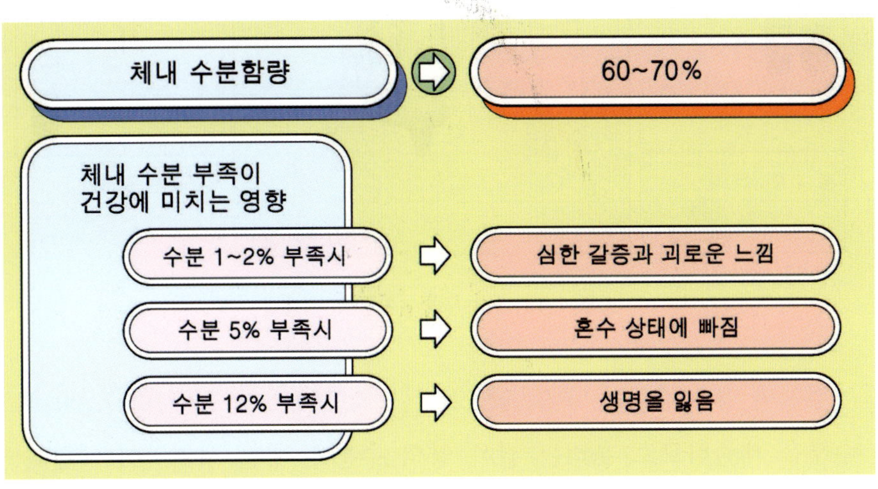

그림 1-18. 수분 섭취 부족이 건강에 미치는 영향

따라서 우리의 몸은 항상 일정한 양의 수분을 보유하기 위하여 수분 배출량과 섭취량이 균형을 이루어야 한다.

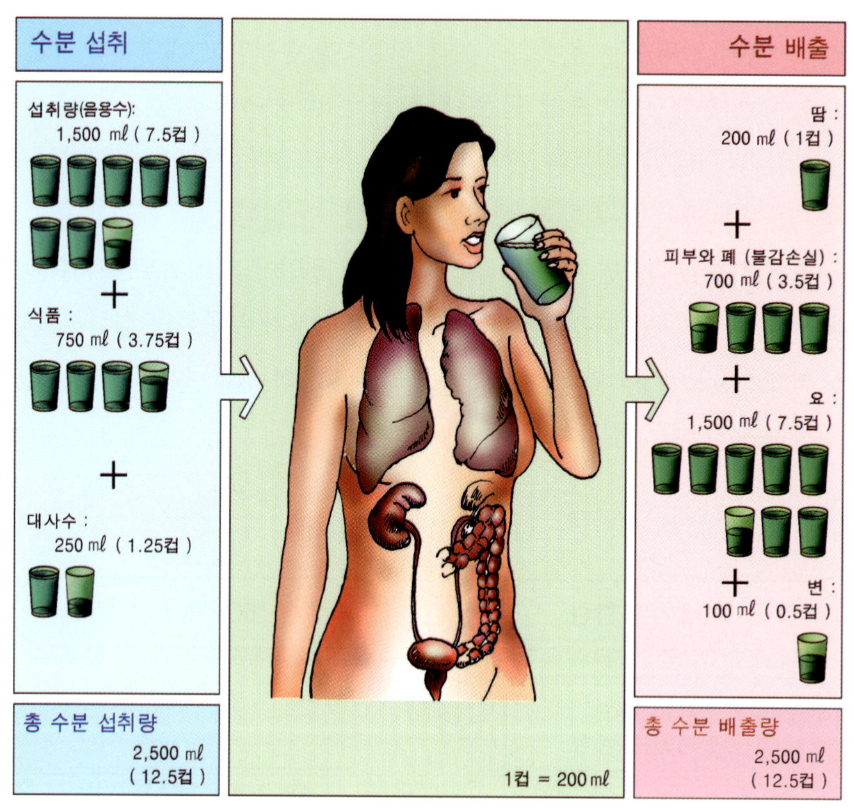

그림 1-19. 1일 수분섭취량과 배출량

성인의 경우 하루에 호흡, 땀, 소변 그리고 변을 통하여 약 2,500 mℓ 수분을 배출하므로 우리는 같은 양의 수분을 매일 섭취하여야 한다.

우리가 매일 섭취하는 음식의 종류에 따라 수분함량이 다르고 일반적으로 1일 수분 섭취량의 약 30%는 음식을 통해 공급받는다.

식사 이외에 1,500 mℓ의 수분을 공급해 주어야 한다. 하루에 7~8잔의

물을 권하는 것도 이 때문이다. 물은 하루 종일 틈틈이 마시는 것이 좋다. 하루 섭취량을 채우기 위해서 한꺼번에 너무 많이 마시는 것은 혈액 중의 나트륨을 희석시켜 신체기능을 저해할 수 있으므로 위험하다.

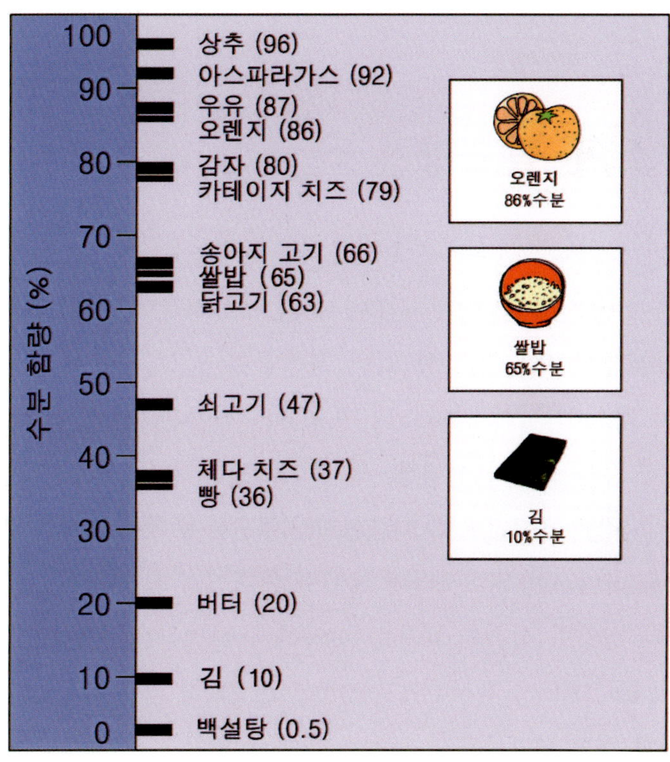

그림 1-20. 식품 중의 수분 함량

대사수(metabolic water)란?

우리 몸 안에서 유기영양소가 대사되면서 생성되는 물이다.

예) $C_6H_{12}O_6$ + $6O_2$ → $6CO_2$ + $6H_2O$ + 에너지

포도당 산소 탄산가스 물(대사수)

$$\frac{\text{수분}(6\times18)}{\text{포도당}(180)}\times100=60\%$$ (즉, 포도당의 60%가 대사수로 전환된다.)

표 1-10. 유기영양소의 산화시 생성되는 대사수

영양소	포도당	전 분	단백질	지 방
대사수(%)	60	56	42	108

3. 영양소의 필요량

건강을 유지하기 위하여 체내에서 필요로 하는 영양소의 섭취량은 종류에 따라 다르다. 건강한 일반 사람들이 일상적인 식사를 통하여 섭취해야 하는 적절한 영양소의 필요량은 식습관, 신체 활동량, 체위, 성별, 연령 등을 고려하여 책정 · 권장하고 있다. 이를 영양권장량이라고 하며 우리나라는 1962년 FAO 한국협회가 주관하여 처음 제정한 후 2000년 7차개정을 하여 사용되어오다가 2005년 현대인의 식생활 문제에 대응할 수 있도록 영양소 섭취의 내용을 다양하게 설정한 영양섭취기준(dietary reference intakes, DRIs)을 제정하였고 2010년 개정되어 사용하고 있다(표 1-11).

♠영양과 질병 예방

영양만으로는 수명의 연장이나 건강한 삶을 보장할 수 없다. 그러나 영양은 영양성 질병을 예방함으로써 노화는 물론 수명연장에 큰 영향을 미친다.

영양이 질병예방에 미치는 영향을 요약하면 다음과 같다.

1 적절한 에너지 섭취는 비만(obesity), 당뇨(diabetes mellitus), 동맥경화증(atherosclerosis) 및 고혈압(hypertension)과 연관된 심혈관 질환(cardiovascular disease)의 예방에 도움이 된다.

그림 1-21.
음식과 사망률의 상관관계

2 적절한 필수 영양소의 섭취는 괴혈병(scurvy), 갑상선병(goiter), 빈혈(anemia) 등과 같은 결핍증을 예방한다.

3 각종 채소 섭취를 포함한 다양한 음식의 섭취는 각종 암을 예방한다.

4 적절한 당의 섭취는 충치(dental caries) 예방에 도움이 된다.

5 적절한 섬유질의 섭취는 변비, 다발성 게실증(diverticulosis) 및 직장암과 같은 소화기 질환을 예방한다.

6 적정량의 나트륨(Na)과 충분한 칼륨(K), 칼슘(Ca) 및 기타 무기질의 섭취는 고혈압을 예방한다.

7 전 생애에 걸쳐 적절하게 칼슘을 섭취하여 골다공증(osteoporosis)을 예방한다.

표 1-11. 한국인 영양섭취기준(KDRIs, Dietary Refenence Intakes for Koreans)

성별	연령	에너지 (kcal/일)	단백질 (g/일)		식이섬유 (g/일)	비타민 A (μg RE/일)			비타민 D (μg/일)		비타민 E (mg α-TE/일)		비타민 K (μg/일)	비타민 C (mg/일)		
		필요 추정량	평균 필요량	권장 섭취량	충분 섭취량	평균 필요량	권장 섭취량	상한 섭취량	충분 섭취량	상한 섭취량	충분 섭취량	상한 섭취량	충분 섭취량	평균 필요량	권장 섭취량	상한 섭취량
유아	1~2(세)	1,000	12	15	10	200	300	600	5	60	5	100	25	30	40	350
	3~5	1,400	15	20	15	230	300	700	5	60	6	140	30	30	40	500
남자	6~8(세)	1,600	20	25	20	300	400	1,100	5	60	8	200	45	40	60	700
	9~11	1,900	30	35	20	390	550	1,500	5	60	9	280	55	55	70	1,000
	12~14	2,400	40	50	25	510	700	2,100	5	60	10	380	70	75	100	1,400
	15~18	2,700	45	55	25	590	850	2,400	5	60	12	430	80	85	110	1,600
	19~29	2,600	45	55	25	540	750	3,000	5	60	12	540	75	75	100	2,000
	30~49	2,400	45	55	25	520	750	3,000	5	60	12	540	75	75	100	2,000
	50~64	2,200	40	50	25	500	700	3,000	10	60	12	540	75	75	100	2,000
	65~74	2,000	40	50	25	490	700	3,000	10	60	12	540	75	75	100	2,000
	75 이상	2,000	40	50	25	490	700	3,000	10	60	12	540	75	75	100	2,000
여자	6~8(세)	1,500	20	25	15	280	400	1,000	5	60	7	200	45	50	60	700
	9~11	1,700	30	35	15	370	500	1,500	5	60	8	280	55	60	80	1,000
	12~14	2,000	40	45	20	470	650	2,100	5	60	9	380	65	75	100	1,400
	15~18	2,000	40	45	20	440	600	2,400	5	60	10	430	65	75	100	1,600
	19~29	2,100	40	50	20	460	650	3,000	5	60	10	540	65	75	100	2,000
	30~49	1,900	35	45	20	450	650	3,000	5	60	10	540	65	75	100	2,000
	50~64	1,800	35	45	20	430	600	3,000	10	60	10	540	65	75	100	2,000
	65~74	1,600	35	45	20	410	600	3,000	10	60	10	540	65	75	100	2,000
	75 이상	1,600	35	45	20	410	600	3,000	10	60	10	540	65	75	100	2,000

성별	연령	티아민 (mg/일)		리보플라빈 (mg/일)		니아신 (mg NE/일)				비타민 B_6 (mg/일)			엽산 (μg DFE/일)			비타민 B_{12} (μg/일)	
		평균 필요량	권장 섭취량	평균 필요량	권장 섭취량	평균 필요량	권장 섭취량	상한 섭취량[1)]	상한 섭취량[2)]	평균 필요량	권장 섭취량	상한 섭취량	평균 필요량	권장 섭취량	상한 섭취량	평균 필요량	권장 섭취량
유아	1~2(세)	0.4	0.5	0.5	0.6	5	6	10	180	0.5	0.6	25	120	150	300	0.8	0.9
	3~5	0.4	0.5	0.6	0.7	5	7	10	250	0.6	0.7	35	150	180	400	0.9	1.1
남자	6~8(세)	0.6	0.7	0.7	0.9	7	9	15	350	0.7	0.9	45	180	220	500	1.1	1.3
	9~11	0.7	0.9	0.9	1.1	9	11	20	500	0.9	1.1	60	250	300	600	1.5	1.7
	12~14	0.9	1.1	1.2	1.5	11	15	25	700	1.3	1.5	80	320	400	800	1.9	2.3
	15~18	1.1	1.3	1.4	1.7	13	17	30	800	1.3	1.5	90	320	400	900	2.2	2.7
	19~29	1.0	1.2	1.3	1.5	12	16	35	1,000	1.3	1.5	100	320	400	1,000	2.0	2.4
	30~49	1.0	1.2	1.3	1.5	12	16	35	1,000	1.3	1.5	100	320	400	1,000	2.0	2.4
	50~64	1.0	1.2	1.3	1.5	12	16	35	1,000	1.3	1.5	100	320	400	1,000	2.0	2.4
	65~74	1.0	1.2	1.3	1.5	12	16	35	1,000	1.3	1.5	100	320	400	1,000	2.0	2.4
	75 이상	1.0	1.2	1.3	1.5	12	16	35	1,000	1.3	1.5	100	320	400	1,000	2.0	2.4
여자	6~8(세)	0.6	0.7	0.6	0.7	7	9	15	350	0.7	0.9	45	180	220	500	1.2	1.5
	9~11	0.7	0.9	0.8	0.9	9	11	20	500	0.9	1.1	60	250	300	600	1.6	1.9
	12~14	0.9	1.1	1.0	1.2	11	14	25	700	1.2	1.4	80	320	400	800	2.0	2.4
	15~18	0.9	1.0	1.0	1.2	11	14	30	800	1.2	1.4	100	320	400	900	2.0	2.4
	19~29	0.9	1.1	1.0	1.2	11	14	35	1,000	1.2	1.4	100	320	400	1,000	2.0	2.4
	30~49	0.9	1.1	1.0	1.2	11	14	35	1,000	1.2	1.4	100	320	400	1,000	2.0	2.4
	50~64	0.9	1.1	1.0	1.2	11	14	35	1,000	1.2	1.4	100	320	400	1,000	2.0	2.4
	65~74	0.9	1.1	1.0	1.2	11	14	35	1,000	1.2	1.4	100	320	400	1,000	2.0	2.4
	75 이상	0.9	1.1	1.0	1.2	11	14	35	1,000	1.2	1.4	100	320	400	1,000	2.0	2.4

[1)]니코틴산(mg/일), [2)]니코틴아미드(mg/일)

성별	연령	판토텐산 (mg/일)	비오틴 (μg/일)	칼슘 (mg/일)			인 (mg/일)			나트륨 (g/일)	염소 (g/일)	칼륨 (g/일)	마그네슘 (mg/일)		
		충분 섭취량	충분 섭취량	평균 필요량	권장 섭취량	상한 섭취량	평균 필요량	권장 섭취량	상한 섭취량	충분 섭취량	충분 섭취량	충분 섭취량	평균 필요량	권장 섭취량	상한 섭취량*
유아	1~2(세)	2	9	390	500	2,500	350	500	3,000	0.7	1.1	1.7	60	75	(65)
	3~5	3	11	470	600	2,500	390	500	3,000	0.9	1.4	2.3	85	100	(90)
남자	6~8(세)	3	15	580	700	2,500	550	700	3,000	1.2	1.8	2.8	125	150	(130)
	9~11	4	20	670	800	2,500	810	1,000	3,500	1.3	2.0	3.2	175	210	(180)
	12~14	5	25	800	1,000	2,500	860	1,000	3,500	1.5	2.3	3.5	250	300	(250)
	15~18	6	30	750	900	2,500	790	1,000	3,500	1.5	2.3	3.5	335	400	(350)
	19~29	5	30	620	750	2,500	580	700	3,500	1.5	2.3	3.5	285	340	(350)
	30~49	5	30	600	750	2,500	580	700	3,500	1.5	2.3	3.5	295	350	(350)
	50~64	5	30	570	700	2,500	580	700	3,500	1.4	2.1	3.5	295	350	(350)
	65~74	5	30	560	700	2,500	580	700	3,500	1.2	1.9	3.5	295	350	(350)
	75 이상	5	30	560	700	2,500	580	700	3,000	1.1	1.6	3.5	295	350	(350)
여자	6~8(세)	3	15	580	700	2,500	450	600	3,000	1.2	1.8	2.8	125	150	(130)
	9~11	4	20	670	800	2,500	700	900	3,500	1.3	2.0	3.2	175	200	(180)
	12~14	5	25	740	900	2,500	680	900	3,500	1.5	2.3	3.5	240	280	(250)
	15~18	6	30	660	800	2,500	580	800	3,500	1.5	2.3	3.5	285	340	(350)
	19~29	5	30	530	650	2,500	580	700	3,500	1.5	2.3	3.5	235	280	(350)
	30~49	5	30	510	650	2,500	580	700	3,500	1.5	2.3	3.5	235	280	(350)
	50~64	5	30	590	700	2,500	580	700	3,500	1.4	2.1	3.5	235	280	(350)
	65~74	5	30	570	700	2,500	580	700	3,500	1.2	1.9	3.5	235	280	(350)
	75 이상	5	30	570	700	2,500	580	700	3,000	1.1	1.6	3.5	235	280	(350)

*식품 외 급원의 마그네슘에만 해당

성별	연령	철 (mg/일)			아연 (mg/일)			구리 (mg/일)			불소 (mg/일)		망간 (mg/일)		요오드 (mg/일)			셀레늄 (μg/일)			몰리브덴 (μg/일)
		평균 필요량	권장 섭취량	상한 섭취량	평균 필요량	권장 섭취량	상한 섭취량	평균 필요량	권장 섭취량	상한 섭취량	충분 섭취량	상한 섭취량	충분 섭취량	상한 섭취량	평균 필요량	권장 섭취량	상한 섭취량	평균 필요량	권장 섭취량	상한 섭취량	상한 섭취량
유아	1~2(세)	4.8	6	40	2.4	3	6	220	290	1,500	0.6	1.2	1.4	2	55	80	300	17	20	85	100
	3~5	5.4	7	40	3.2	4	9	250	330	2,000	0.8	1.7	2.0	3	65	90	300	19	25	120	150
남자	6~8(세)	6.3	8	40	4.5	5	13	330	430	3,000	1.0	2.5	2.5	4	75	100	500	25	30	150	200
	9~11	8.5	11	40	6.4	8	18	440	570	5,000	2.0	10	3.0	5	85	110	700	33	40	200	300
	12~14	11.0	14	40	6.6	8	25	570	740	7,000	2.5	10	4.0	7	90	130	1,700	43	50	300	400
	15~18	11.8	15	45	8.2	10	30	670	870	8,000	3.0	10	4.0	9	95	130	1,900	50	60	300	500
	19~29	7.7	10	45	8.1	10	35	600	800	10,000	3.5	10	4.0	11	95	150	2,400	45	55	400	600
	30~49	7.4	10	45	7.9	9	35	600	800	10,000	3.0	10	4.0	11	95	150	2,400	45	55	400	600
	50~64	7.1	9	45	7.5	9	35	600	800	10,000	3.0	10	4.0	11	95	150	2,400	45	55	400	600
	65~74	6.9	9	45	7.2	9	35	600	800	10,000	3.0	10	4.0	11	95	150	2,400	45	55	400	600
	75 이상	6.9	9	45	7.1	9	35	600	800	10,000	3.0	10	4.0	11	95	150	2,400	45	55	400	600
여자	6~8(세)	6.3	8	40	4.4	5	13	330	430	3,000	1.0	2.5	2.5	4	75	100	500	25	30	150	200
	9~11	8.0	10	40	6.2	7	18	440	570	5,000	2.0	10	3.0	5	85	110	700	33	40	200	300
	12~14	10.0	13	40	6.2	7	25	570	740	7,000	2.5	10	3.5	7	90	130	1,700	43	50	300	400
	15~18	12.9	17	45	7.2	9	30	670	870	8,000	2.5	10	3.5	9	95	130	1,900	50	60	300	500
	19~29	10.8	14	45	7.0	8	35	600	800	10,000	3.0	10	3.5	11	95	150	2,400	45	55	400	600
	30~49	10.5	14	45	6.8	8	35	600	800	10,000	2.5	10	3.5	11	95	150	2,400	45	55	400	600
	50~64	6.1	8	45	6.3	8	35	600	800	10,000	2.5	10	3.5	11	95	150	2,400	45	55	400	600
	65~74	5.8	8	45	6.0	7	35	600	800	10,000	2.5	10	3.5	11	95	150	2,400	45	55	400	600
	75 이상	5.8	8	45	6.0	7	35	600	800	10,000	2.5	10	3.5	11	95	150	2,400	45	55	400	600

*한국영양학회, 한국인영양섭취기준 개정위원회, 2010

참고문헌

Applegate, L. 2004. *Nutrition Basics for Better Health and Performance*. Kendall/Hunt Publ. co. Iowa.

Brown, W.V. 1990. Fats and Cholesterol. page 58-88 in *The Mount Sinai School of Medicine. Complete book of Nutrition*. Herbert, V. and G.J. Subak-Sharge(ed.). St. Martins Press, New York.

Garrow, J.S. and W.P.T. James. 1993. *Human Nutrition and Dietetics*, 9th ed. Churchill Livingstone, U.K.

Georgevski, V.I. 1982. *Water Metabolism and the Animal Water Requirement*. Mineral Nutrition of Animals, Butterworth, London.

Gershoff, S.N. 1993. Vitamin C(ascorbic acid), New York. New requirements? *Nutr. Rev*. 51 (Ⅱ) : 313-326.

Marieb, E.N. 1989. *Human Anatomy and Physiology*. The Benjamin/Cummings Publ. Co., Redwood City, Calitornia. *Nutrition of Animals.* Butterworth, London.

Scheider, W.L. 1983. *Nutrition. Basic Concepts and Applications*. McGraw-Hill Book Co., N.Y.

Wardlaw, G.M. and J. Hamp. 2006. *Perspectives in Nutrition*. 7th ed. McGraw-Hill, N.Y.

Wardlaw, G.M. and A.M. Smith. 2009. *Contemporary Nutrition. Issues and Insights*. 7th ed. McGraw-Hill, N.Y.

(사)한국영양학회. 2010. 한국인 영양섭취 기준.

윤희섭・맹원재・신형태・김영길・고태송. 1990. 신고 가축영양학. 향문사.

중앙일보. 2003년 10월 7일자.

CHAPTER
2

영양소의 소화, 흡수 및 대사

소화(digestion)란 섭취한 음식물이 신체 내로 흡수될 수 있도록 음식물을 기계적 · 화학적으로 분해하는 과정이다. 소화 기관(digestive tract)은 입, 인두, 식도, 위, 소장, 대장, 항문으로 이루어져 있으며 여기서 식품이 소화되어 각종 영양소가 흡수되고 흡수되지 않은 찌꺼기는 배설된다.

기타 부속 소화기관으로 3쌍의 침샘, 간, 췌장 그리고 담낭이 소화기관에 연결되어 있으며 소화에 필요한 침, 담즙산 그리고 소화효소 등을 분비한다. 음식물은 연동운동(peristalsis)이라 부르는 근육수축에 의해서 소화기관을 통하여 이동된다.

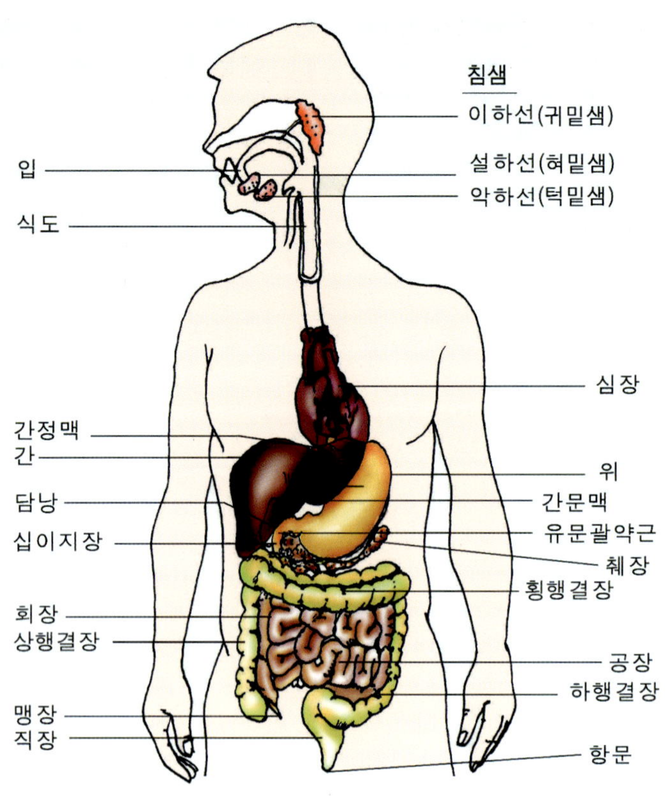

그림 2-1. 소화기관

입　: 음식이 입을 통해서 소화기관으로 들어간다. 치아에 의하여 잘리고 분쇄되며 혀의 도움으로 입안에서 음식이 이동된다.

인두 : 음식을 삼키면 인두를 거쳐 식도로 들어간다.

침샘 : 침이 분비되어 윤활작용과 소화효소(알파-아밀라아제)에 의한 전분의 소화가 시작된다.

식도 : 두터운 벽을 가진 근육관이며 인두와 위를 연결한다.

간　: 영양소의 저장·이용, 해독작용 및 담즙을 생산한다.

위　: 음식의 저장, 교반 및 단백질의 소화작용을 하며 1.5 ℓ의 용량을 가진다.

췌장 : 소화효소(탄수화물, 단백질, 지방)와 완충액을 분비한다.

담낭 : 간에서 생성된 담즙을 저장하고 십이지장으로 분비한다.

소장 : 영양소의 소화 및 흡수를 하는 주요한 장소이다.

대장 : 수분을 흡수하고 변을 형성한다.

항문 : 소화기관의 끝부위로 변을 배설하는 장소이다.

1. 음식물의 여행

1) 입

음식물이 입안에 들어오면 치아에 의하여 물리적 소화가 시작된다. 즉, 음식물을 씹어 잘게 부수어 줌으로써 식도로 쉽게 넘어 갈 수 있게 해주며 음식의 표면적을 넓게 해주어 소화효소가 용이하게 작용할 수 있도록 한다.

또한 음식물이 입안에 들어가면 침이 분비되는데 사람은 침샘을 통하여 하루 약 1 ℓ의 침을 분비한다. 침은 음식물을 습윤시켜 윤활유 작용을 하며, 침 속에는 탄수화물 소화효소인 프티알린(ptyalin), 즉 알파-아밀라아제(α-amylase)가 있어 밥의 주성분인 다당의 탄수화물(전분)을 이당의 탄수화물로 분해시키는 화학적 소화가 시작된다.

침샘 중에서 오로지 이하선(귀밑샘)에서만 탄수화물 소화효소인 프티알린이 분비된다. 침 속에는 소화효소 외에도 라이소자임(lysozyme)이 분비되어 미생물의 성장을 억제시킨다.

2) 식도

식도는 길이가 약 25 cm 되는 근육으로 이루어진 관이다. 입안에서 일부 기계적 · 화학적 소화가 된 음식물이 식도의 근육 운동을 통하여 위까지 운반된다.

3) 위

횡경막 바로 아래에 위치하고 있으며 위의 용량은 약 1.5 ℓ 정도이고 위벽은 내부로부터 위점막, 점막하층, 근육층 그리고 장점막층으로 이루어져 있다.

위는 음식물을 저장하고, 수축작용에 의한 물리적 소화와 소화효소에 의한 화학적 소화를 하는 기능을 가지고 있다. 음식물이 위로 들어오면 가스트린(gastrin)이라는 호르몬이 분비되고 이 호르몬은 염산(HCl), 단백질 소화효소(펩신) 그리고 점액이 들어 있는 위액(gastric juice)의 분비를 촉진시킨다. 따라서 음식물과 위액이 섞여지면서 산성유미즙(acidic chyme)을 형성한다. 그리고 강산인 염산과 섞인 소화효소는 산성유미즙에 들어 있는 단백질을 분해시킨다. 즉, 불활성 상태의 단백질 분해효소인 펩시노겐(pepsinogen)이 염산에 의하여 활성효소인 펩신(pepsin)으로 전환되어 단백질을 일부 소화시킨다.

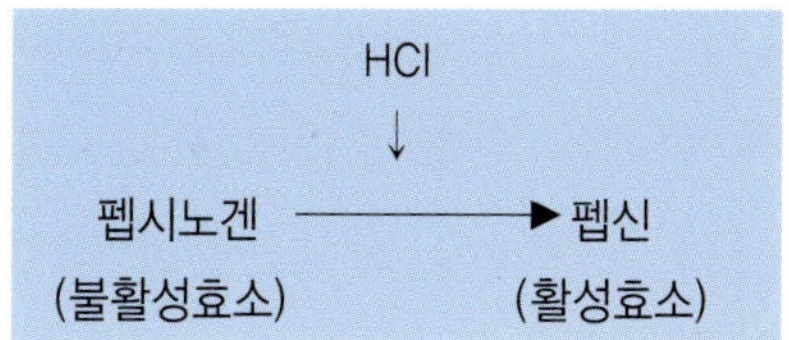

그러나 탄수화물과 지방은 위에서 거의 소화가 일어나지 않으며 일부 소화된 유미즙은 소장으로 이동하게 된다. 따라서 식후 3~4시간이 지나면 위가 비어 공복상태가 된다(표 2-1).

표 2-1. 식품군에 따른 위 체류시간

식품군	종 류	체류시간
탄수화물 식품	밥, 우동, 감자, 고구마	1~2시간
알코올류	맥주, 포도주	〃
과일	사과, 배, 복숭아	〃
단백질 식품	생선, 고기류, 계란, 콩	2~3시간
지방 식품	버터, 식용유, 땅콩, 호두, 잣	3시간 이상

왜 단백질로 이루어진 위벽은 위액에 의하여 소화가 안 되나?

위벽은 위에서 분비하는 점액으로 싸여 있어 소화효소로부터 보호를 받으며 또한 단백질 소화효소인 펩신은 불활성 상태인 펩시노겐으로 분비되기 때문에 위벽을 소화시킬 수 없다.

4) 소장

소장은 음식물 속에 들어 있는 영양소들을 최종 소화시키고 흡수하는 주요한 장소이다. 소장은 약 6 m로 대장보다 훨씬 더 길고 역할도 더 많이 한다.

소장은 손가락 12개 길이라는 뜻의 십이지장(duodenum)과 공장(jejunum) 및 회장(ileum)으로 구분되며 소장내부 벽에는 수없이 많은 융모(villi)와 소융모(microvilli)가 있기 때문에 소장의 표면적이 테니스장과 비슷한 300 ㎡에 이르게 되어 영양소의 흡수를 용이하게 해준다. 특히 십이지장은 췌장과 담낭이 연결되어 있다. 췌장은 위에서 산성화된 유미즙을 중화할 수 있는 중탄산염(bicarbonate, HCO_3)과 소화효소가 풍부한 췌장액(pancreatic juice)을 분비하며 담낭은 담즙산(bile acid)을 분비한다. 췌장액과 담즙산(쓸개즙)은 췌장관과 담낭관을 통하여 십이지장으로 분비된다.

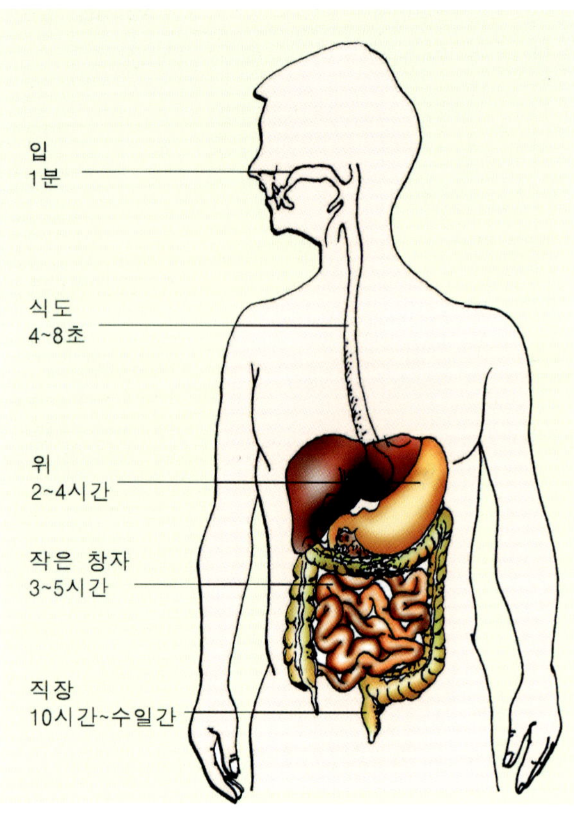

그림 2-2.
음식물의 소화기관 통과시간

위로부터 산성유미즙이 십이지장으로 유입되면 세크레틴(secretin)이라는 호르몬이 분비되고 이 호르몬은 췌장으로부터 중탄산염의 분비를 촉진시켜 산성화된 유미즙을 중화시킨다. 이와 함께 콜레시스토키닌-팬크레오지민(cholecytokinin-pancreozymin, CCK-PZ)이라는 호르몬이 분비되어 췌장액과 담즙산 분비를 촉진시켜 음식물 중에 들어 있는 탄수화물, 단백질 그리고 지방의 소화가 활발하게 진행된다. 이렇게 소화된 영양소들은 소장벽을 통하여 체내로 흡수된다.

소장과 대장은 어떻게 명명되었나?

대장의 길이가 소장에 비하여 훨씬 짧음에도 불구하고 대장이라고 명명된 것은 바로 대장의 직경이 약 5cm로 소장의 직경 2.5cm보다 2배나 더 굵기 때문이다.

5) 대장

대장은 길이가 약 1.5 m이고 직경은 약 5 cm이며 맹장(cecum), 결장(colon) 그리고 직장(rectum)으로 구분된다.

대장의 기능은 수분을 흡수하고 소화되지 않은 음식물 찌꺼기를 고형화시켜 대변으로 만들어 체외로 배설한다. 또한 대장에는 100여 종의 미생물이 존재하는데 이 중 대장균(*E.coli*)이 가장 많다. 이들 미생물들은 비타민 K 그리고 비오틴(biotin)과 엽산(folacin) 등의 비타민 B군을 합성하는데 얼마나 체내로 흡수가 되는지는 알려져 있지 않다. 또한 이들 미생물들이 소장에서 소화·흡수가 안 된 음식물들을 발효시켜 휘발성 지방산, 수소 그리고 탄산가스 등을 생성한다.

6) 배변

식사의 종류와 양에 따라 차이가 있지만 건강한 성인은 하루에 150~200 g의 변을 배설한다. 정상적인 변은 수분함량이 50%이고 수분을 뺀 변의 50%는 미생물이 차지한다. 변의 무게가 90 g 미만이고 수분함량이 30% 미만이면 변비에 속한다.

음식물의 분해과정

섭취
↓
소화 : 음식물이 체내로 들어가기 위하여 분해되는 과정
↓
흡수 : 분해된 작은 영양소분자가 소화기관 내 세포로 들어오는 과정
↓
배설 : 소화되지 않은 물질이 체외로 배설되는 과정

2. 각종 영양소의 소화·흡수 및 대사

1) 탄수화물

입에서부터 소화가 시작되며 타액 중에 함유되어 있는 알파-아밀라아제에 의하여 전분을 맥아당까지 분해시킬 수 있다. 일반적으로 음식물이 입에서 머무르는 시간(1~5분)이 짧기 때문에 음식물이 분해하는 데 제한을 받게 된다.

입에서 일부 분해된 전분이 위로 들어오면 강산인 위액 때문에 알파-아

밀라아제의 작용은 중단되고 그리고 위에는 탄수화물을 분해하는 소화효소가 존재하지 않기 때문에 더 이상의 분해는 없으며 위액과 섞여 산성유미즙을 형성한다.

소장으로 이동된 산성유미즙은 췌장에서 분비되는 중탄산염에 의하여 중화되고 탄수화물 소화효소인 알파-아밀라아제에 의하여 이당인 맥아당으로 분해된다. 그리고 소장에서 분비되는 소화효소인 말타아제(maltase)는 맥아당을, 락타아제(lactase)는 유당 그리고 수크라아제(sucrase)는 자당을 각각 분해하여 단당인 포도당, 과당 그리고 갈락토오스로 분해시킨다.

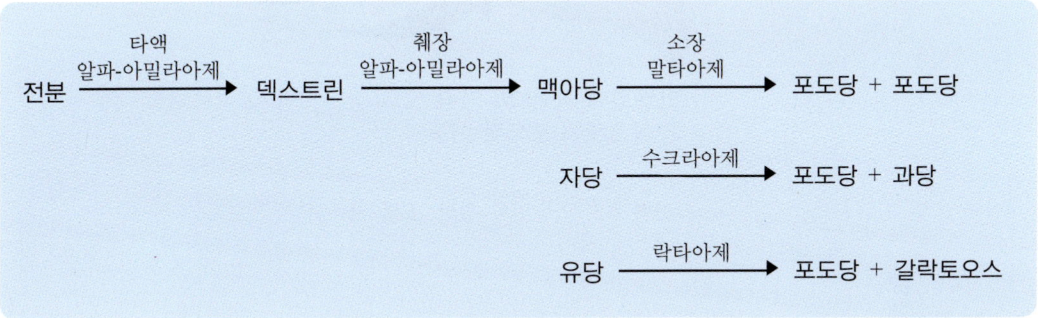

전분	타액 알파-아밀라아제 →	덱스트린	췌장 알파-아밀라아제 →	맥아당	소장 말타아제 →	포도당 + 포도당
				자당	수크라아제 →	포도당 + 과당
				유당	락타아제 →	포도당 + 갈락토오스

단당류는 소장의 상피세포를 통하여 쉽게 흡수가 된다. 소장에서 포도당의 흡수속도는 체중 1 kg당 1시간에 약 1 g이다.

흡수된 포도당은 혈액 내로 들어와서 혈당을 높여주기 때문에 식사 후 30분~1시간이 되면 혈당치가 최고 130 mg%에 도달하게 된다. 이때 췌장의 랑게르한스섬(Langerhans' islet) β-세포에서 인슐린(insulin)이 분비되어 혈액 내 포도당을 간, 근육, 지방세포 등으로 이동시켜 세포 내에서 에너지를 생성하는 데 사용하고 지방합성을 하여 지방세포에 또는 글리코겐을 합성하여 간과 근육에 저장한다. 따라서 시간이 경과되면 혈당치가 떨어져 정상수준인 70~115 mg%로 회복된다.

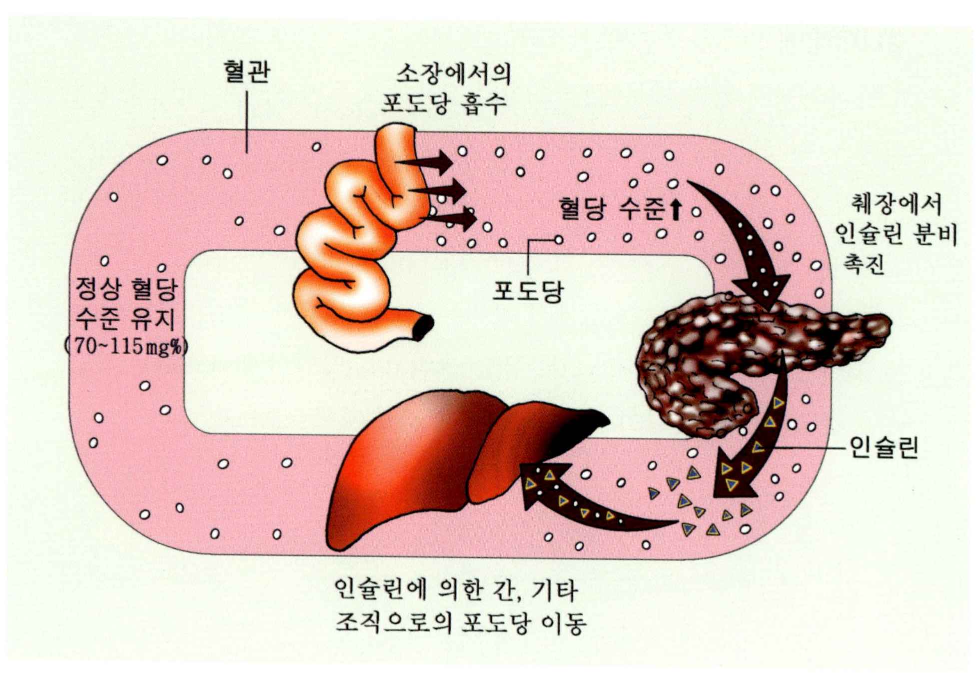

그림 2-3. 인슐린의 혈당 조절

우유만 마시면 왜 설사를 할까?

우유 속에 들어 있는 유당을 소화효소인 락타아제가 포도당과 갈락토오스로 분해시켜야만 우리 체내로 흡수가 된다. 그러나 락타아제가 없거나 또는 정상 수준 이하일 때 생기는 증상으로 소화가 안 된 유당이 대장의 미생물에 의해 발효되어 생성된 유기산이 대장으로 수분을 유입시키기 때문에 설사를 일으키고 또 가스가 차는 등 불편함을 느끼게 된다. 이러한 증상을 유당불내증(lactose intolerance)이라 하며 한국인의 약 70%가 앓고 있는 소화장애이다.

2) 단백질

섭취한 육류 속에 다량 들어 있는 단백질은 위에서부터 소화가 시작된다. 위에서 분비되는 펩신이 육류 속에 들어 있는 단백질을 일부 분해시켜 작은 분자의 폴리펩티드(polypeptide)로 만든다.

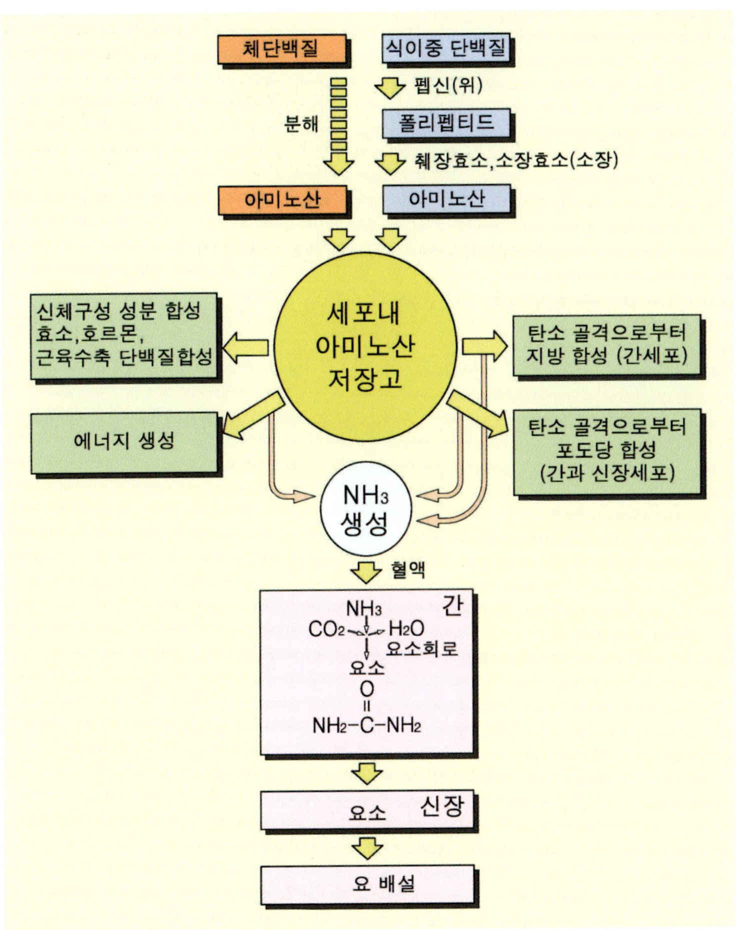

그림 2-4. 아미노산 대사와 요소의 생성 및 배설

일부 분해된 단백질(폴리펩티드)이 십이지장에 도달하면 췌장에서 분비되는 단백질 소화효소인 트립신(trypsin)과 키모트립신(chymotrypsin)이 작용하여 분자량이 더 적은 폴리펩티드 그리고 두 개의 아미노산 결합체인 디펩티드(dipeptide)로 분해된다. 이어서 췌장효소인 카르복시펩티다아제(carboxypeptidase)와 소장에서 분비되는 아미노펩티다아제(aminopeptidase)와 디펩티다아제(dipeptidase)에 의하여 단백질은 완전히 아미노산으로 분해가 된다.

이렇게 분해된 아미노산들은 소장 점막세포(intestinal mucosal cell)에서 흡수가 되는데 특히 공장에서 빨리 흡수가 된다. 체내로 흡수된 아미노산들은 신체를 구성하는 단백질 합성에 이용되고, 효소와 호르몬 합성에 사용된다. 그리고 남은 아미노산은 체내에서 산화되어 에너지를 생성하든가 지방합성에 이용된다. 이러한 체내대사 과정에서 암모니아(NH_3)가 생성되는데 암모니아는 그대로 체외로 배설할 수 없기 때문에 간으로 보내져서 요소회로(urea cycle)를 거쳐 요소(urea)를 합성한 후 신장을 통하여 요로 배설된다.

3) 지방

섭취한 지방은 입과 위에서 소화가 일어나지 않으며 십이지장에 도달하면 담낭에서 분비되는 담즙산염과 유화되어 마이셀(micelle)을 형성한 후 췌장에서 분비되는 췌장 리파아제(pancreatic lipase)에 의하여 소화가 시작된다. 즉, 섭취한 지방의 90% 이상을 차지하는 중성지방을 췌장 리파아제가 모노글리세라이드(monoglyceride)와 지방산(fatty acid)으로 분해시킨다.

지방이 분해된 후 담즙산염의 98% 정도는 회장에서 재흡수되며 2%는

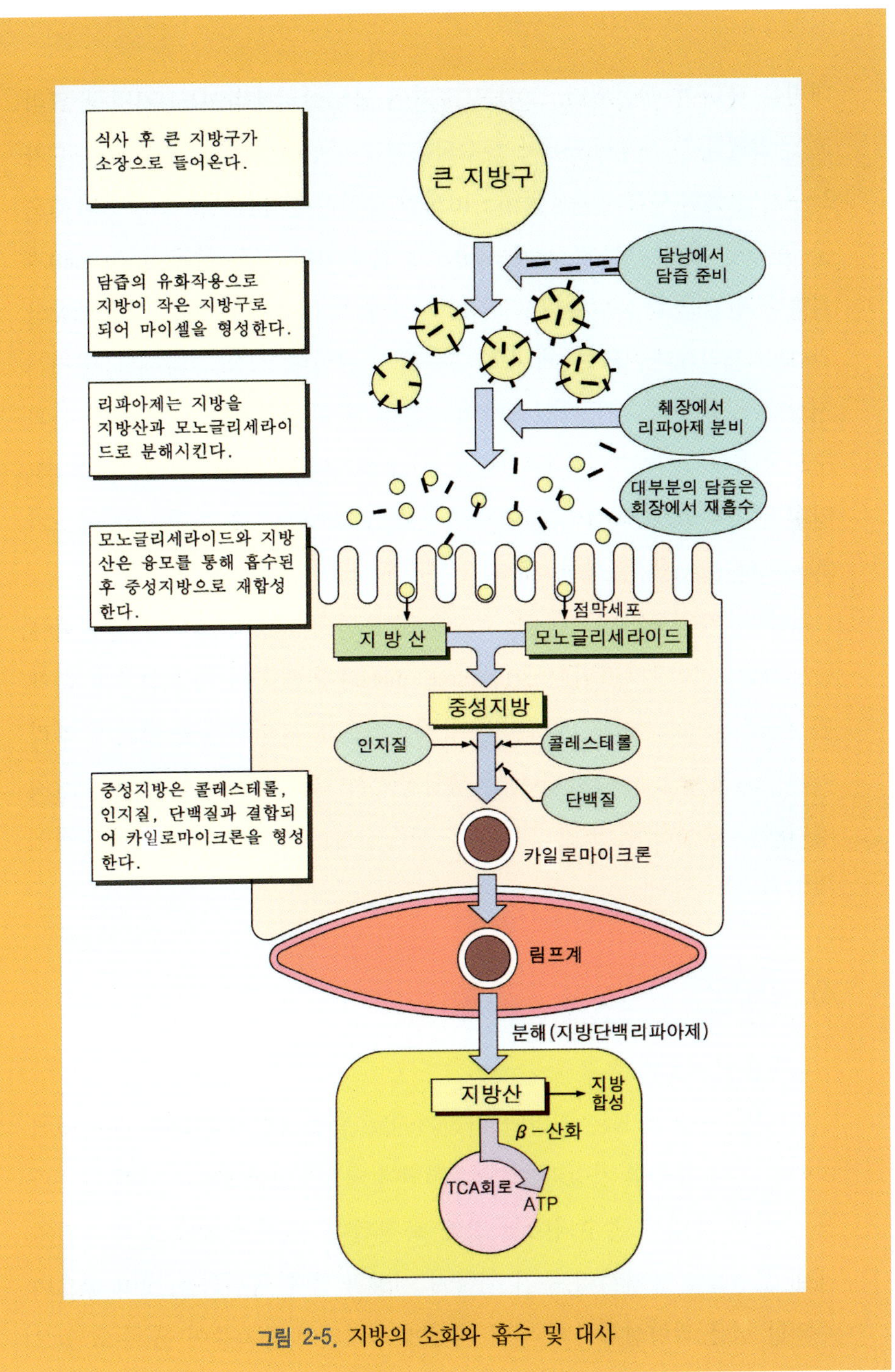

그림 2-5. 지방의 소화와 흡수 및 대사

대변을 통하여 배설된다. 그리고 소화된 모노글리세라이드, 지방산 그리고 글리세롤은 점막세포에서 흡수되는데 지방산을 이루고 있는 탄소수가 2~4개인 짧은사슬지방산과 6~10개인 중간사슬지방산은 소장점막세포를 통하여 직접 간문맥(portal vein)으로 흡수되어 혈장 알부민(albumin)과 결합하여 간으로 운반된다. 그러나 탄소수가 12개 이상인 긴사슬지방산과 모노글리세라이드는 체내로 흡수되기 위하여 소장 점막세포 내에서 지방단백질의 하나인 카일로마이크론을 형성한다. 즉, 긴사슬지방산과 모노글리세라이드가 다시 결합하여 중성지방으로 된 후 콜레스테롤, 인지질 그리고 단백질이 결합하여 카일로마이크론을 형성하여 림프관(lymphatic duct)을 통하여 체내로 흡수된다.

흡수된 카일로마이크론이 조직으로 운반될 때 그 조직의 혈관벽에 존재하는 지방단백리파아제(lipoprotein lipase)에 의하여 지방산으로 분해된 후 조직으로 들어가게 된다. 이 지방산은 β-산화과정을 거침에 따라 아세틸코엔자임 A(acetyl CoA)를 생산하면서 TCA회로(TCA cycle)를 거쳐 에너지를 생성한다. 또한 지방산은 중성지방으로 합성되어 지방조직에 저장되기도 한다.

4) 비타민

♠지용성 비타민

비타민 A, D, E, K는 지방과 마찬가지로 담즙산염에 의하여 유화되어 마이셀을 형성한 후 지방과 함께 소화되어 카일로마이크론과 같이 림프관을 통하여 체내로 흡수되어서 간에 축적된다. 따라서 지용성 비타민의 체내 흡수율을 증가시켜 주기 위하여 지방과 함께 섭취하는 것이 좋으며 주의할 점은 과량섭취하게 되면 체내에 축적되어 중독증이 올 수도 있으므로 지용성 비타민제를 복용할 때는 반드시 의사의 처방에 따라야 한다. 체내로 흡수된 지용성 비타민은 체내에서 여러 가지 중요한 기능을 한다 (표 1-7, 36쪽).

♠수용성 비타민

비타민 B군과 비타민 C는 소장에서 흡수되며, 지나치게 많은 양을 섭취할 경우에는 흡수율이 낮아지게 되며 체외 배설량도 증가된다.

수용성 비타민 중 비타민 B_{12}는 체내에서 흡수될 때 당단백질(glycoprotein)

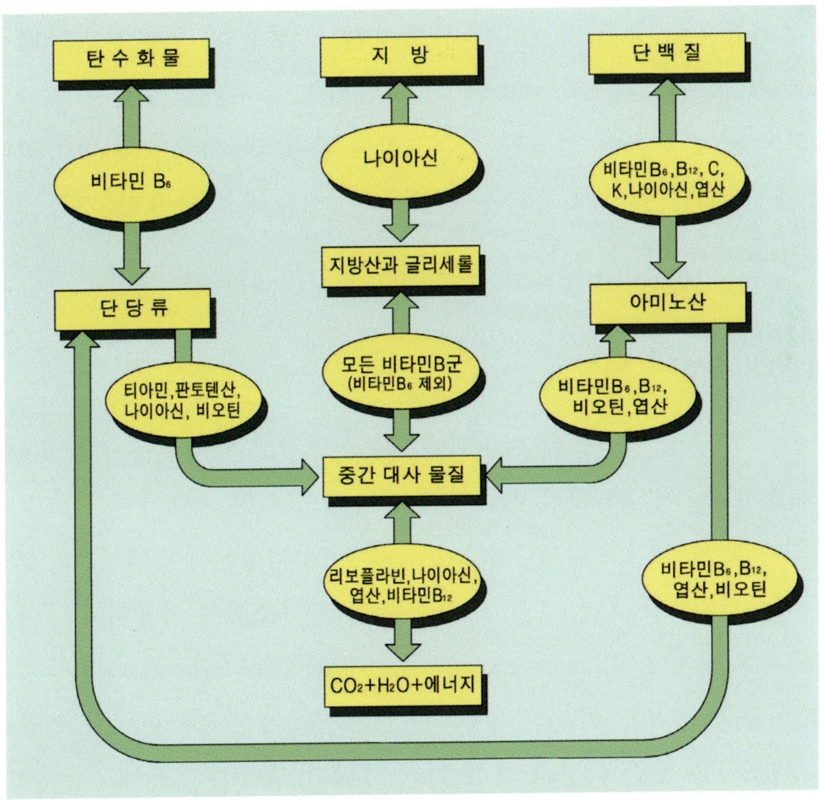

그림 2-6. 에너지 영양소의 대사와 비타민과의 관계

의 일종인 내재성인자(intrinsic factor, IF)와 결합된 후 회장에서 흡수된다. 그리고 기타 수용성 비타민은 주로 십이지장과 공장에서 흡수된다.

흡수된 수용성 비타민은 체내에서 중요한 기능을 하는데 특히 에너지 생성 영양소인 탄수화물, 지방, 단백질의 대사가 정상적으로 이루어지기 위하여 필수적으로 요구된다. 대사과정에서 요구되는 비타민과 그 역할들을 **그림** 2-6에 나타내었다.

5) 무기질

무기질은 소장 점막세포에서 흡수된다. 철분의 경우 운반단백질(transport protein)인 페리틴(ferritin)과 결합되어 흡수되고 칼슘은 비타민 D의 작용에 의하여 합성된 칼슘결합단백질(Ca-binding protein)에 의해서 흡수된다. 이렇게 흡수된 무기질은 체내에서 중요한 기능들을 한다(표 1-8, 1-9, 37-38쪽).

6) 에너지원의 대사

에너지 생성 영양소인 탄수화물, 지방 그리고 단백질은 각각 1 g당 4 kcal, 9 kcal 및 4 kcal의 에너지를 가지고 있으며 체내에서 산화되어 탄산가스, 물 그리고 암모니아가 생성된다. 이 과정에서 총에너지의 60%는 열에너지(heat energy)로서 이 중 일부는 체온조절에 사용되며 나머지 40%가 화학에너지(chemical energy) 즉, ATP(adenosine triphosphate)를 생성한다. 이렇게 생성된 ATP는 근육수축과 같은 운동에 필요한 에너지, 영양소의 세포막을 통한 이동과 기타 여러 물질의 생합성 작용에 이용된다.

섭취한 탄수화물, 단백질 및 지방이 소화과정을 거쳐 체내에서 이용될 수 있는 에너지, 즉 생리열가(physiological fuel value)는 다음과 같다.

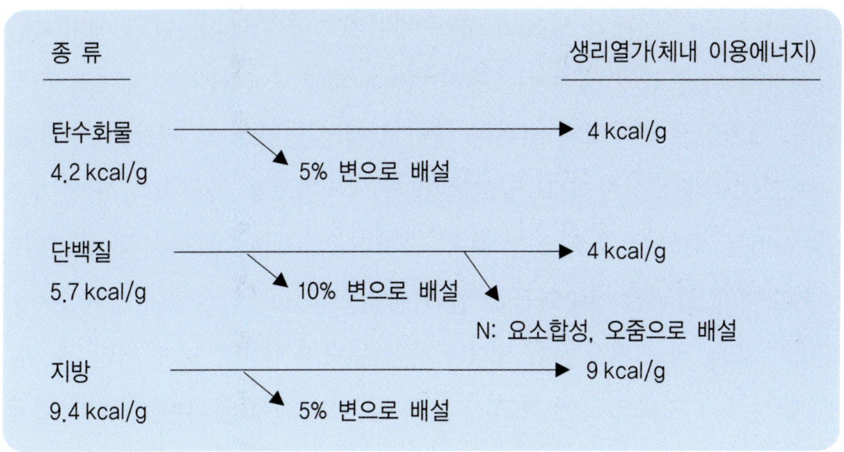

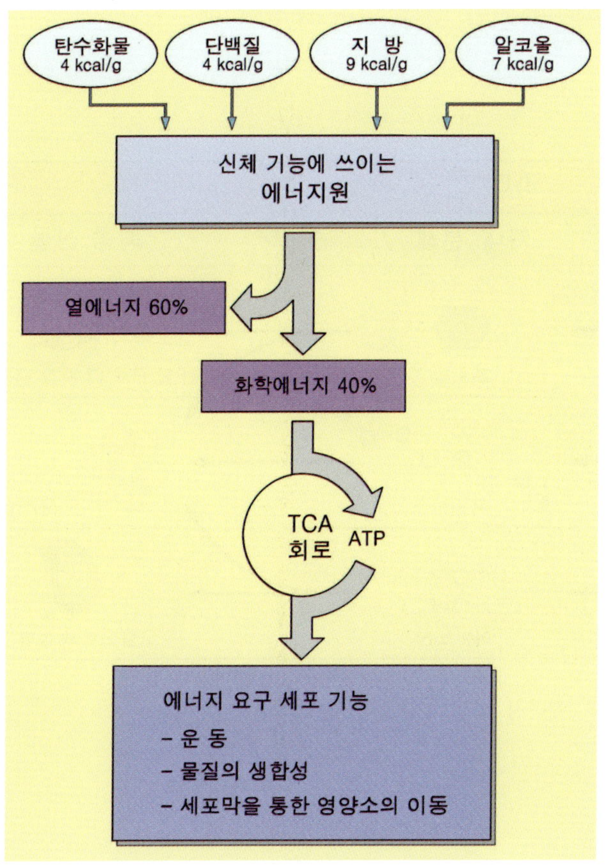

그림 2-7.
에너지 영양소의 대사

그러나 우리 신체가 필요로 하는 에너지보다 더 많은 양의 에너지를 섭취하게 되면 잉여 에너지는 체지방(body fat)으로 전환되어 체내에 축적된다. 체지방은 과다하게 섭취한 에너지 생성 영양소 즉 지방, 탄수화물, 단백질로부터 합성이 되고 알코올 역시 체지방으로 축적된다. 지방세포(fat cell)는 지방이 축적되면 계속 커지며, 커지는 정도는 끝이 없다.

과다하게 섭취한 탄수화물은 일단 글리코겐으로 합성되어 간에 100 g, 근육에 250 g 정도 저장된다. 그러나 저장 능력의 한계를 넘게 되면 체지방을 합성하여 지방조직에 축적한다. 또한 과다하게 섭취한 지방은 쉽게 체지방으로 저장되며 단백질 역시 체지방으로 전환되어 축적되고 이때 생성된 암모니아는 요소로 전환된 후 소변을 통하여 배설된다.

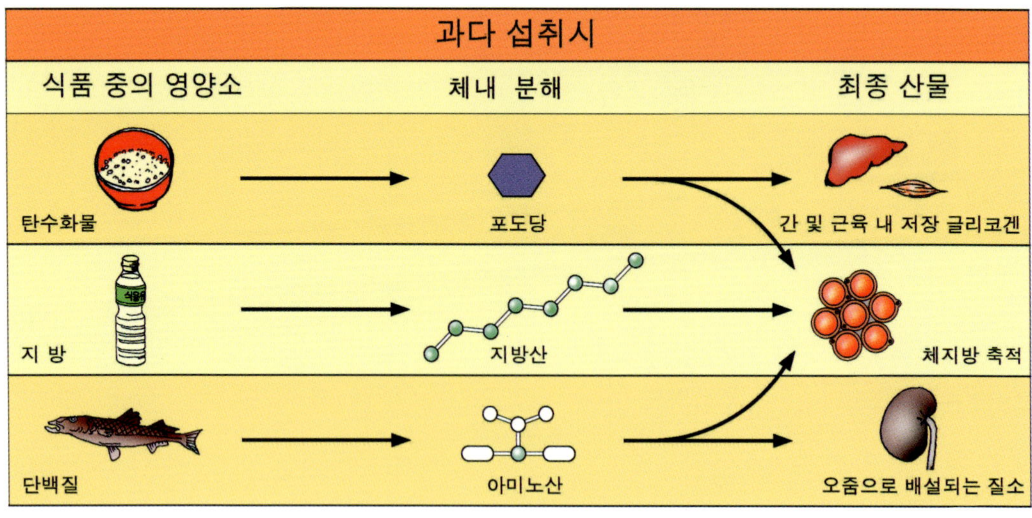

그림 2-8. 에너지 생성 영양소의 과다 섭취

참고문헌

Applegate L. 2004. Nutrition Basics for Better Health and Performance. Kendall/Hunt, Publ. Co. Iowa.

Baggaley A. 2001. *Human Body*. DK Publishing. Inc. N.Y.

Hann D.B. and W.A. Payne. 2003. *Focus on health*, 6th ed. McGraw Hill.

Hunt, S.F. and J.L. Groff. 1990. *Advanced Nutrition and Human Metabolism*. West Publ. Co., N.Y.

Marieb, L.N. 1989. *Human Anatomy and Physiology*. The Benjamin/Cummings Publ. Co., Redwood City, Calif.

Scheider, W.L. 1983. *Nutrition, Basic Concepts and Application*. McGraw-Hill Book Co., N.Y.

Vander, A.J., J.H. Sherman and D.S. Luciano. 1990. *Human Physiology*, 5th ed. McGraw Hill Publ. Co., New York.

Wardlaw, G.M. 2003. *Contemporary Nutrition, Issues and Insights*, 5th ed. McGraw Hill.

Wardlaw, G.M. and J. Hamp. 2006. *Perspectives in Nutrition*. 7th ed. McGraw-Hill, N.Y.

Whitney, E.N., C.B. Catado, L.K. DeBruyne, and S.R. Rolfes. 2001. *Nutrition For Health and Health Care*, 2nd ed. Wadsworth.

동아일보. 2002년 6월 10일자.

윤희섭 · 맹원재 · 신형태 · 김영길 · 고태송. 1990. 가축영양학. 향문사.

CHAPTER 3

한국인의 식생활

1. 한국인 식사의 우수성

인간의 삶 속에서 식생활은 큰 비중을 차지한다. 인간들은 동물들과 달리 식생활이라는 문화를 형성하면서 발전시키고 있다. 식생활은 자연환경과 사회·경제적 환경에 영향을 받으며 형성·변모되어 간다.

우리나라는 북반구의 온대에 위치하고 있으며 강수량이 많아 습윤한 지역으로 농업이 발달하고 사계절이 뚜렷하여 다양한 식품이 생산되어 왔다. 또한 삼면이 바다로 이루어진 지리적 여건으로 인하여 풍부한 해산물을 이용하면서 우리나라의 고유한 식생활을 발달시켜 왔다. 특히 우리나라는 고구려 시대에 발효식품을 만들기 시작하면서 다양한 발효식품들이 발달하였다. 우리나라의 음식조리에서 기본 조미료로 사용되는 각종 장류, 염장발효식품, 초산발효식품, 술, 어패류나 채소류의 발효식품 등은 식품의 맛과 저장성을 향상시켜 오늘날 우리나라 식생활에서 중요하고 절대적으로 자리 잡고 있다.

우리나라 식사의 일반적인 구성은 밥, 국 또는 찌개, 반찬으로 이루어져 있다. 주식으로는 쌀과 잡곡을 재료로 한 밥이 기본이 되며, 채소류를 이용하는 김치, 나물, 장아찌 등의 다채로운 반찬과 해산물과 육류를 이용한 각종 반찬들로 구성되었다.

최근 이러한 전통적인 한국식사가 여러 만성질환 예방에 효과적이라고 학자들에 의하여 밝혀지고 있다. 밥과 된장, 김치가 중심이 되는 우리의 식사 경우 불포화지방산의 섭취 증가와 콩, 채소, 현미, 잡곡 등의 섭취로 인하여 식이섬유를 충분하게 섭취하게 되어 비만 억제 효과뿐만 아니라 심장질환의 예방과 암 발생률을 저하시키는 것으로 나타났다. 이는 **표 3-1**에 나타난 바와 같이 한국 전통식사의 열량구성비가 다른 나라에 비하여 가장 이상적이기 때문이다. 그 이유는 동물성 식품과 포화지방의 섭취가 월등히 낮은 반면에 신선한 채소, 생선, 고춧가루, 마늘, 양파, 참기름, 콩기름, 들기름, 콩류 등의 충분한 섭취로 인하여 체내 면역기능을 강화시킬 수 있을 뿐 아니라 이들 식품 섭취를 통하여 비타민과 무기질을 골고루 섭취할 수 있기 때문이다. 따라서 우리나라의 전통식사가 최고의 건강식임을 알 수 있다.

표 3-1. 한국, 미국, 지중해 사람의 식사 비교

항 목	한 식	미국식	지중해식
열량 열량 영양소별 구성비(%) (탄수화물 : 단백질 : 지방)	1,976 kcal/일 65 : 15 : 20	2,146 kcal/일 52 : 15 : 33	1,815 kcal/일 45 : 20 : 35
육류	42 kg/년	122 kg/년	91 kg/년
동물성 식품 비율	15%	27%	25%
포화지방 비율	6.3%	11.3%	11.8%
SFA* : MUFA** : PUFA***	1 : 1.1 : 1.3	1 : 1.1 : 0.6	1 : 1.7 : 0.4
오메가 6 : 오메가 3 지방산	6.4 : 1	16.7 : 1	2 : 1
생선류	51 kg/년	21 kg/년	25 kg/년
채소	223 kg/년	125 kg/년	178 kg/년
콩류	34 g/일	9.6 g/일	8.5 g/일
마늘과 양파	28.8 g/일		19.4 g/일

*SFA : 포화지방산(saturated fatty acid)
**MUFA: 단일불포화지방산(monounsaturated fatty acid)
***PUFA: 다불포화지방산(polyunsaturated fatty acid)
자료: 내몸 개혁 6개월 프로젝트, 2005

2. 한국인의 식품 및 영양소 섭취

1) 식품 소비 현황

한국인의 식생활은 1960년대 이전에는 굶주림으로부터 해방되는 것이 급선무였으나 이후 고도의 경제 성장을 이룩함으로써 식생활이 풍요로워지면서 서구화되어가고 있다. 또한 과학기술의 발전으로 우리의 삶에 크게 영향을 미친 것 중 하나는 물질의 대량 생산으로 인하여 소비형태의 변화를 가져온 것이다.

현재 한국인의 식품 소비구조에 많은 변화를 초래하여 한국인의 식사에 주종을 이루고 있는 쌀의 공급량이 감소추세에 있다. 반면에 정부의 혼·분식 장려에 따라 빵을 주식으로 하는 사람들이 1970년대 중반부터 꾸준히 증가하면서 밀가루의 공급량이 증가되고 있다. 더불어 동물성 식품의 소비도 계속 증가하는 양상을 보이고 있다. 농촌경제연구원 발표에 의하면 2010년도 육류의 연간 1인당 총공급량이 43.54 kg이었으며, 이 가운데 쇠고기 공급량이 8.44 kg이고 돼지고기 18.45 kg, 닭고기 8.26 kg으로 육류 가운데 돼지고기 공급량이 가장 많았다. 육류의 공급량은 쌀을 주식으로 하는 일본보다는 많은 것으로 나타났다. 이외에 계란류와 우유류의 공급량은 2000년 이후 큰 변화가 없으나 선진국에 비해 아직도 상당히 적은 양을 섭취하고 있는 실정이다. 유지류의 연간 공급량은 13.9 kg이었으며 식물성 유지류의 공급량이 전체 공급 유지류의 97.0%를 차지하고 있다.

표 3-2. 1인 1년간 식품공급량(kg)

구 분	1970	1980	1990	2000	2010
곡류	194.9	185.0	175.4	166.8	145.1
쌀	130.4	132.9	120.8	97.9	81.5
밀가루	25.1	29.4	29.7	36.1	33.3
보리	36.8	14.1	2.4	1.8	1.3
기타	2.6	8.7	22.5	31.0	29.0
서류	56.0	21.5	11.0	11.8	13.8
설탕류	6.2	10.3	15.3	17.9	22.7
두류	7.4	9.7	10.3	10.7	10.4
견과류	0.1	0.4	0.5	1.5	1.5
종실류	0.1	0.4	0.7	0.7	0.7
채소류	59.9	120.6	132.6	165.9	132.9
과실류	10.0	16.2	29.0	40.7	44.2
육류	8.3	13.9	23.6	37.5	43.5
계란류	3.2	5.9	7.9	8.6	9.9
우유류	1.8	10.8	31.8	49.3	57.0
어패류	14.7	22.5	30.5	30.7	36.6
해조류	2.6	4.5	5.7	6.1	14.7
유지류	1.5	5.0	14.3	15.9	13.9

*자료: 2010 식품수급표, 2011

한편 우리나라 국민 1인당 식품공급량을 다른 국가와 비교해 보면 연간 곡류 공급량은 145.1 kg으로 쌀을 주식으로 하는 일본보다는 적고 대만에 비해서는 많은 것으로 나타났다. 또한 채소류의 공급량은 132.9 kg으로 일본, 프랑스와 비슷한 수준이었다. 그러나 채소를 많이 먹는 것으로 알려진 이탈리아인들의 공급량인 210.3 kg보다는 낮게 나타났다. 그리고 과일의 공급량은 미국이나 대만 등의 절반에도 미치지 못하는 44.2 kg이며 일본보다도 낮은 수준을 나타내었다. 육류와 우유류의 공급량도 미국 등 서구나라들에 비하여 상당히 낮았으나 우유류는 대만보다 많았고 일본보다는 다소 낮게 나타내었다.

표 3-3. 국가별 1인 연간 식품공급량 비교(kg)

구 분	곡류	채소류	과실류	육류	어패류	유제품
한 국	145.1	132.9	44.2	43.5	36.6	57.0
일 본	173.4	130.7	58.4	34.8	64.8	75.5
대 만	91.1	113.2	138.6	78.2	31.0	21.5
미 국	177.2	125.5	122.8	93.7	23.4	256.5
이탈리아	160.3	210.3	233.3	74.0	24.5	220.1
프 랑 스	136.9	129.5	138.6	74.3	19.7	238.8

*자료: 2010 식품수급표, 2011.

주 1) 조식품공급량임. 단, 대만은 순식품공급량 기준임.

2) 어패류에는 해조류가 포함됨.

3) 한국 2010년, 다른 국가 2005년 기준.

2) 영양소 섭취 현황

식품 소비 구조가 변화됨에 따라 영양소 섭취실태도 변화하였다. 국민영양조사에 따르면 전반적으로 에너지 섭취량은 2007년 이후 꾸준히 증가하여 2011년 2,044.8 kcal를 나타내었다. 그리고 에너지의 영양소별 구성비를 보면 탄수화물 66.4%, 지방 19.0% 그리고 단백질 14.6%로 조사되어 가장 바람직한 열량 구성비인 탄수화물 65%, 지방 20%, 단백질 15%와 비교해 볼 때 비만증, 동맥경화증 등 생활습관병(life style disease)을 예방한다는 측면에서 양호하다고 생각된다.

단백질 섭취량은 1985년 이후 서서히 증가하는 가운데 2011년 1인 1일당 73.6 g을 섭취하여 권장 섭취량 대비 159%를 나타내었으며 총 단백질 중 동물성 단백질 섭취비율은 42.2%를 차지하고 있다. 지방의 섭취량은 꾸준히 증가하다가 2007년 다소 감소되었지만 이후 증가되어 2011년 1인 1일당 44.2 g을 섭취하였다. 그리고 비타민과 무기질의 섭취량도 전반적으로 증가하여 비타민과 대부분의 무기질 권장 섭취량의 100~143%를 섭취하고 있었으나, 무기질 중 칼슘과 칼륨은 권장 섭취량에 못 미치고 있어 우리의 식사에서 부족한 영양소로 나타났다. 특히 칼슘의 경우 10대와 70세 이상에서 권장 섭취량의 60% 미만을 섭취하고 있었다(표 3-4).

표 3-4. 연도별 영양소 섭취량(전국 1인 1일당)

영양소 \ 연도별	1970	1980	1990	2001	2011
열 량(kcal)	2,150	2,052	1,868	1,976	2,044.8
단백질(g)	64.6	67.2	78.9	71.6	73.6
지방(g)	17.2	21.8	28.9	41.6	44.2
조섬유(g)	-	-	-	6.7	6.9
칼슘(mg)	466	598	517	497.0	517.8
철분(mg)	11.2	13.5	22.7	12.2	14.6
비타민 A(IU)	939	1,688	1,662	624.0[1)]	815.3[1)]
티아민(mg)	1.10	1.13	1.15	1.27	1.4
리보플라빈(mg)	0.78	1,08	1.27	1.13	1.3
나이아신(mg)	16.3	19.1	21.6	16.9	17.0
비타민 C(mg)	82.9	87.9	81.2	132.6	104.1
동물성 단백질비(%)	14.7	28.7	40.1	47.9	42.2
곡류열량비(%)	81.2	77.4	65.8	56.0	52.9

*자료: 2011 국민건강통계, 2012. 1)단위: ㎍RE.

표 3-5. 섭취에너지 영양소별 구성비(%)

에너지 영양소 \ 연도별	1970	1980	1990	2001	2011
탄수화물	80.0	77.3	69.2	65.7	66.4
지 방	7.2	9.6	13.9	19.3	19.0
단 백 질	12.0	13.1	16.9	15.1	14.6

*자료: 2011 국민건강통계, 2012

3. 국민체위와 평균수명

식품과 영양소 섭취상태가 좋아지면서 한국인의 신장과 체중은 모든 연령층에서 지속적으로 증가하고 있다. 체위증가는 남자의 경우 12～15세의 평균 신장이 지난 40년 동안 20～25 cm 정도 더 커졌으며, 여자의 경우는 10～14세의 평균 신장이 18～25 cm가 더 커졌다. 체중도 같은 기간 중에 남자는 15～21 kg, 여자는 14～19 kg이 각각 증가하였다. 뿐만 아니라 우리나라 19세 청소년의 신장은 남자 173.9 cm, 여자 161.1 cm로 아시아에서 가장 크며 일본 청소년들보다 3 cm 정도 더 컸다.

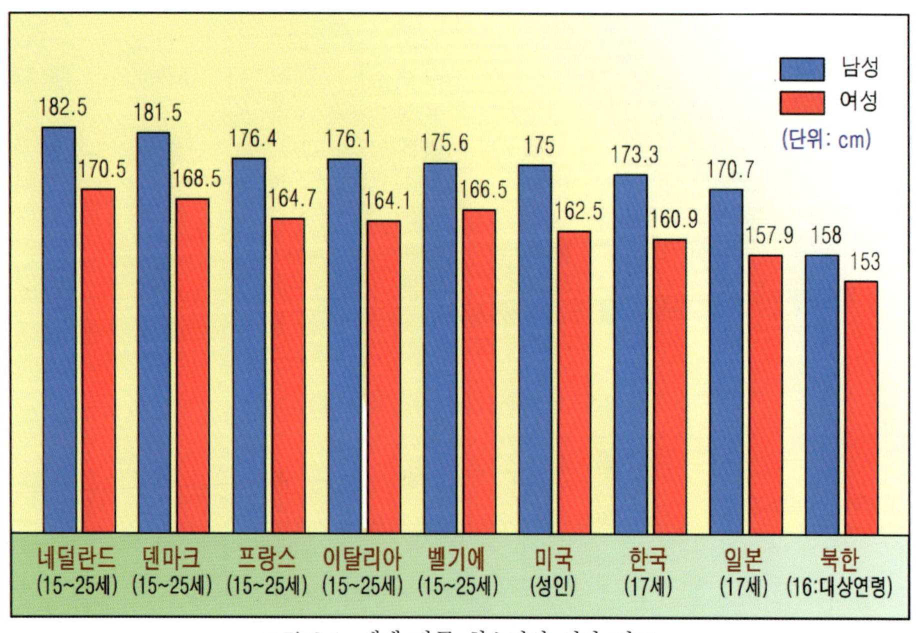

그림 3-1. 세계 각국 청소년의 신장 비교

식생활을 포함한 전반적인 생활환경의 향상은 수명의 연장도 가져왔다. 통계청 발표에 의하면 2011년 평균수명은 남자 77.6세, 여자 84.5세로 연장되었다. 평균수명이 81.1세로 크게 향상되어 OECD 평균수명 79.8세 보다 다소 높으나 최장수국인 일본에 비하여 남자는 2.0세, 여자는 1.9세 낮은 수준이다.

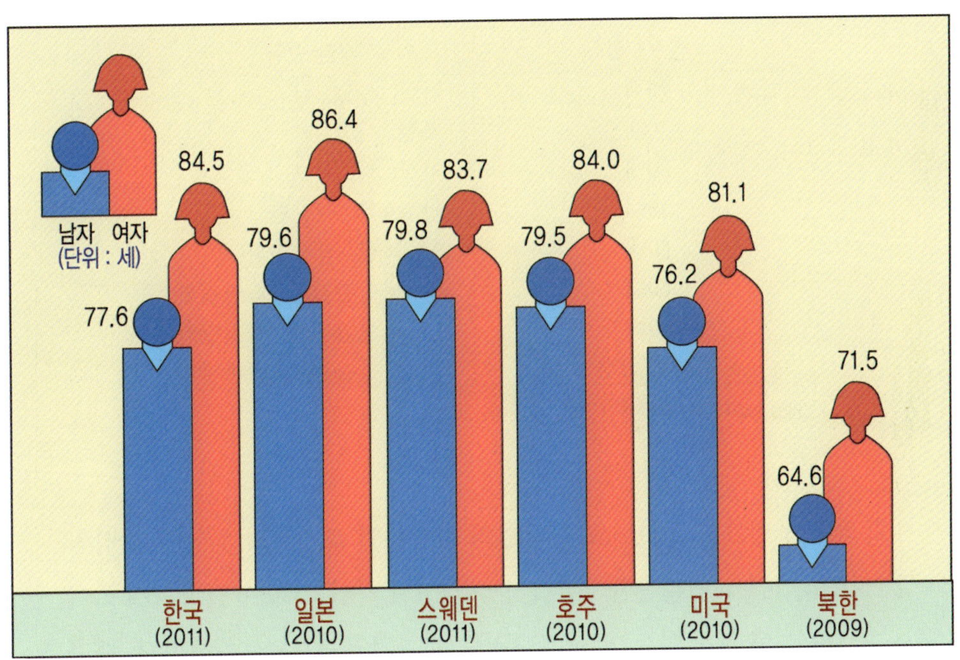

*자료: 2011 생명표, 통계청, 2012

그림 3-2. 국가별 평균수명

4. 사망원인의 변화

사망원인은 1960년대에는 주로 전염병 등의 감염성 질환이 높았으나 1990년대 이후부터는 각종 암, 뇌혈관 질환, 심장질환이 3대 주요 사망원인으로 꼽히고 있다.

표 3-6. 연령별 사인 순위(2011년)

연 령	사인 순위
10대	자살, 사고, 암
20대	자살, 사고, 암
30대	자살, 암, 사고
40대	암, 자살, 간질환
50대	암, 자살, 심장질환
60대	암, 뇌혈관질환, 심장질환
70대	암, 뇌혈관질환, 심장질환
80대 이상	암, 심장질환, 뇌혈관질환

*자료 : 2011년 사망원인통계, 통계청, 2012

통계청이 발표한 2011년도 한국인의 사망원인 조사결과 한국인 사망원인 1위 암, 2위 뇌혈관질환, 3위 심장질환, 4위 자살로 10년 전과 비교하여 1, 2, 3위는 변화가 없는 반면에 사망원인 8위였던 자살이 해마다 증가 추세를 보이다 4위로 증가하였다. 암은 최근 10년간 인구 10만 명당 사망률이 가장 많이 증가하여 2001년 122.9명에서 2011년 19.9명이 증가한 142.8명으로 나타났다. 반면에 뇌혈관질환 사망률은 2001년 73.7명에서 50.7명으로 감소하였다.

5. 한국인을 위한 식생활 지침

[1] 곡류, 채소, 과일류, 어육류, 유제품 등 다양한 식품을 섭취하자.

사람이 생명과 건강을 유지하기 위하여 필요한 영양소는 약 50여 가지가 된다. 이 많은 영양소를 공급받기 위하여 다양한 식품을 선택하여 균형 잡힌 식사를 하여야만 한다.

우유에는 칼슘과 리보플라빈이 풍부하게 들어 있으므로 한국인 식사에서 부족한 이들 영양소의 섭취를 위하여 하루 1컵 이상을 섭취하는 것이 좋으며, 이외에도 요구르트, 치즈 등 유제품의 섭취도 좋다.

[2] 짠 음식을 피하고, 싱겁게 먹자.

우리나라 사람들은 곡류의 과잉 섭취로 인하여 짜게 먹는 습관이 형성되어 하루 평균 20 g 이상의 소금을 섭취하는 것으로 나타나고 있다. 그러나 나트륨의 섭취량이 높아질수록 고혈압 발생 빈도 또한 증가한다. 따라서 싱겁게 음식을 조리하며 장아찌, 젓갈 같은 짠 음식은 적게 섭취한다.

[3] 건강 체중을 위해 활동량을 늘리고, 알맞게 먹자.

체중은 건강과 밀접한 관계가 있다. 우리나라는 경제수준의 향상과 더불어 식생활 및 생활양식이 서구화되어가면서 생활습관병 발병률이 증가하고 있다. 운동하는 것을 생활화하고 생활 속에서 신체활동을 늘려 에너지 섭취량과 소비량의 균형을 이룬다.

[4] 식사는 즐겁게 하고, 아침을 꼭 먹자.

생활의 원동력을 제공하며 더 나아가 밝은 사회의 기초가 되는 것이 식사이다. 따라서 아침을 꼭 먹고 식사는 가족과 함께 즐겁게 한다.

[5] 술을 마실 때는 그 양을 제한하자.

남자는 하루 맥주 2캔, 여자는 1캔 정도의 술을 마시는 것이 좋으며 임산부와 청소년은 절대로 술을 마시지 않는다.

6 음식은 위생적으로, 필요한 만큼 준비하자.

언제나 먹을 만큼 음식을 준비하며 남은 음식은 바로 냉장 보관하고 오래 보관하지 않도록 한다.

7 밥을 주식으로 하는 우리 식생활을 즐기자.

밥과 국, 찌개, 반찬으로 조화를 이루는 한국 음식은 맛으로나 영양적으로 우수하다. 다양한 재료를 이용하여 만들어진 음식과 김치 등의 발효식품으로 구성되는 한국 전통식사는 영양소간의 균형을 제공할 뿐 아니라 대부분 영양소의 섭취량도 충족시키는 우수한 식사이다.

건강하게 오래 사는 30가지

1. 마늘을 하루 1~2알 정도 섭취하라.
2. 적당한 운동을 꾸준히 하라.
3. 정제하지 않은 곡물 섭취를 늘려라.
4. 야채와 과일을 많이 먹어라.
5. 패스트푸드 섭취를 줄여라.
6. 생선을 많이 먹어라.
7. 소금을 적게 먹어라.
8. 적당량의 와인을 마셔라.
9. 하루 2잔 정도 커피를 마셔라.
10. 차를 많이 마셔라.
11. 체중을 줄여라.
12. 무리한 체중 감량은 피하라.
13. 콜레스테롤 수치를 낮춰라.
14. 아스피린을 섭취하라.
15. 자주 성관계를 가져라.
16. 자신만의 스트레스 해소법을 개발하라.
17. 담배를 끊어라.
18. 입냄새를 없애라.
19. 노래를 불러라.
20. 콧노래를 흥얼거려라.
21. 충분한 수면을 취하라.
22. 비타민을 충분히 섭취하라.
23. 피부관리에 신경 써라.
24. 치아 건강에 유의하라.
25. 배우자를 신중히 선택하라.
26. 물을 많이 마셔라.
27. 침대 사용에 주의하라.
28. 셀레늄을 많이 섭취하라.
29. 친구와 많은 시간을 보내라.
30. 직업을 바꿔라.

*자료: 영국 인디펜던트지, 2003

유지, 견과 및 당류
(가능한 적게 사용)
- 식물성기름 1작은술 (5 g)
- 버터 1작은술 (6 g)
- 설탕 1큰술 (12 g)
우유 및 유제품
(1회)
- 우유 1컵 (200 g)
- 요구르트 (1컵)
- 치즈 2장
- 아이스크림 (1/2컵)
고기,생선,계란 및 콩류
(4~5회)
- 육류 (60 g)
- 생선 (70 g)
- 계란 1개 (50 g)
- 콩 (20 g)
- 두부 (80 g)
채소류 및 과일류
(6~7회)
- 생야채 (60 g)
- 김치 (60 g)
- 과일 (100 g)
- 과일주스 (1/2컵)
곡류 및 전분류
(4~5회)
- 밥 1공기 (210 g)
- 국수 1대접 (건면 90 g)
- 식빵 3쪽 (100 g)

그림 3-3. 식품구성탑

참고문헌

보건복지부・질병관리본부. 2012. 2011년 국민건강통계(국민건강영양조사 제5기 2차년도).

유춘희, 이진실, 홍희옥, 김희선. 2001. 식사와 건강. 상명대학교출판부.

유태우. 2005. 내몸개혁 6개월 프로젝트. 김영사.

조선일보. 2004년 3월 9일자.

통계청. 2008 세계인구현황보고서.

한겨레. 2004년 8월 24일자.

한국농촌경제연구원. 2011. 2010 식품수급표.

통계청. 2012. 2011 사망원인통계.

______. 2012. 2011 생명표.

영국인디펜던트지. 2003.

CHAPTER

4

두뇌 발달과 영양

인간의 두뇌는 생물체 가운데 가장 복잡한 구조로 되어 있으며 생명현상을 조절하는 가장 중요한 기관이다. 비록 뇌의 무게는 1.4 kg에 불과하지만 인체가 사용하는 에너지의 20% 이상을 소모한다.

뇌는 신경계의 일부로서 120억 개의 신경세포(neuron)와 500억 개의 신경교세포(glial cell)로 이루어져 있다. 신경세포들은 전기적 신호에 의해 상호신호를 전달하며 신경세포와 신경세포 사이에는 시냅스(synapse)라는 좁은 틈으로 분비되는 화학물질인 신경전달물질(neurotransmitters)이 신경세포 간의 신경전달을 매개한다. 따라서 뇌는 보고, 듣고, 배우고, 숨쉬고, 움직이고, 느끼고, 생각하는 등 전체적인 신체활동을 총괄한다.

두뇌는 3개의 주요 부위, 즉 전뇌(fore brain), 소뇌(cerebellum) 그리고 뇌간(brain stem)으로 구성되어 있다. 전뇌는 가장 크고 또 가장 중요한 부위이며 좌우로 구분되고 대뇌(cerebrum)와 간뇌(diencephalon)로 구성되어 있다. 대뇌는 크고 C형의 구조로 회색질(gray matter)과 백색질(white matter)로 되어 있으며 4쌍의 엽, 즉 전두엽(frontal lobe), 측두엽(temporal lobe), 후두엽(occipital lobe)과 두정엽(parietal lobe)으로 구분되고 대뇌의 심하게 주름진 표면은 각 개인에 따라 상이한 홈을 가지고 있다. 전두엽은 언어, 생각과 감정, 미세한 동작 등을 조절하고 측두엽은 소리의 인식과 기억저장, 후두엽은 영상을 감지하고 진행하며 두정엽은 온도, 압박, 고통 등을 감지 및 인식한다.

회색질층, 즉 대뇌피질(cerebral cortex)은 대뇌의 전체를 감싸고 있으며 약 2~6 mm의 두께로서 신경세포체(nerve cell body)로 구성되어 있다. 회색질 아래에는 백색질로 되어 있으며 미엘린(myelin)으로 덮인 축삭(axon) 그리고 신경세포체로부터 뻗어 나온 신경섬유로 구성되어 있다. 지방질로 된 미엘린초(myelin sheath)는 신경자극의 전달속도를 증가시키는 작용을 한다.

간뇌는 시상(thalamus)과 시상하부(hypothalamus)로 구성되어 있다. 시상은 뇌의 중심부에 위치하고 정보중계소로 작용한다. 즉 대뇌, 뇌간과 척수간의 감각신경신호의 중계소로서 작용하는 회색질 부위이다. 이를 싸고 있는 대뇌 변연계(limbic system)로 알려진 다른 구조가 있는데 이는 생존행동, 기억, 분노와 같은 감정을 나타낸다. 변연계와 연결된 시상하부는 자율신체과정을 조절하는 부위이다.

소뇌는 좌우 양측의 대칭구조이며 전뇌의 아래쪽과 뇌간의 위쪽에 있는 두 번째로 큰 부위이며 신경세포가 뇌의 다른 부위 그리고 척수와 연결되어 있어 평형을 유지하고 운동을 조정한다.

뇌간은 뇌의 꼬리쪽에 위치하고 전뇌와 소뇌를 척수에 연결시킨다. 뇌간은 주요 3부위로 구분된다. 전뇌와 연결되어 있는 중뇌(midbrain), 소뇌와 연결된 중간부위의 뇌교(pons), 그리고 척수와 연결된 뇌의 입구부

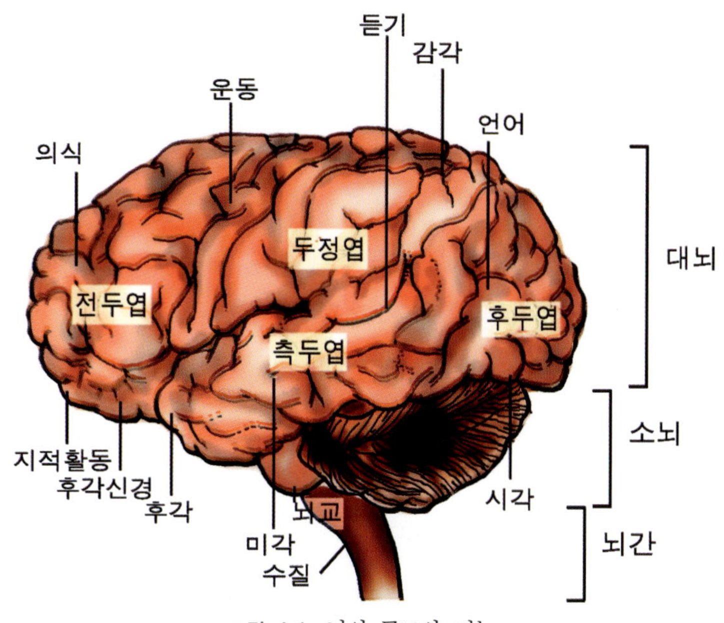

그림 4-1. 뇌의 구조와 기능

위인 숨뇌(medulla oblongata)이다. 뇌간은 생존에 필요한 필수기능, 즉 심장박동, 호흡, 혈압, 소화, 음식을 삼키고 토하는 등의 반사활동을 조절하는 센터이다. 즉 중뇌는 시각반사를, 뇌교는 얼굴표정과 눈움직임을 그리고 숨뇌는 심장과 호흡을 조절한다.

■ 식물인간(human vegetable)

대뇌의 손상으로 아무것도 생각하지 못하고 느끼지도 못하고 말도 못하며 전혀 몸을 움직이지 못하나 뇌간과 소뇌는 정상으로 기능을 하여 호흡이나 순환이 유지되는 상태로 눈을 뜨거나 손발을 움직이는 등 간단한 반사작용을 한다.

■ 뇌사(brain death)

대뇌는 물론 뇌간과 소뇌의 활동까지 멈춰버린 상태로 외부자극에 전혀 반응하지 않는다.

1. 두뇌 발달 시기

인간의 두뇌 발달에 관하여 아직 많은 것이 밝혀져 있지 않다. 그러나 두뇌도 다른 조직과 같은 형태로 세포 성장 3단계 즉 첫 단계인 세포수의 증가(hyperplasia), 두 번째 단계인 세포수와 세포크기의 증가(hyperplasia-hypertrophy) 그리고 마지막으로 세포크기의 증가(hypertrophy)에 의하여 발달한다.

두뇌 조직의 세포수 증가는 태아시기에 거의 직선적으로 성장을 하다가 출생 직후 증가 추세가 둔화하기 시작하여 출생 8~12개월이 되면 최대치에 도달하게 된다(그림 4-3). 이처럼 인간의 두뇌는 출생 직전과 직후의 짧은 기간에 거쳐 빠르게 발달된다. 이 기간에 두뇌 세포의 증식과 분화가 가장 빠르게 일어나 태아 때 신경세포가 1분에 250만 개씩 만들어진다. 최근 과학자들에 의해 밝혀진 바에 의하면 태아가 14주부터 뇌활동을

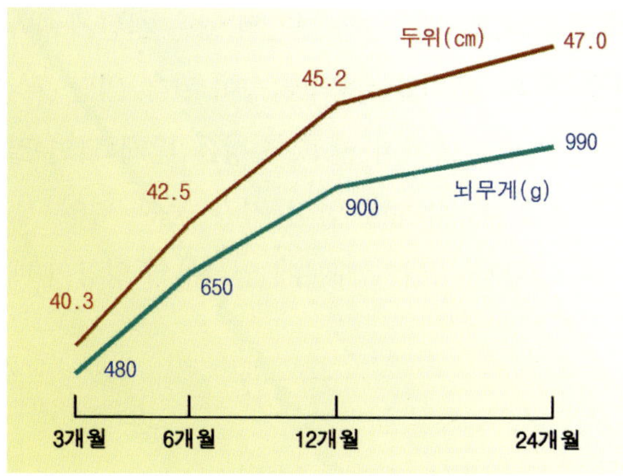

그림 4-2. 월령별 두뇌 성장곡선

시작하여 몸을 비비꼬고 불안스러운 표정을 지으며 23~36주에는 잠잘 때마다 꿈을 꾸고 24주면 불평거리가 생기거나 불안해지면 엄지손가락을 물집이 생길 정도로 빤다고 한다. 출생 후 두뇌 발달은 근육이나 간 등의 조직들이 출생 후 성장하여 사춘기까지 성장이 지속되는 것과는 달리 출생 후 12~18개월에 이르면 거의 완성된다.

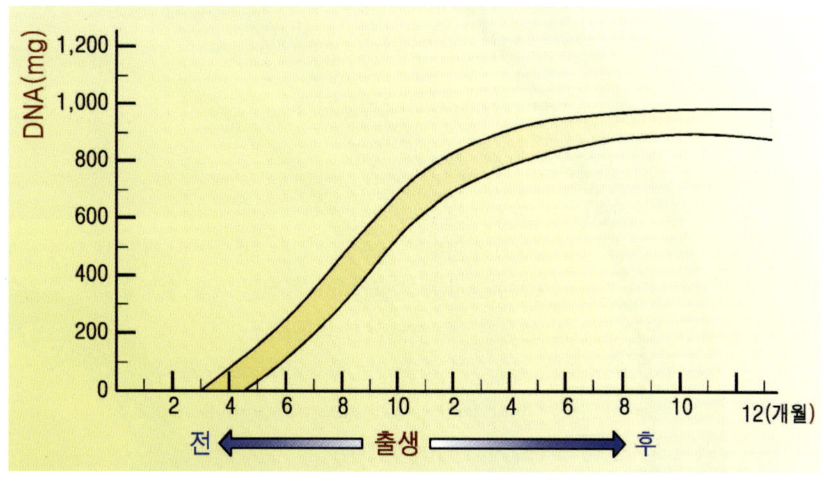

그림 4-3. 태아와 어린이 두뇌의 DNA 증가량

이렇게 볼 때 인간의 두뇌는 임신 기간의 짧은 시간에 대부분의 신경세포가 생성되며 출생 후 2년 안에 거의 완성이 된다. 일단 두뇌가 형성되면 신경세포는 더 이상 만들어지지 않고, 손상을 받게 되면 절대로 회복이 되지 않는 특징이 있다. 따라서 임신 기간 동안 영양 상태는 태아의 두뇌 발달에 크게 영향을 미치기 때문에 임산부의 영양이 매우 중요하다.

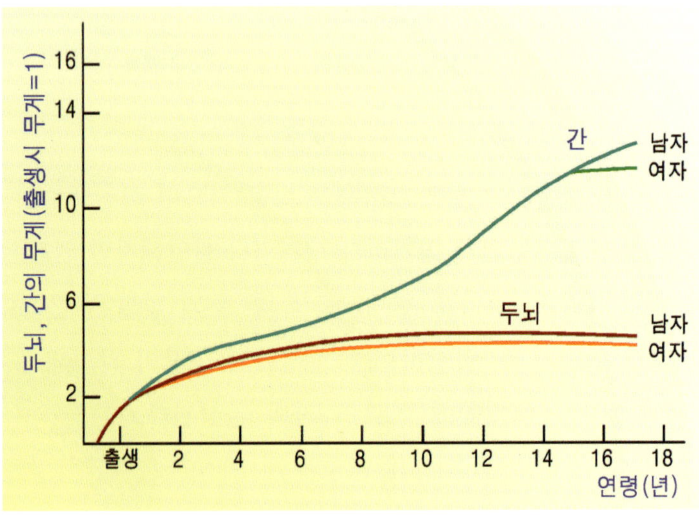

그림 4-4. 인간의 두뇌 발달 시기

세포 성장의 3단계

인체 구성의 최소단위이면서 유전상의 단위인 세포들이 같은 형태로 분화되면서 모여 특별한 일을 하는 집단인 조직을 형성하고 이들이 결합하여 특정한 기능·활동을 하는 기관이 되는 것이다. 따라서 인간의 성장은 세포성장에서 비롯된다.

1단계 : 세포분열에 의하여 세포수가 증가되는 증식기(hyperplasia)

2단계 : 세포수와 세포크기가 증대되는 시기(hyperplasia-hypertrophy)

3단계 : 세포크기만 증가되는 시기(hypertrophy)

2. 지능 발달과 영양

영양상태가 사람의 지능지수(IQ)에도 영향을 미친다는 연구보고들이 있다. 즉 어린이들을 조사한 자료에 의하면 정상적으로 자란 어린이들에 비하여 영양결핍 상태에서 자란 어린이들의 지능지수가 크게 낮은 것으로 발표되었다. 즉, 영양결핍 상태에서 자란 어린이의 평균 지능지수가 정상 어린이에 비하여 12 정도 낮았다. 충분한 영양 상태에서 자란 어린이 가운데 지능지수가 90 이하인 어린이가 전체의 17%인데 비하여 영양 상태가 불량한 어린이들 중에는 그 비율이 50% 이상이었다.

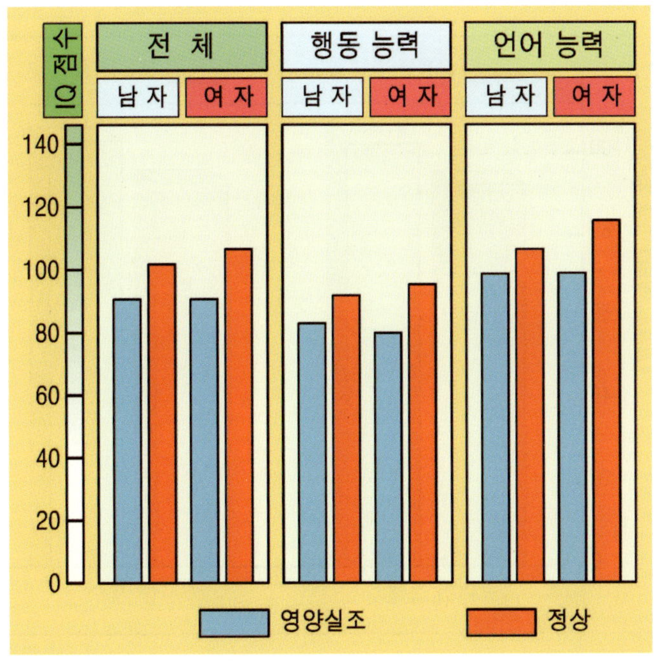

그림 4-5. 정상 어린이(n=129)와 영양 결핍 어린이(n=129)의 평균 IQ

인간의 지능지수는 영양뿐만 아니라 어린이가 자란 사회·경제적 요소(socio-economic factor)에 의하여 영향을 받을 것이라 생각되나 조사 결과에 의하면 지능지수에 영향을 미치지 않는다.

		영양실조	정 상	영양실조	정 상	영양실조	정 상
사회 경제적 신분	고	91.36	104.45	93.83	103.46	91.30	103.71
사회 경제적 신분	저	89.98	100.37	88.95	103.49	89.26	102.92
		가족 관계		주거 환경		아버지의 직업	

그림 4-6. 인간의 IQ와 사회·경제적 요소와의 관계

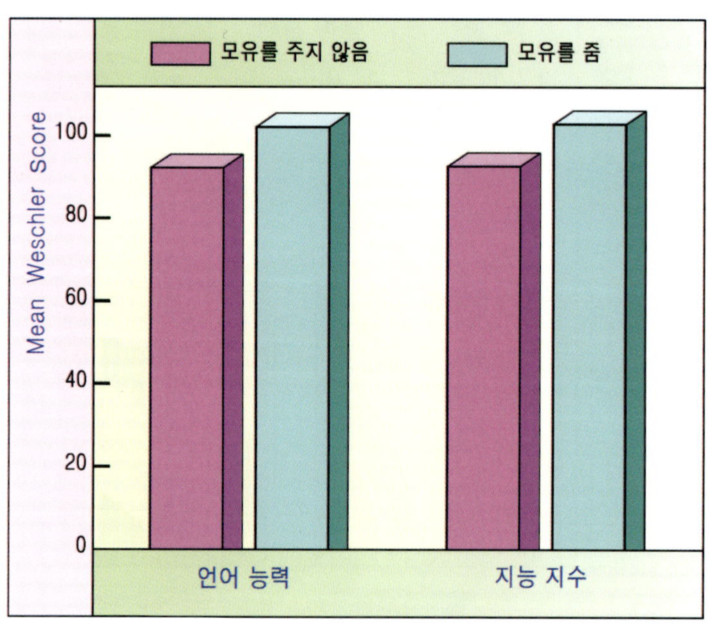

그림 4-7. 모유를 급여한 유아와 모유를 급여하지 않은 유아의 지능지수 비교

모유를 먹은 유아가 우유를 먹은 유아에 비하여 언어능력과 지능지수가 높다는 연구발표가 있다. 출생시 체중이 1.85 kg 미만인 미숙아를 대상으로 모유를 약 4주간 먹인 유아(210명)가 모유를 먹지 않은 유아(90명)에 비하여 7.5~8세 때 지능지수가 8.3 정도 높은 것으로 나타났다(그림 4-7).

이는 모유 중에 두뇌 발달에 필요한 오메가 3계 지방산인 DHA의 함량이 높고 기타 두뇌 발달에 필요한 호르몬과 호르몬 촉진물질 등이 모유에 함유되어 있기 때문이다. 따라서 임신 때 생선을 많이 먹으면 아기의 머리가 좋아진다.

유년시절의 스트레스는 성장을 지연시키고 동시에 기억과 학습에 관여하는 뇌 부위들의 발달에 영향을 미친다. 따라서 행복한 유년시절이 성장과 지능발달을 향상시킨다.

3. 두뇌 기능과 영양소

사고력 등 뇌의 능력은 20세 초 최고에 이른 후 20세 후부터 쇠퇴하기 시작한다. 그러나 기억력은 30세 후까지 유지되고 단어 또는 일반적인 정보 등 축적된 지식에 기반을 둔 능력은 60세까지 증가된다고 한다.

1) 에너지원

두뇌와 중추신경계는 우리 몸 안에 있는 에너지를 이용함에 있어서 우선 순위가 가장 높고 많은 양을 소모한다. 두뇌는 휴식시에도 우리 몸이 소모하는 에너지의 20%를 두뇌 활동에 이용한다.

두뇌는 다른 신체 기관과 달리 특수한 때를 제외하고 에너지원으로 순전히 포도당만을 사용하며 두뇌조직에 에너지를 비축하는 능력이 없다. 즉, 두뇌에는 극히 소량의 글리코겐이 존재하므로 계속해서 혈액을 통하여 포도당을 에너지원으로 공급시켜 주어야 한다. 그러나 며칠간 굶거나 체내 글리코겐이 완전히 고갈되면 혈액 중에 존재하는 케톤체를 새로운 에너지원으로 이용할 수 있는 능력이 생긴다. 이처럼 오랜 단식으로 에너지원인 포도당이 고갈되면 케톤체를 이용하는 비율이 점차로 증가하여 총 에너지의 50%까지 이용한다. 체내에 축적되어 있는 글리코겐은 두뇌가 필요로 하는 에너지를 3일 정도밖에 공급하지 못한다.

2) 비타민

일부 비타민의 결핍은 두뇌의 정상적인 기능을 수행할 수 없게 하여 정신병 증세(psychiatric symptom)를 초래한다.

표 4-1. 비타민의 결핍이 두뇌 기능에 미치는 영향

비타민	결핍 증상
티아민	기억력 상실과 정서적인 변화
비타민 B_6	유아의 비정상적인 뇌와 신경발달에 의한 정신 발달 장애(mental retardation)
비타민 B_{12}	악성 빈혈과 신경손상(neurologic damage)에 의한 정신 기능 손상, 치매 악화
비타민 C	우울증

3) 무기질

무기질의 결핍 또한 태아의 두뇌 성장과 신경정신적 기능(neuropsychological function) 발달에 지대한 지장을 준다.

또한 중금속의 중독도 정상적인 두뇌 기능을 수행할 수 없게 한다. 즉, 납(lead)과 수은(mercury)의 체내 축적량이 많으면 중추신경계통에 손상을 입혀 성격 변화(personality change), 성급함(irritability), 수면 장애(sleep disturbance)를 가져오고 지나치면 죽게 된다. 어린이가 납에 중독되면 집중력 감소(attention deficit)와 지능지수 감소 등의 증상을 나타낸다.

표 4-2. 무기질의 결핍이 두뇌 기능에 미치는 영향

무 기 질	결핍 증상
요 드(I)	정신발달 장애 증상을 나타내는 백치병(cretinism)
철 분(Fe)	신경 손상으로 주의력 부족
아 연(Zn)	생화학적 기능 장애로 뇌기능 손상 초래
망 간(Mn)	행동장애(behavioral abnormalities)

4) 아미노산

두뇌의 정상적인 기능은 신경전달물질(neurotransmitters)에 의하여 수행된다. 체내에는 50여 가지의 신경전달물질이 존재하는데 세로토닌(serotonin), 아세틸콜린(acetylcholine), 도파민(dopamine), 에피네프린(epinephrine), 노르에피네프린(norepinephrine) 등을 들 수 있으며 이 물질들은 체내에서 아미노산으로부터 합성된다.

표 4-3. 주요 신경전달물질

영양소(전구물질)	신경전달물질(생산물)	기 능
트립토판	세로토닌	수면 조절, 고통인지, 체온조절, 우울 등의 기분장애와 관련, 뇌하수체 호르몬 분비
타이로신	도파민	근육에 운동 명령, 우울 등 기분 장애, 쾌감, 통증과 관련
콜린, 레시틴	아세틸콜린	신경학적 질병 및 치매 치료와 예방
타이로신	에피네프린(아드레날린)과 노르에피네프린(노르아드레날린)	혈당수준 증가, 교감신경의 자극 우울, 조증 등 기분 장애와 관련
메티오닌, 루신	엔돌핀	진통효과

♠뇌 건강법

1 아침을 꼭 먹자.

뇌는 에너지를 많이 소모하는 기관으로 탄수화물이 중요한 에너지원으로 사용되므로 탄수화물이 많이 들어 있는 밥과 신경전달물질 생성에 필요한 달걀노른자, 생선 등을 반찬으로 먹으면 좋다.

2 딱딱한 음식을 먹자.

딱딱한 먹이를 먹은 쥐가 똑같은 영양소와 양의 부드러운 먹이를 먹은 쥐보다 미로테스트를 더 잘 통과하였다는 연구결과가 있다.

3 젊은 사람과 어울리며 감각을 유지하자.

미국 캘리포니아대학교(버클리캠퍼스) 연구팀이 어린 쥐와 늙은 쥐를 함께 살게 하였더니 늙은 쥐의 뇌무게가 증가하였던 반면에 젊은 쥐는 그대로였다.

4 손을 많이 움직이자.

대뇌피질이 활성화된다.

5 숙면을 취하자.

기억력이 향상된다. 취침 전 트립토판이 풍부한 우유나 치즈를 먹으면 좋다.

6 신선한 공기를 마시자.

뉴런의 성장을 돕는다.

7 뇌 전체를 훈련시키자.

좌우 신체를 균형적으로 사용하며 공상을 하거나 음악·미술 감상 등으로 우뇌를 활성화시킨다.

8 운동을 하자.

해마세포의 성장을 도와 기억력을 높인다. 운동은 뇌속의 모세혈관을 풍성하게 만들고 뇌세포에 영양소를 잘 공급할 수 있게 해주며 뇌세포가 잘 연결될 수 있도록 화학적 작용을 유도한다. 나이가 들면서도 운동은 사고력을 높이고 건망증을 줄이는 데 도움이 된다.

9 흡연과 폭음을 삼가자.

흡연은 뇌에 혈액이 들어오는 것을 막으며 폭음은 뇌세포를 파괴시킨다.

파킨슨병(Parkinson's disease)

1817년 영국의 제임스 파킨슨에 의하여 처음으로 학계에 알려진 병이다.
발병의 정확한 원인은 알려져 있지 않으나 주로 50세 이후에 신경전달물질인 도파민을 만드는 뇌 부위의 신경세포가 서서히 파괴되어 도파민 부족을 초래하여 몸의 떨림, 근육경직, 운동장애 등 각종 신경학적 이상을 나타내는 병이다.

참고문헌

Anonymous. 1992. Breast milk and subsequent intelligence quotient in children. *Nutr. Rev.* 50(1) : 334-337.

Baggaley, A. 2001. Human body. Dorling Kindersley Publ. New York.

Brody, M. 1994. *Nutritional Biochemistry*. Academic Press, New York.

Davis, K. 1990. The effects of nutrition on the brain, nervous system, and behavior, page 627-641 in *The Mount Sinai School of Medicine Complete Book of Nutrition.* Herber, V. and G.J. Subak-Sharpe(ed.). St. Martin's Press.

Galler, J.R. 1984. Behavioral consequences of malnutrition in early life, In *Human Nutrition, A Comprehensive Treatise,* Vol. 5. R. Galler(ed.). Plenum Press, New York and London.

Galler, J.R., F. Ramsey and G. Solimano. 1984. *The Influence of Early Malnutrition on Subsequent Behavioral Development.* Ⅲ. Learning, disabilities as a sequal to malnutrition. Ped. Research.

Pike, R. and M. Brown. 1980. *Nutrition an Integrated Approach.* Wiley, New York.

Rozovski, S.J, and M. Winick. 1979. Malnutrition and Mental Development. *Human Nutrition, A Comprehensive Treatise,* Vol. 1. M. Winick(ed.), Plenum Press, New York.

Susser, M. and Z. Stein. 1994. Timing in prenatal Nutrition; A reprise of the dutch famine study. *Nutr. Rev.* 52(3) : 84-94.

Widdowson, E.M. 1988. Nutrition and cell and organ growth. *Modern Nutrition in Health and Disease*. 7th ed. Shils, M.E. and V.R. Young(ed.). Lea and Febiger, Philadelphia.

Winick, M. 1969. The effect of nutrition on cellular growth. In Symposia of the Swedish Nutrition Foundation, VII. Nutrition in preschool age.

Winick, M. and P. Rosso. 1969. The effect of severe early malnutrition on cellular growth of human brain. *Pediatr. Res.* 3 : 181.

Winick, M., P. Rosso and J. Waterlow. 1970. Cellular growth of cerebrum, cerebellum, and brain stern in normal and marasmic children. *Exp. Neurol.* 26 : 393.

강봉근. 2006. 21세기 프런티어. 뇌 월간과학문화 10월호.

동아일보. 1999년 9월 3일자.
서울대학교 의과대학 편. 2000. 행동과학. 서울대학교출판부.
홍창의. 2003. 소아과학. 대한교과서.

CHAPTER

5

산·염기 평형

1. 산과 염기란?

용액 상에서 수소이온(H^+)을 방출하는 물질을 산(acid)이라 하며 수소이온과 결합하거나 받아들이는 물질을 염기 또는 알칼리(alkali)라 한다. 용액의 산과 알칼리는 pH라는 용어를 사용하여 1에서 14까지의 범위로

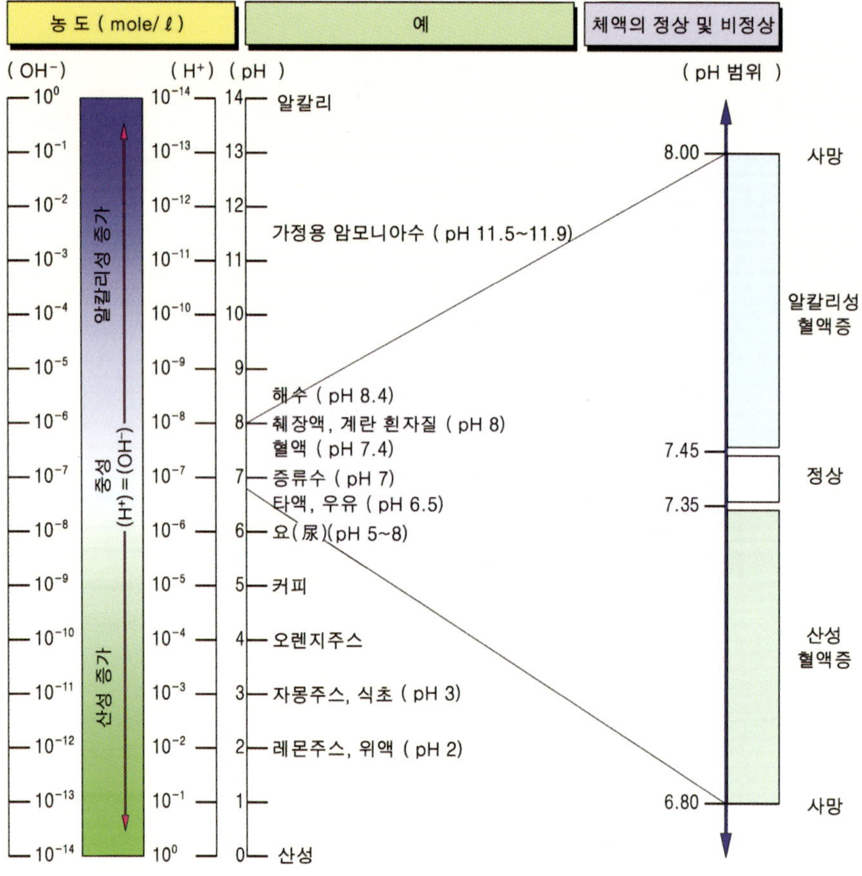

그림 5-1. pH 스케일과 식품의 pH가

표시한다. 이는 수소이온의 농도로 나타내며 중성 pH 7을 기준으로 이보다 수치가 작으면 산성, 크면 알칼리성으로 구분한다(그림 5-1).

2. 체액의 산·염기 평형

체액의 수소이온 농도가 높으면 체액은 산성을 띠게 되고 수산화이온(OH^-)의 농도가 높으면 알칼리성을 띠게 된다. 그러나 체액의 pH는 다소 차이가 있을 뿐 큰 변화가 없는 것이 정상이다. 즉 동맥혈(arterial blood)의 정상 pH는 7.4, 정맥혈(venous blood)과 세포간액(interstitial fluid)의 pH는

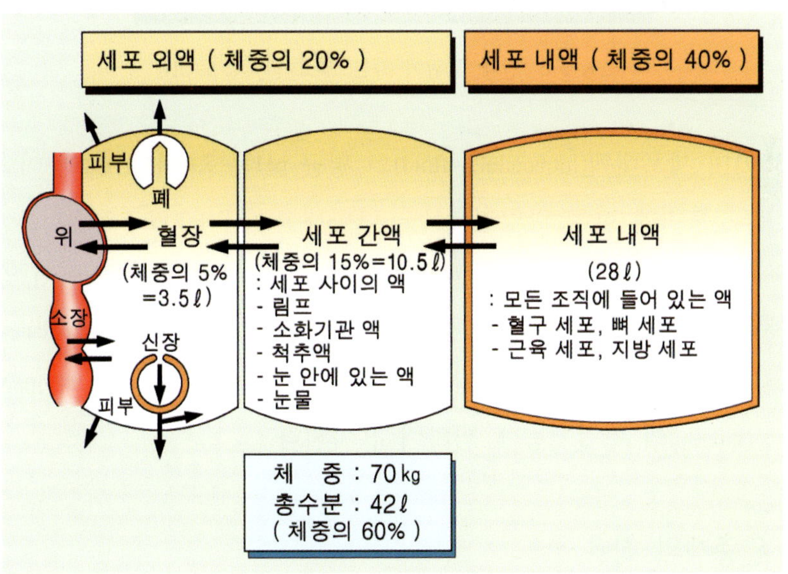

그림 5-2. 체액의 분포

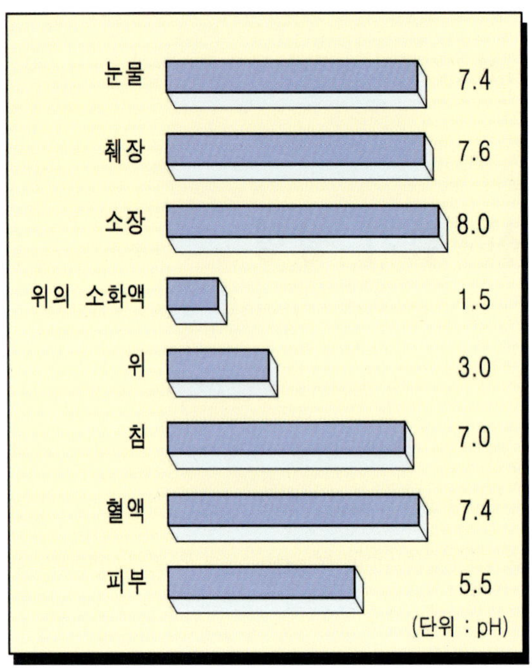

그림 5-3. 인체 부위에 따른 수소이온 농도(pH)

7.35이며 세포내액(intracellular fluid)의 평균 pH는 7.0이다. 체액 이외에 인체의 부위에 따라 다양한 pH를 나타내고 있다(그림 5-3).

사람은 스스로 산성과 알칼리성의 균형을 유지하는 조절 능력이 있다. 수분과 몇 종류의 무기질은 체내에서 산·염기 평형(acid-base balance)을 유지하는 중요한 기능을 가지고 있으며 완충제(buffer) 작용, 폐(lung)와 신장(kidney)의 조절기능에 의하여 유지된다.

1) 완충제의 작용

완충제(buffer)는 용액의 pH 변화를 억제시키는 물질로서 수소이온을 방출하거나 또는 받아들여 산과 동시에 알칼리를 중화시키는 작용을 한다. 체액 중의 중요한 완충제는 중탄산염(bicarbonate, HCO_3), 인산염(phosphate, HPO_4)과 아미노산이다.

2) 폐의 기능

폐도 pH 조절기능을 갖는데 이는 호흡을 빨리하면 혈액 중에 용해되어 있는 탄산가스가 호흡을 통하여 방출되므로 수소이온의 생성이 억제되어 혈액의 산성화가 방지된다.

3) 신장의 기능

체액이 산성일 때는 신장을 통하여 수소이온을 배출시키고 중탄산염을 체내에 머물게 하는 반면에 체액이 알칼리성일 때는 이와 반대의 작용을 함으로써 정상 pH를 유지시킨다.

3. 체액의 종류와 구성성분

체액은 혈액과 세포간액을 합친 세포외액(extracellular fluid)과 세포내액으로 되어 있는데 세포외액은 체중의 20%를 그리고 세포내액은 40%를 차지한다(그림 5-2). 체액의 종류에 따라 이를 구성하는 이온의 성분은 다르다. 즉 세포내액을 구성하는 주요 양이온은 칼륨(K^+)인 반면 세포외액의 주요 양이온은 나트륨(Na^+)이다. 세포내액과 세포외액의 주요 성분을 **그림 5-4**에 나타내었다.

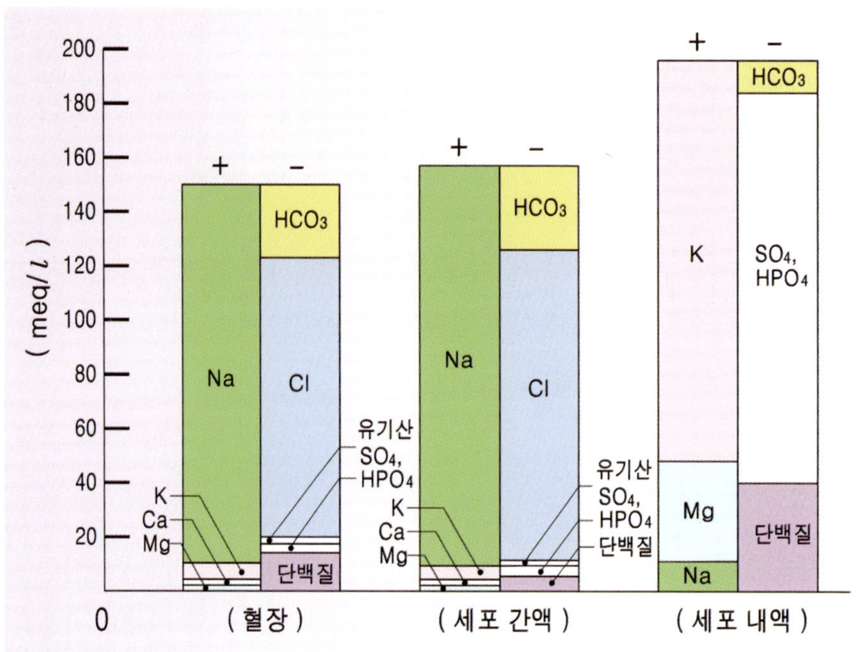

그림 5-4. 체액의 화학적 성분

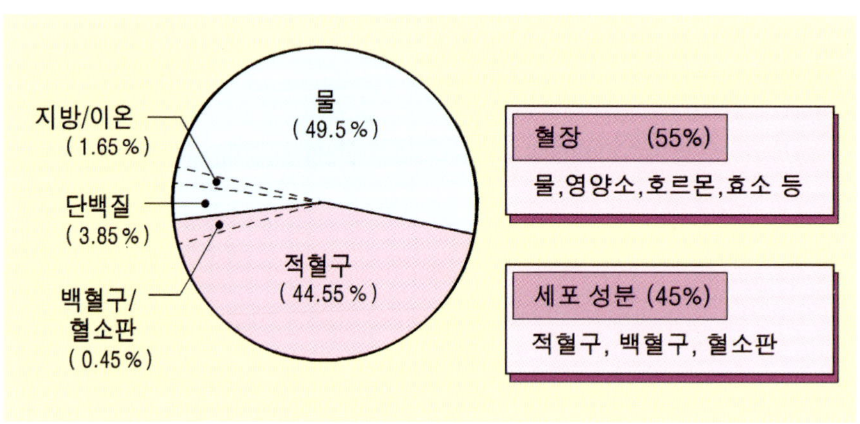

그림 5-5. 혈액의 구성성분

■ 적혈구의 생성과 파괴

신장으로부터 조혈촉진인자인 에르트로포이틴(erythropoietin)이 분비되어 골수에서 1일 약 2,000억 개의 적혈구를 생성한다. 이렇게 만들어진 적혈구는 약 120일 후 비장, 임파절, 간 등에서 파괴된다.

■ 헤모글로빈의 산소운반

적혈구는 산소를 운반하는 역할을 한다. 한 개의 적혈구는 3억 개의 헤모글로빈을 가지고 있으며 한 개의 헤모글로빈에는 4개의 헴이 있다. 헴 1개가 산소 1분자를 운반한다. 따라서 1개의 적혈구는 12억 개의 산소를 운반한다.

4. 산·알칼리성 식품

체내의 산·염기 평형을 유지하는 기능을 가지고 있는 무기질은 식품의 구성성분이기도 하다. 따라서 식품이 어떠한 무기질로 구성되어 있느냐에 따라 산성·알칼리성 식품이라고 부른다. 최근 건강에 대한 지대한 관심과 더불어 산성·알칼리성 식품에 관한 올바른 이해가 필요하리라고 생각된다.

산성 식품과 알칼리성 식품의 구별은 그 식품을 연소시켰을 때 최종적으로 어떤 원소가 남게 되는가에 따라 달라지게 된다. 예를 들면 대부분의 야채와 과일은 연소되면 Na^+, K^+, Ca^{2+}, Mg^{2+}과 같은 염기성 원소를 남기기 때문에 이러한 식품을 알칼리성 식품이라고 한다. 그런가 하면 육류 및 생선류 등은 Cl^-, P^-, S^-과 같은 산성 원소를 남기므로 이러한 식품을 산성 식품이라고 한다. 그러나 자두, 말린 자두, 크랜베리에 함유되어 있는 유기산은 체내에서 분해가 되지 않으므로 이들 식품을 산성식품으로 분류한다.

표 5-1. 산성·알칼리성 식품

산성 식품	알칼리성 식품	중성 식품
빵, 크래커	과일(자두, 말린 자두, 크랜베리 제외)	버터, 마가린
케이크, 쿠키	야채	조리용 기름
스파케티, 국수류	잼, 젤리	전분
치즈	꿀	설탕, 시럽
계란	견과류	
생선		
육류, 땅콩		
닭고기		
자두, 말린 자두		
크랜베리		
옥수수		

참고문헌

Beisel, W.R. 1985. Nutrition and Infection. *Nutritional Biochemistry and Metabolism with Clinical Applications*. Linder, M.C.(ed.), Elsevier, N.Y.

Ensminger, A.H., M.E. Ensminger, J.E. Konlande and J.R.K. Robson. 1983. *Food and Nutrition Encyclopedia,* Vol. 1. Pegus Press, Clovis, Calif.

Marieb, E.N. 1989. *Human Anatomy and Physiology*. The Benjamin/Cummings Publ. Co., Redwood City, Calif.

Moffett, D.L., S.B. Moffett and C.L. Shauf. 1993. *Human Physiology*. 2nd ed. Mosby, St. Louis, MO.

Rolfes, S.R., K. Pinna and E. Whitney. 2006. *Understanding Normal and clinical Nutrition*. 7th ed. Thomson Wadsworth.

Scheidcr, W.L. 1983. *Nutrition Basic Concepts and Application*. McGraw-Hill Book Co., N.Y.

Whitney, EX, C.B. Cataldo and S.R. Rolfes. 1998. *Understanding Normal and Clinical Nutrition*. West Wadsworth Publ. Co., Minneapolis.

Williams, S.R. 1993. *Nutrition and Diet Therapy*. 7th ed. Mosby, St. Louis, MO.

동아일보. 2002년 4월 15일자.

CHAPTER
6

기호식품과 건강

인간이 생활을 영위하는 데 필수적인 영양소를 함유한 식품은 아니지만 즐기고 좋아하는 식품들로 차, 커피, 코코아, 청량음료, 이온음료, 전통음료 등이 있다.

1. 커 피

커피(coffee)는 커피나무에서 수확한 열매를 볶은 후 갈아서 만든 음료로 커피의 연간 국제 무역액은 자연산물의 국제거래액 중에서 석유 다음으로 많다. 커피는 맛과 향기 등으로 전 세계적으로 널리 애용되는 기호식품이다. 우리나라는 2011년 123,000톤 이상의 커피를 수입하여 연간 성인(20세 이상) 1인당 3.38 kg을 소비하였다.

1) 커피와 카페인

커피는 적어도 393종의 화학물질을 포함하고 있으며 그 중 중요한 것은 카페인(caffeine)이며 기타 탄닌(tannin), 당(sugar), 여러 종류의 방향족 화합물(aromatic constituent) 그리고 극소량의 비타민과 무기질이 포함되어 있다. 커피의 주요 성분인 카페인은 커피에서 최초로 분리된 알칼로이드의 일종으로 메틸크산틴(methylxanthins)계에 속하는 물질로 냄새가 없고 쓴맛을 가지며 커피, 차 잎, 코코아 등의 자연성분으로 존재하고 합성도 가능하여 감기약, 알레르기약, 두통약, 잠 쫓는 약 등에 들어 있다.

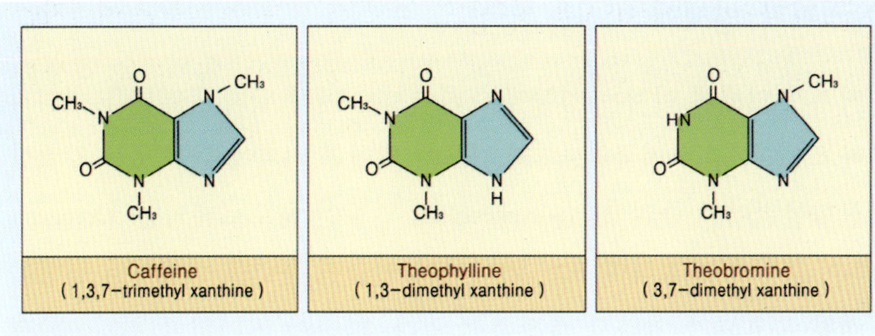

그림 6-1. 카페인과 유사물질의 구조

표 6-1. 음료 및 약제 내의 카페인 함량

음료·약제	용 량	카페인(mg)
인스턴트 커피	컵(150mℓ)	75
커피믹스	봉	69
원두커피	컵(150mℓ)	125
캔커피	캔(175mℓ)	74
커피우유	팩(200mℓ)	47
콜라	캔(355mℓ)	34
마운틴듀	캔(355mℓ)	55
에너지음료	캔(250mℓ)	30~150
초콜릿	57g	40
박카스	100mℓ	30
두통약	타블렛	32~65
감기·알레르기약	타블렛	15~32

2) 커피가 인체에 미치는 영향

커피가 인체에 미치는 영향에 대하여서는 아직 일치된 결론을 내리지 못하고 있다. 최근 미국의사협회 발표에 의하면 커피에 들어 있는 강력한 항산화물질이며 폴리페놀(polyphenol)의 일종인 클로로게닉산(chlorogenic acid)이 혈당을 조절하며 또한 카페인이 인슐린 분비를 증가시켜 혈당을 조절하는 효과가 있다고 추정하고 있다. 따라서 커피의 섭취가 제2형

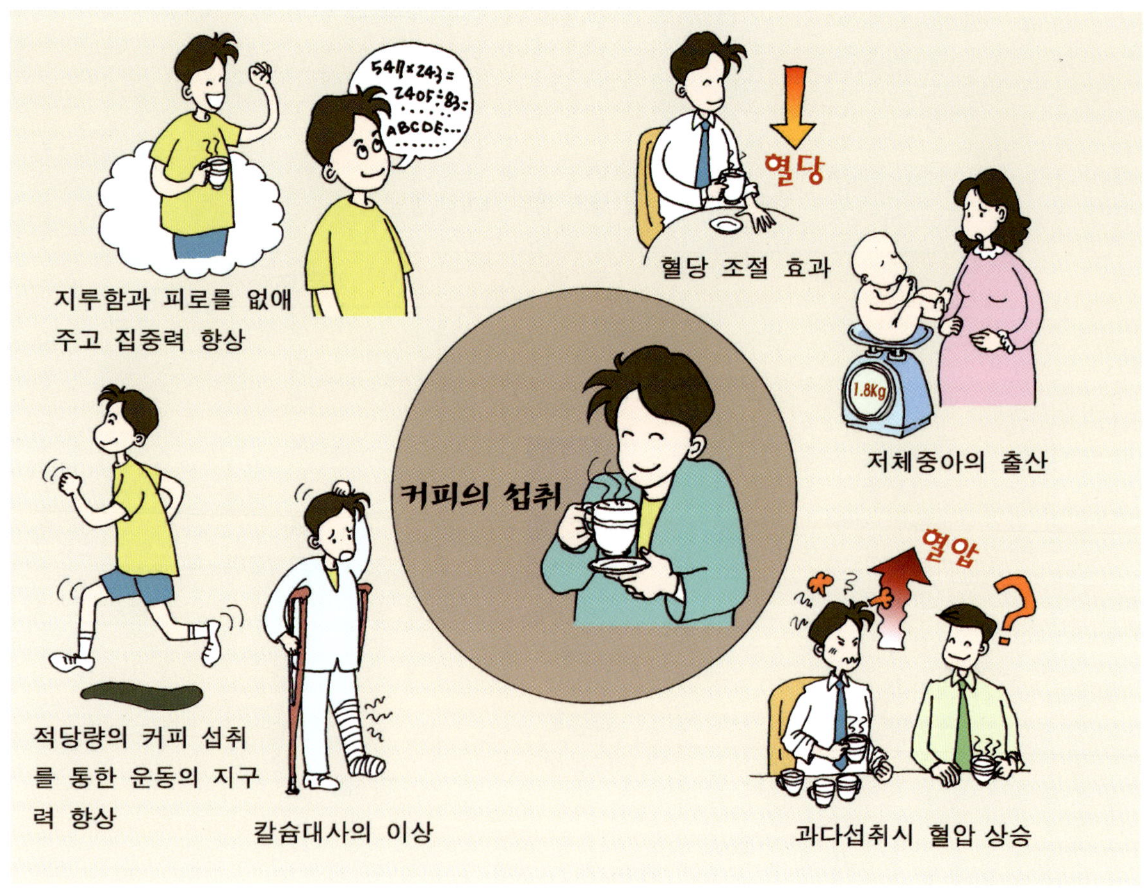

그림 6-2. 커피가 인체에 미치는 영향

당뇨병 발병을 감소시키고 간암과 파킨슨병의 예방과 발병률을 감소시킨다. 카페인은 중추신경계를 자극 및 흥분시키고 근육의 수축을 유도하며 심장근육에 직접 작용해 심장박동수를 증가시킨다. 따라서 커피를 적당히 마시면 정신집중, 운동량 증가, 노폐물 배설 등 긍정적 효과가 있다. 중년 이후부터 하루에 3~4잔의 커피를 마시면 치매 발병률이 60~65% 감소된다고 발표되었는데 이는 커피에 들어 있는 강력한 항산화물질이 치매를 예방하는 데 도움이 된다고 한다.

반면에 과도한 커피의 섭취는 수면장애, 식욕감퇴, 과민반응과 정자의 기능을 감소시켜 수태율을 감소시키고 저체중아 출산을 증가시킨다는 보고도 있다. 이처럼 우리가 즐겨 마시는 커피가 우리 인체에 어떤 좋은 영향 또는 나쁜 영향을 미치는가를 좀더 상세히 살펴보기로 한다(그림 6-2).

(1) 중추신경계

정신을 맑게 하여 깨어 있도록 하며 지루함(boredom)과 피로(fatigue)를 없애주고 일에 대한 집중력을 높여 준다.

(2) 심장

카페인은 심장수축력을 자극하여 심장 박출을 증가시켜 줄 뿐만 아니라 혈청 내 유리지방산 농도를 증가시켜 혈압의 증가를 초래하여 심장 질환 발병을 증가시킨다는 보고가 있는 반면에 영향을 미치지 않는다는 상반된 보고들도 있다. 따라서 동물, 사람을 대상으로 한 연구결과 카페인이 심장 질환을 일으키는 원인적 요소라는 증거는 확실하지 않다.

(3) 고혈압

카페인에 예민한 사람의 경우 카페인은 일시적으로 혈압을 높이는 것으로 되어 있으나 하루에 2~3잔의 커피는 혈압을 증가시키지 않는 것으로 본다.

(4) 체지방과 글리코겐 분해 촉진

카페인은 세포에서 cyclic AMP(cAMP)가 5'AMP로 전환되는데 작용하는 포스포디에스테라아제(phosphodiesterase)의 활성을 억제시킴으로써 cAMP량의 증가를 초래하여 저장된 글리코겐과 중성지방의 분해를 촉진하며 또한 산소 소비량도 증가시키는 것으로 알려져 있다.

이처럼 지방과 글리코겐의 분해가 촉진되면 두뇌 활동은 물론 신체의 활동에 필요한 에너지의 공급량이 많아지게 된다. 따라서 운동선수의 경우 커피 섭취로 운동의 지구력을 향상시킬 수 있어 국제올림픽위원회(IOC)에서는 모든 선수가 운동시작 전에 5~6잔 이상의 커피섭취를 금하고 있다.

(5) 칼슘대사

이뇨제 작용(diuretic action)을 촉진시켜 소변을 통한 칼슘 배설량을 증가시킨다. 카페인의 유사물질인 테오필린이 이뇨작용에 자극을 주는 것으로 알려져 있다.

(6) 태아의 결함

최근의 연구에 의하면 임신 중 매일 3잔 이상의 커피 또는 카페인을 함유한 음료 6컵 이상을 마시면 자궁 내 태아의 성장이 지연되거나 출생시 체중 미달이 될 확률이 높아진다고 한다. 뿐만 아니라 동물 실험 결과 다량의 카페인 공급이 안면의 결함, 언청이, 손가락의 기이한 모습, 근육 이상증, 안구 결손 등을 초래한다.

커피의 종류와 특성

- •모카 : 아라비아(예맨지방)에서 생산되는 커피
  생두는 황록색, 신맛과 단맛이 좋으며 향기가 뛰어나다.
- •콜롬비아 : 청록색 원두로서 알이 크고 일정하다.
  풍미와 신맛, 단맛 등이 뛰어나며 향기와 맛이 진하다.
- •자마이카 블루마운틴 : 자마이카 섬 동부의 2,500m 고지대에서 생산되는 커피
  생산량은 적으나 맛이 좋아 세계 제1급의 커피로 알려져 있다.
- •탄자니아 : 쓴맛과 신맛이 잘 조화되어 있는 커피
  특히 탄자니아의 킬리만자로 산록에서 생산되는 커피는 신맛이 강하다.
  또 향기가 좋아 모카와 콜롬비아를 배합한 것 같은 맛을 지니고 있어 스트레이트용으로 많이 사용되고 있다.

3) 카페인 섭취기준

한국식품의약품안전처(KFDA)이 최근 발표한 연령대별 1일 카페인 섭취기준은 **표 6-2**와 같다.

표 6-2. 1일 카페인 섭취기준

연 령	카페인(mg/일)
만 3~5세	41 이하
6~8세(남)	60
6~8세(여)	57
성 인	400
임산부	300

2. 청량음료

이산화탄소를 함유하고 있는 비주성 발포성 음료수를 말한다. 역사적으로 유럽에서 천연광천의 음용이 시작되어 의료용 목적으로 사용되었는데 17세기에서 18세기 초에 광천, 이산화탄소 함유천의 인공제조가 시작되었다고 한다. 일반적으로 이산화탄소를 함유하고 있는 청량음료를 총칭하여 탄산음료라고 하며 종류로는 소다수, 콜라, 사이다 등을 들 수 있다. 이 탄산음료는 1780년경부터 제조가 시작되었으며 우리나라는 20세기에 들어와서 제조가 시작되었다. 이후 꾸준히 그 소비량이 증가하여 최근 소비자보호원에서 초등학생, 중·고등학생 600명을 대상으로 청량음료 소비실태를 조사한 결과에 따르면 평균 주 5회, 1회 평균 250mℓ 캔 1.7개를 마시는 것으로 나타났다.

1) 소다수

물을 정제하고 살균한 후 이산화탄소를 혼합하여 만든 청량음료이다. 이산화탄소를 만드는데 소다를 사용하기 때문에 소다수라고 하는 것이다. 소다수는 2차 가공을 가하여 설탕, 향료, 산, 색소 등을 첨가하여 만든다. 특징으로 영양가는 없지만 이산화탄소의 자극이 청량감을 주고 동시에 위를 자극하여 식욕을 돋을 수 있다.

2) 사이다

무색의 탄산음료로 우리나라에서는 구연산과 감미료, 탄산가스를 원료로 하여 만든 음료이다.

3) 콜라

코카콜라가 최초의 콜라음료이다. 일반 청량음료와 다른 점은 카페인을 함유하고 있으며 산미료로 인산이 함유되어 있는 것이다. 카라멜을 사용하여 색을 내는 것이 특징이다. 콜라음료의 풍미는 여러 종류의 향료와 약미로 만들어지며 일반 청량음료에 비하면 복잡하고 다양하다.

4) 에너지음료

최근 청소년들 사이에 인기를 끌며 에너지음료의 매출이 폭발적으로 증가하고 있다. 국내에서 유통 중인 대부분의 에너지음료는 고카페인 함유 제품으로 인체에 미치는 영향에 대한 우려도 날로 증가하고 있다.

에너지음료는 피로 회복, 에너지 강화 그리고 집중력을 향상시킨다고 알려져 있으나 이러한 효능은 대부분 카페인에 의한 작용이다. 그러나 과도한 에너지음료 섭취는 수면장애, 과민반응, 사망 등 많은 부작용을 초래하므로 특히 어린이, 청소년들의 무분별한 고카페인 함유 에너지음료 섭취를 자제하여야 한다.

5) 청량음료와 충치

대부분의 청량음료는 강산성을 띠고 있다. 한국식품의약품안전처 자료에 의하면 콜라의 평균 산도(pH)는 2.5, 사이다 2.9, 착향 탄산음료는 2.7를 각각 나타내고 있다(표 6-3).

구강 내 산도가 20~30분간 강산성이 되면 치아를 보호하는 에나멜층이 쉽게 침식되기 때문에 치아가 부식될 수 있다. 뿐만 아니라 청량음료에 포함되어 있던 설탕 등 당이 입속에 존재하는 박테리아에 의하여 분해되어 젖산으로 전환되면서 충치발생을 돕게 된다. 따라서 산성이 강한 음료를 1시간에 2회 이상 마시거나 5분 이상 입에 머금고 있다든지 잠자기 전 이들 음료를 마시는 경우 충치 발생 위험성은 더 높아지게 된다. 특히 영구치가 자라는 6~8세 어린이에 있어서는 청량음료의 영향을 크게 받을 수 있어 특별한 주의가 요구된다. 즉, 청량음료를 적당히 섭취하고 섭취 후에는 반드시 치아를 깨끗이 닦으며 자기 전에는 절대로 섭취하지 않아야 한다.

표 6-3. 청량음료의 산도

제품 종류	제 품 명	산 도(pH)
콜 라	코카콜라	2.5
	펩시콜라	2.5
	콤비콜라	2.5
	콜라독립815	2.5
사이다	815사이다	2.6
	칠성사이다	2.8
	축배사이다	3.0
	천연사이다	3.0
	킨사이다	3.2
착향 탄산음료	써니텐	2.4
	환타	2.7
	레모나	2.7
	오란씨	2.8
	마운틴듀	2.9
유성 탄산음료	밀키스	3.2
	암바사	3.3
	크리미	3.3
어린이 음료	뿌요소다	3.0
	깜찍이소다	3.8

음료수의 분류(식품 공정상 분류)

- 과일·채소류 음료 : 과일, 채소류, 액즙
- 탄산음료류 : 사이다, 콜라, 환타 등
- 두유류 : 대두 및 그 가공품 추출액
- 유산균음료 : 유가공품에 유산균 발효
- 혼합음료 : 음용수에 식품, 첨가물 가함
- 분말 청량음료 : 분말, 과립으로 용해 후 음용
- 이온음료 : Na, K, Cl 등 체액성분 함유
- 전통음료 : 식혜, 수정과 등

3. 녹 차

녹차는 동백나무과의 식물로 우리나라는 전라남도 보성, 강진, 지리산 그리고 제주도 등지에서 재배되고 있다. 녹차 복용이 건강증진에 도움을 준다는 인식이 증대되면서 사람들의 관심을 끌고 있다.

1) 녹차와 카테킨

녹차의 떫은 맛의 원천이자 주요 생리활성물질로 알려진 카테킨(catechin)은 녹차 한 잔 중 약 100 mg 정도 함유되어 있다. 알려진 카테킨의 약리기능으로는 항암효과, 항산화효과, 피부세포 증식효과, 피부세포사멸 억제효과, 콜레스테롤 저하, 체중감소, 노화억제, 항동맥경화, 해독작용, 스트레스 완화효과와 알츠하이머 병 및 당뇨병 치료에도 도움이 된다는 연구결과들이 발표되고 있다. 이는 녹차에 들어 있는 카테킨류 중에서 가장 효능이 뛰어난 성분인 EGCG(epigallocatechin gallate) 때문이다.

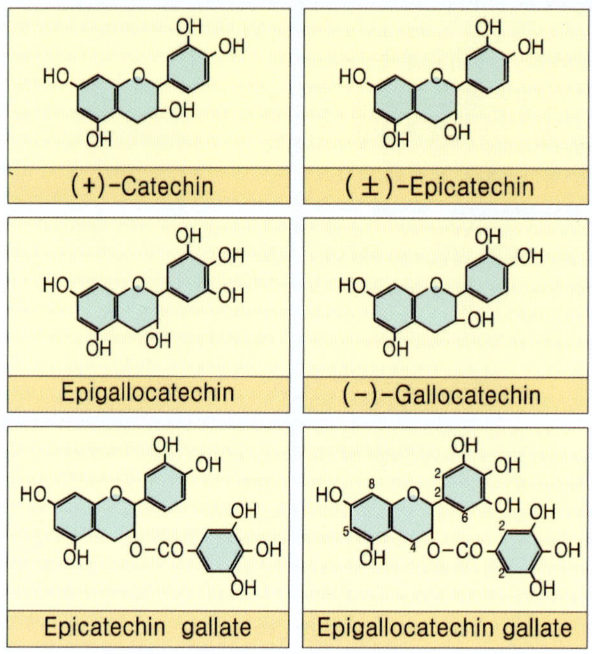

그림 6-3. 카테킨의 구조

녹차추출물에는 카테킨 외에도 비타민 C, 아미노산 등이 들어 있다. 특히 아미노산의 일종인 테아닌(theanine)은 녹차의 감칠맛과 피부에 우수한 보습작용을 한다.

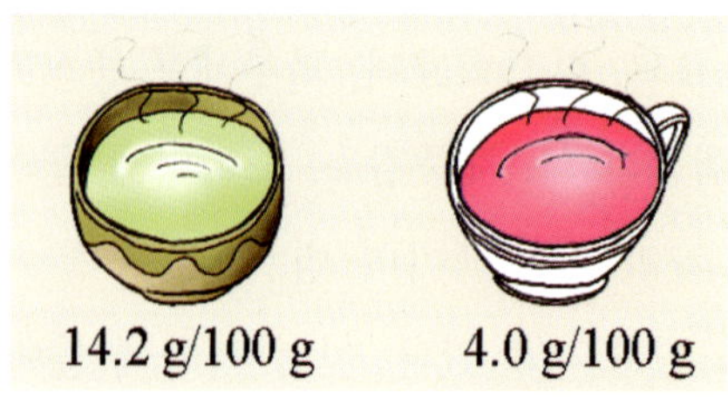

그림 6-4. 녹차와 홍차의 카테킨 함유량

차의 종류

- 녹차(green tea) : 차 잎을 증기로 찐 후 건조
- 홍차(black tea) : 차 잎을 발효시킨 후 건조
- 오룡차(oolong tea) : 차 잎을 반발효 후 건조

2) 녹차가 인체에 미치는 영향

(1) 항암 효과

녹차에 10~18%나 들어 있는 카테킨은 유해산소를 없애주는 항산화물질로 암의 성장을 늦추고 암세포의 자살을 유도한다.

녹차의 항암 효과는 역학조사 결과 녹차 섭취량과 위암발생률간의 반비례관계가 밝혀지면서 사람들의 관심을 받기 시작하였다. 일본의 암연구센터 발표에 의하면 암사망자 가운데 하루 10잔 이상의 녹차를 복용한 경우 하루 3잔 이하를 섭취한 사람들에 비하여 남자는 3.2세, 여자는 7.3세의 수명이 연장되었다고 한다. 뿐만 아니라 1일 3잔 이상의 녹차를 섭취한 사람의 경우 녹차를 마시지 않은 사람에 비하여 유방암 발생이 낮았다는 연구결과도 있다. 이외에도 위암, 피부암, 결장암 등의 위험을 감소시키는 것으로 나타났다. 이로 미루어 녹차는 암발생을 억제하는데 효과적이라고 할 수 있다(그림 6-5).

(2) 혈압 강하 작용

고혈압 환자와 고혈압 유발 흰 쥐에게 다량의 녹차를 섭취시킨 결과 혈압이 저하되었다는 여러 실험 결과들이 보고되었다. 이는 녹차 성분 중 하나인 카테킨이 혈압을 낮추는 데 탁월한 작용을 하는 것으로 알려져 있다. 이는 녹차의 주성분인 카테킨이 안지오텐신(angiotensin) 전환효소의 활성을 억제시켜 혈압을 상승시키는 물질인 안지오텐신 Ⅱ의 생성을

그림 6-5. 녹차가 인체에 미치는 영향

감소시키기 때문이다.

(3) 혈중 콜레스테롤수준 저하

녹차의 섭취는 체내의 총 콜레스테롤농도를 낮추는 것으로 여러 연구결과 밝혀졌다. 이러한 효과는 녹차의 주요 생리활성물질인 카테킨에 의한 것으로 알려져 있는데, 즉 콜레스테롤의 체내 흡수를 저해하고 담즙산 배설을 촉진함으로써 혈중 콜레스테롤수준을 저하시킨다. 뿐만 아니라 HDL-콜레스테롤농도를 증가시키고 LDL-콜레스테롤 농도는 감소시켜 동맥의 기능을 향상시킨다.

(4) 노화 억제

노화는 지질의 과산화에 의하여 촉진되는데 녹차 중에 풍부하게 함유되어 있는 카테킨, 비타민 C, 비타민 E 등이 항산화효소 활성을 증가시켜 노화 억제 효과를 나타낸다.

(5) 해독 작용

녹차 중에 탄닌이 10～15% 함유되어 있는데 탄닌이 해독작용에 관여하는 것으로 알려져 있다. 즉 유독 성분에 중독이 될 경우 탄닌이 이들 성분과 쉽게 결합하여 불용화시킴으로써 흡수를 방해하기 때문에 나타나는 효과이다. 또한 녹차의 카테킨은 세균을 죽이는 항균효과가 있어 입안 세균을 죽여 치아를 튼튼하게 하고 식중독 사고가 잦은 여름철에 효과적이다.

(6) 스트레스의 완화

규칙적으로 차를 마시면 스트레스로부터 빨리 회복된다. 녹차에 함유되어 있는 카페인은 대뇌를 자극하여 머리를 맑게 해주며 기분을 좋게 한다. 뿐만 아니라 최근 연구결과에 따르면 녹차 속에 함유되어 있는 아미노산의 하나인 L-테아닌이 뇌파의 일종인 알파(α)파의 증가를 가져와 신체적 스트레스로부터 회복을 촉진시킨다고 한다. 또한 녹차에 풍부하게 함유되어 있는 비타민 C가 피로 회복을 증진시키는 데 효과적이다. 스트레스를 받은 후 스트레스 호르몬인 코티솔(cortisol) 수준이 녹차를 마신 사람의 경우 훨씬 빨리 감소된다고 한다.

(7) 지방흡수 억제

비만환자에게 하루 3잔의 녹차를 마시는 분량과 동일한 양의 카테킨을 2개월 복용시킨 결과 체중이 4 kg 줄었다는 보고와 함께 기초대사량을 증가시킨다는 연구결과가 발표되었다.

(8) 기억력 향상

하루 2잔 이상 녹차를 마시는 사람은 인지력 장애(기억력 감퇴)에 걸릴 위험이 현저히 낮은 것으로 나타난다. 이는 뇌신경세포가 활성산소에 의해 상처를 입는 것을 방지해 주는 녹차의 카테킨 효과 때문이다.

참고문헌

Ensminger, A.H., M.E. Ensminger, J.E. Konlande and J.R.K. Robson. 1994. pp. 289-291 pp. 442-445. *Food and Nutrition Encyclopedia,* Vol. 1. Pegus Press, Clovis, Calif.

Fujiki H., M. Suganuma, K. Imai, K. Nakachi. 2002. Green tea : cancer preventive beverage and/or drug. *Cancer Letter* 188 : 9-13.

Graham H.N. 1992. Green tea composition, consumption and polyphenol chemistry. *Prev Med* 21 : 334-350.

Hertog M.G., D. Kromhout, C. Aravanis, H. Blackburn, R. Buzina, F. Fidanza, S. Giampaoli, A. Jansen, S. Nedeljkovic. 1995. Flavonoid intake and long-term risk of coronary heart disease and cancer in seven countries study. *Arch Int Med* 155 : 381-386.

Muramastsu k., Fukuyo M. and Hara Y. 1986. Effects of green tea catechins on plasma cholesterol level in cholesterol-fed rats. *J Nutr Sci Vitaminol* 2 : 613-622.

Robak J. and Gryglewski R.J. 1998. Flavonoids are scavengers of superoxide anions. *Biochemical Phamacology* 37 : 837-841.

Weininger, J. and G.M. Briggs. 1983. *Nutrition Update,* Vol. 1, II. John Wiley and Sons, Inc., New York.

Williams, M.H. 1989. Nutritional ergogenic aids and athletic performance. *Nutrition Today*. Jan/Feb. pp. 7-14.

Yamaguchi Y., M. Hayashi, H. Yamazoe and M. Kunitomo. 1991. Preventive effects of green tea extract on lipid abnormallities in serum, liver and aorta of mice fed a atherogenic diet. *Nippon Yakurigaku Zasshi* 7 : 329-337.

Yang T.T., and M.W. Koo. 1997. Hypocholesterolemic effects of Chinese tea. *Pharmacol Res* 35 : 505-152.

관세청. 2012. 커피시장 수입 동향.

식품의약품안전청. 2012. 국내 유통 중인 에너지음료 등 카페인 함량 조사 결과.

조선일보 2004년 3월 31일자.

중앙일보 2003년 10월 16일자.

헬스조선 2006년 3월 31일. 녹차, 예뻐지려면 마시지 말고 바르자.

_______ 2013년 1월 4일. 레드불 등 에너지음료. '카페인효과'만.

CHAPTER
7

알코올과 건강

술로 마시는 알코올(alcohol)은 에탄올(ethanol)로 당 또는 전분을 효모(yeast)로 발효시켜 얻어진다. 알코올은 식품(food), 약품(drug)으로 분류되며 식품으로서 알코올은 1 g당 7.1 kcal의 에너지를 가지고 있으나 에너지 외에 다른 영양소가 함유되어 있지 않기 때문에 'empty calorie food'라고 부른다. 뿐만 아니라 다른 영양소의 소화 · 흡수, 저장 및 대사에도 지장을 초래하므로 항영양소(antinutrient)로 취급된다. 따라서 다량의 알코올을 상습적으로 마시는 사람의 경우에는 필요한 에너지를 음식물로부터 얻기보다는 알코올로부터 얻기 때문에 단백질, 지방, 탄수화물로부터의 에너지 섭취 비율이 감소되고 일상 섭취하는 음식물의 영양적 질도 저하된다. 그러므로 알코올로 인해 야기되는 인체의 유해 작용은 물론 영양 장애도 심각하다.

약품으로서 알코올은 내성(tolerance)이 생기므로 마약(narcotic)으로도 분류된다. 어떤 사람에게는 습관성 약품(addictive drug)이 되어 중독자가 되기도 한다. 특히 알코올중독자(alcoholism)는 모든 나라에서 사회적 문제로 떠오르고 교통사고, 유아 학대(child abuse), 강간(rape), 폭행(assault), 살인과 자살 등 건강상의 문제와 암, 고혈압, 뇌일혈(stroke), 심장병, 치매(dementia), 간경화 등으로 질병의 요인이 되기도 한다.

그러나 적당한 양의 알코올 섭취는 인체에 이로운 영향을 주기도 한다. 약간의 알코올은 기분 전환제(mood-altering effect)로 작용하여 신체의 피로와 권태감을 줄여 주며, 긴장 · 흥분 · 압박감 등으로부터 해소되어 편안함과 낭만적인 기분을 갖게 해준다. 이외에도 알코올은 소화액의 분비를 자극함으로써 식욕을 증대시키기도 한다.

1. 알코올의 흡수와 대사

알코올은 다른 음식과 달리 흡수되기 위하여 소화 과정을 거치지 않으므로 위와 소장에서 매우 빨리 흡수된다. 섭취한 알코올의 20%가 위의 두꺼운 점막(mucous membrane)에서 흡수되며 80%는 소장 벽에서 흡수되어 1분 이내에 뇌로 운반된다. 따라서 위가 비어 있을 때는 빨리 흡수가 되며 반면에 위가 음식으로 차 있을 때는 알코올의 흡수부위인 위벽에 닿을 기회가 적어지므로 알코올의 체내흡수가 다소 지연된다. 탄수화물은 알코올 흡수를 지연시키고 지방은 위 수축을 지연시켜 알코올이 위에 더 오래 머물게 한다. 그러나 탄산음료 등과 함께 마시면 알코올 흡수가 촉진되는 것으로 알려져 있다.

알코올의 분해는 간에서 대부분 이루어지는데 건강한 성인의 간에서 1시간에 처리할 수 있는 알코올의 양은 1시간 동안 평균 체중 1 kg당 0.1 g이다. 알코올의 대사는 성별에 따라 다른데 여성은 남성에 비하여 알코올 분해 효소의 활성이 낮기 때문에 알코올 분해 속도가 늦어져 오랫동안 혈중 알코올 농도가 높게 유지된다. 또한 체중이 남성에 비하여 적기 때문에 체액양이 적어 알코올을 희석시키는 능력이 떨어져 혈중 알코올 농도는 더욱 높아지게 된다. 특히 생리중일 때에는 간에서 알코올 분해가 느리기 때문에 영향을 크게 받는다.

인체 내에서 일어나는 알코올의 대사는 **그림 7-1**과 같다.

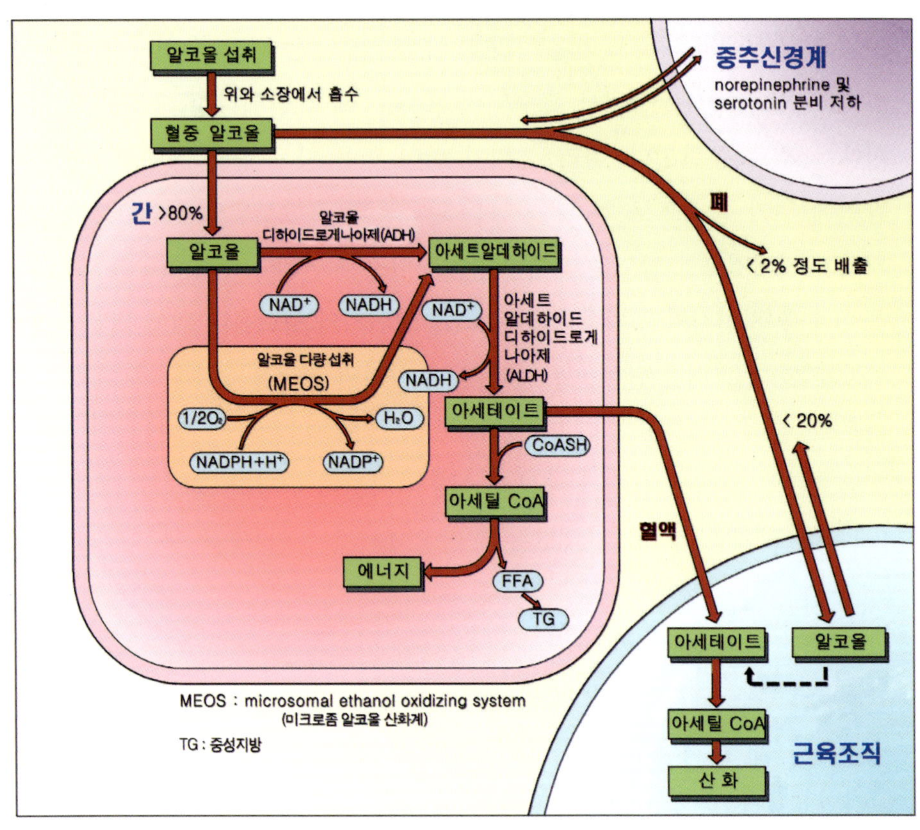
알코올 섭취
위와 소장에서 흡수
혈중 알코올
중추신경계
norepinephrine 및
serotonin 분비 저하
간 >80%
알코올
디하이드로게나아제(ADH)
알코올
아세트알데하이드
NAD+
NADH
NAD+
아세트
알데하이드
디하이드로게
나아제
(ALDH)
NADH
알코올 다량섭취
(MEOS)
1/2O2
H2O
NADPH+H+
NADP+
아세테이트
CoASH
아세틸 CoA
에너지
FFA
TG
폐
< 2% 정도 배출
< 20%
혈액
아세테이트
알코올
아세틸 CoA
산 화
근육조직
MEOS : microsomal ethanol oxidizing system
(미크로좀 알코올 산화계)
TG : 중성지방

그림 7-1. 알코올 대사

- **성인의 간에서 분해할 수 있는 알코올의 평균 양은?**
  0.1 g의 알코올/체중 1kg/1시간
- **체중 60 kg의 사람이 24시간 동안 분해할 수 있는 알코올 양은?**
  0.1 g/체중 1 kg/hr×60(kg)×24(시간) = 144 g
- **이 사람이 소주 1병을 마셨을 경우 분해하는 데 소요되는 시간은?**
  - 소주 1병에 함유되어 있는 알코올 양 : 360×0.20 = 72 g
    (소주 1병의 용량 = 360 mℓ, 알코올 농도 = 20%)
  - 1시간 동안 분해시킬 수 있는 알코올의 양 :
    0.1 g/체중 1 kg/hr×60 (kg) = 6 g
  - 72 ÷ 6 = 12(시간)

간으로 들어온 알코올은 알코올 탈수소 효소(alcohol dehydrogenase, ADH)에 의해 산화되어 아세트알데하이드(acetaldehyde, $CH_3-CH=O$)로 되고, 이는 곧 아세테이트(CH_3-COOH)로 변환된다. 대부분의 아세테이트는 아세틸 코엔자임 A(acetyl-CoA, $CH_3-C=O-SCoA$)로 전환된 후 에너지를 발생하고 나머지는 지방산 합성 경로를 거쳐 중성지방(triglyceride, TG)으로 합성되어 축적된다. 또 아세테이트의 일부와 흡수된 알코올의 일부는 혈액을 통하여 말초 조직으로 운반되어 대사 과정을 거치기도 한다. 아주 소량의 알코올은 폐로 보내져 호흡할 때 배출된다.

또한 간은 알코올 탈수소 효소가 처리할 수 있는 이상의 알코올을 섭취하였을 때 다른 효소 체계(microsomal ethanol oxidizing system, MEOS)를 이용하여 알코올을 대사시킨다. MEOS는 약물(drugs)과 이물질(foreign compounds)을 대사시킬 때 사용되는데 많은 양의 알코올을 섭취하면 간은 알코올을 이물질로 간주하여 MEOS를 이용하여 분해시킨다. 일단 MEOS가 활성화되면 알코올의 내성이 증가되어 알코올 대사율도 증가하게 된다. 이로 인해 술은 마실수록 주량이 늘어나게 되는 것이다.

간에서의 알코올 대사는 NAD^+-linked enzyme, 즉 알코올 탈수소 효소와 아세트알데하이드 탈수소 효소(acetaldehyde dehydrogenase, ALDH)에 의해서 이루어지는데 이 효소들은 아연(Zn)을 포함하고 있는 효소이므로 아연이 결핍된 상태이거나 전반적인 영양 상태가 불량한 경우에는 이 효소의 활성이 떨어져 알코올을 분해하는 능력이 저하된다. 알코올을 지나치게 마신 후 나타나는 여러 가지 불쾌한 부작용은 아세트알데하이드 때문이다. 아세트알데하이드 탈수소 효소는 2개의 이소자임(isozyme, 효소의 기능은 같으나 분자 구조가 다른 효소)인 ALDH 1과 ALDH 2가 있는데 서양인들은 둘 다 가지고 있으나 동양인의 40%는 ALDH 1만을 가지고 있다. 특히 ALDH 2는 미토콘드리아 효소로 아세트알데하이드의 분해 능력이 높은데 동양인은 이 효소가 없는 사람이 많기 때문에 높은 수준의 아세트알데하이드로 인해 두통이 오고, 말초혈관 확장으로 얼굴이 빨개지고, 심장이 뛰는 등의 부작용을 초래하게 된다. 따라서 주량은 ALDH 2라는 효소의 많고 적음을 의미하기도 한다.

음주 정도의 기준이 되는 혈중 알코올 농도는 마신 알코올의 양과 알코올이 간에서 분해 대사되는 정도에 영향을 받는다.

2. 알코올과 영양소의 소화·흡수 장애

알코올은 일차적으로 장·췌장 기능에 손상을 미친다. 체중 1 kg당 1 g의 알코올 섭취는 십이지장의 융모 끝에 출혈성 장애를 초래하며 만성 알코올 섭취시 소장 상피세포의 구조적 변화와 비정상적인 췌장의 기능을 가져온다. 따라서 이차적으로 영양소의 소화·흡수 장애와 체내 이용률 저하를 가져와 영양소 결핍을 초래한다. 만성 알코올 중독자들의 경우 단백질 결핍, 무기질과 수용성 비타민의 결핍을 초래하며 이외에 지방, 탄수화물의 흡수도 지장을 받아 알코올 중독자의 35~56%와 알코올 간경화(cirrhosis) 환자의 50%가 지방변(steatorrhea)을 나타낸다.

또한 많은 알코올 중독자들은 총에너지 요구량의 50%까지 에너지를 알코올로부터 충당할 수 있어 음식물의 섭취량 감소를 수반하게 되어 다른 영양소의 섭취량도 크게 감소된다. 최근 조사에 의하면 상습 음주자의 30% 이상은 근육조직(lean body mass)이 감소되었고 50% 이상은 체지방량도 감소되어 전반적으로 체중 감소를 초래하였다.

3. 알코올이 인체에 미치는 영향

장기적으로 알코올을 섭취하면 두뇌, 간, 소화기관, 심장, 근육 등 신체의 모든 기관에 손상을 입힌다(그림 7-2).

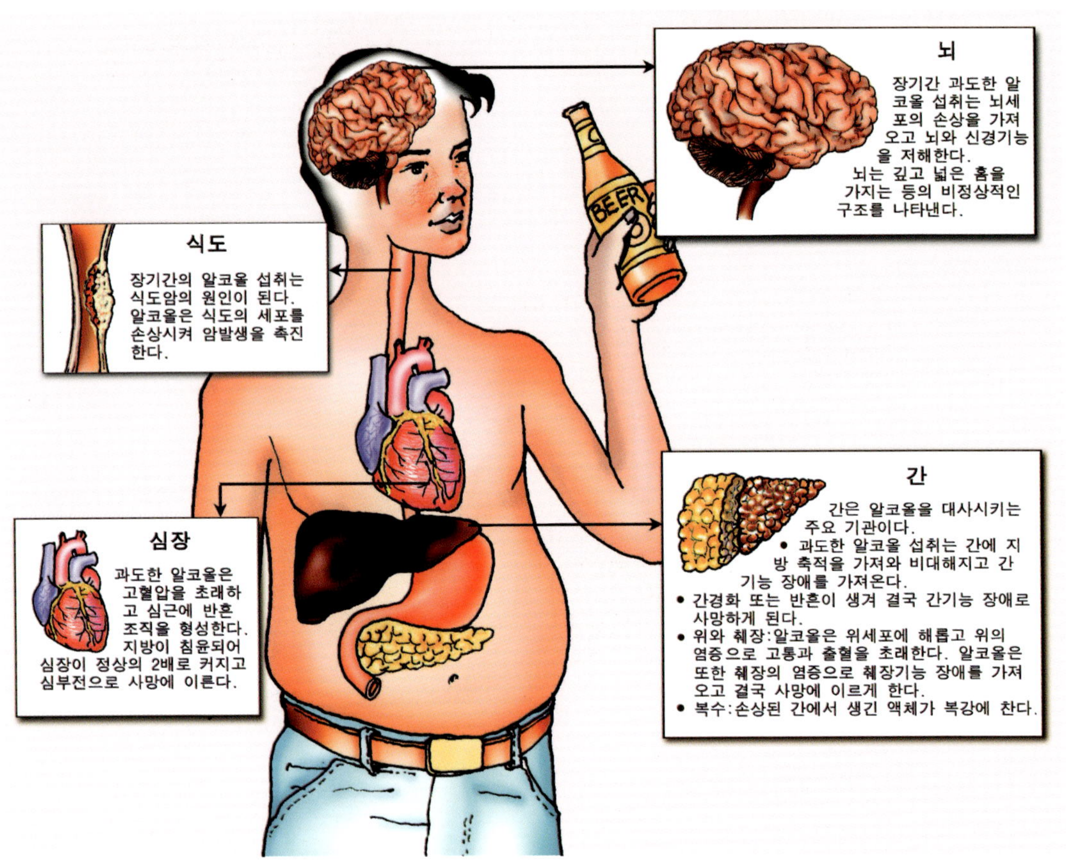

그림 7-2. 알코올이 인체에 미치는 영향

1) 두뇌

일반적으로 알코올은 대뇌피질의 특정 부위에 먼저 영향을 미쳐 혀가 꼬부라지거나 말이 많아지거나 울거나 공격적으로 변화하게 된다. 알코올이 대뇌의 단기 기억을 담당하는 해마에 영향을 주어 필름이 끊기는 현상(block out)을 초래한다. 장기간 지나친 음주는 뇌세포(brain cell)의 감소를 촉진하고 뇌의 크기를 감소시켜 회복불능의 뇌 손상을 초래한다. 즉, 지능(intellectual function) 저하, 기억력 상실(memory loss), 집중력 부족(inability to concentrate) 그리고 알코올성 치매(alcoholic dementia)현상을 나타낸다.

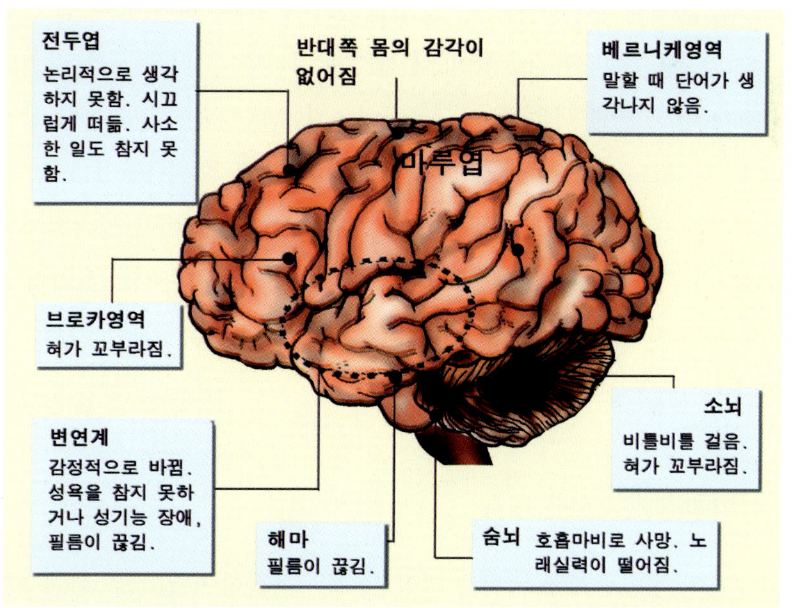

그림 7-3. 알코올이 뇌에 미치는 영향

2) 간

알코올 대사의 80% 이상이 간에서 일어나기 때문에 알코올 섭취로 인하여 영향을 크게 받는 기관이다. 알코올 대사에서 생성되는 중성지방량이 지나치게 증가하여 간세포의 3분의 1 이상 축적되어 지방간(fatty liver)을 초래한다. 따라서 간의 기능이 저하되고, 이는 영양소 대사에도 영향을 주어서 간의 엽산, 리보플라빈, 니코틴 아마이드, 판토텐산, 피리독신, 비타민 B_{12}, 티아민 그리고 비타민 A 함량 감소를 초래한다. 지방간은 단백질이 혈액으로 유입되지 않아서 간에 단백질이 그대로 남아 삼투압이 증가하면서 간 내로 수분이 유입되어 간이 부어오르게 된다(hepatomegaly). 계속 음주를 하게 되면 알코올성 간염(alcoholic hepatitis)으로 발전되어 간에 염증이 생기고 간세포가 파괴된다.

알코올중독자의 30~50%는 알코올성 간염을 갖고 있으며 남자보다 여자가 알코올에 의한 간손상이 더 심하게 나타난다. 더욱 오래 지속되면 간세포가 죽고 간에 섬유구조 또는 상처조직이 형성되어 간기능이 상실되면서 간경화(cirrhosis)로 발전되어 사망에 이르게 할 수도 있다. 간경화 환자의 75%가 알코올 섭취 때문이다. 알코올성 간질환이란 지속적이면서 지나친 음주로 인해 간세포가 손상되는 급만성 질환으로 초기단계는 알코올성 지방간이 나타나며 이를 치료하지 않으면 간염, 간경변, 더 나아가서 간암으로까지 악화된다.

3) 심혈관계

알코올이 심혈관계에 미치는 영향은 매우 복잡하여 알코올 섭취수준에 따라 유익하기도 하고 유해하기도 하다. 알코올 섭취가 관상동맥질환에 의한 사망률을 높인다는 보고가 있는 반면 오히려 이환율을 낮춘다는

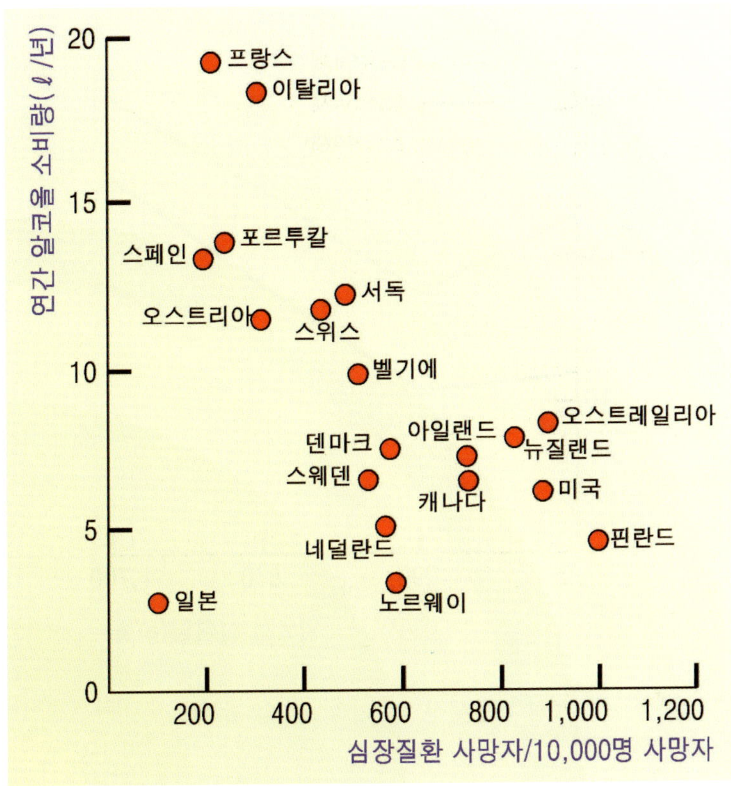

그림 7-4. 알코올 소비량과 심장질환 사망률과의 관계

보고도 있다. 각국의 알코올 섭취량과 심장질환사망률과의 상관성을 보면 역비례 관계를 나타내고 있다(그림 7-4).

적당한 양의 알코올 섭취는 혈액 중 HDL-콜레스테롤을 증가시키며 이것은 관상동맥질환을 예방하는 효과가 있다. 동시에 알코올은 혈소판(platelet)의 응고를 방지하고 아스피린 효과를 증가시킴으로써 관상동맥 질환 발병 예방에 유익하다는 보고도 있다.

그러나 지나친 알코올의 섭취는 혈압을 상승시켜 고혈압의 주원인이 되기도 한다. 여러 연구 보고서에 의하면 알코올 섭취수준이 일정량 이상으로 증가하면 혈압이 크게 증가된다고 한다(그림 7-5).

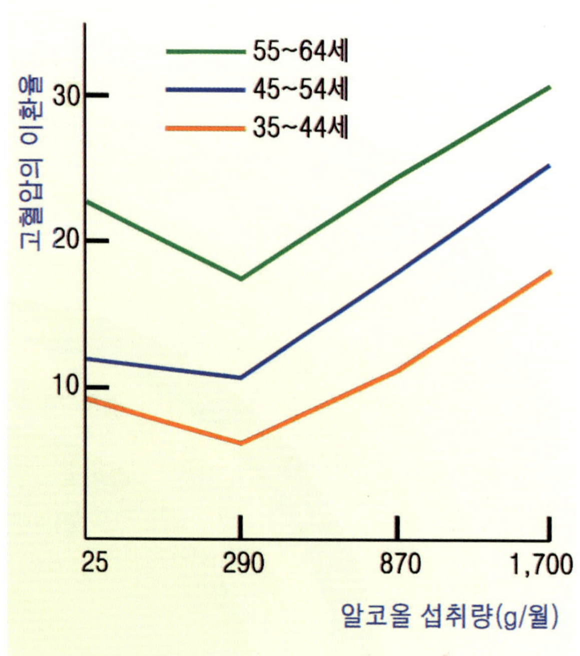

그림 7-5. 남성 음주자의 고혈압 발생률

4) 소화기관

알코올 섭취는 소화기관계에 영향을 미치며 입, 식도와 위의 점막에 손상을 입힌다. 알코올은 자극적인 물질로 위에서 위산분비를 증가시키고 소화기관 내의 점막 조직을 손상시켜 위염이나 식도염을 초래할 수도 있다. 심해지면 위와 십이지장에 궤양을 초래한다. 만성 음주가들에 있어서 영양소의 흡수에 지장을 초래하게 되어 유당, 엽산, 티아민, 비타민 B_{12}의 흡수가 저해되고 심각한 영양실조에 걸린다. 알코올은 췌장의 염증을 초래하며 단백질과 지방의 소화효소 생성을 저하시킨다. 그리고 대장과 항문에 이르기까지 염증을 유발시킨다.

5) 혈액, 골수 및 면역체계

알코올 중독자에서는 혈구세포의 비정상적인 양상도 흔히 나타나는데 이는 대부분 영양 결핍과 관련이 있다. 혈액의 비정상화로 거대아구적 빈혈(megaloblastic anemia)이 종종 나타나는데 그것은 엽산의 결핍과 연관이 있으며 골수에서는 헴(heme)생성에 이상이 생기는데 이는 피리독신의 결핍이 그 원인이다.

알코올 환자는 각종 질병에 감염되기도 쉽다. 그 이유는 골수의 과립 백혈구(marrow granulocyte)의 감소와 엽산과 구리의 부족 때문이다. 아연의 부족도 면역 결핍을 초래하며 혈소판 감소증(thrombocytopenia)도 알코올 환자에게서 흔히 나타난다.

6) 성기능

과량의 알코올 섭취는 성기능에 지장을 준다. 발기를 억제하고 사정이 안 되며 폭주는 성욕(sex drive)을 감소시키고 대부분의 알코올 중독자는 성기능이 없다. 그리고 테스토스테론(testosterone)의 분비 저하와 에스트로겐(estrogen)의 분비증가로 인하여 유방조직이 커지고 물렁물렁해지며 고환이 위축된다. 여자의 경우 폭주는 난소의 기능 상실과 무월경을 초래한다.

7) 알코올성 치매

알코올성 치매는 성인 치매의 15%를 차지한다. 특히 음주 후에 필름끊김현상이 자주 나타나는 사람은 알코올성 치매일 가능성이 높다. 알코올성 치매는 충동조절을 담당하는 전두엽이 손상되어 나타나는 질환으로서 기억을 담당하는 측두엽의 손상으로 발생하는 일반치매와는 다르다.

베르니케-코사코프 증후군(Werniker's korsakoff's syndrome)

과도한 음주가 티아민(비타민 B_1)의 결핍을 초래하면서 점차로 기억력이 상실되는 알코올성 치매의 초기 증상이다.

4. 알코올 섭취가 행동에 미치는 영향

알코올 섭취 후 수분 내에 알코올이 두뇌에 도달하여 언어, 시력, 사지의 조절 기능, 행동 및 뇌의 판단 기능에 영향을 준다. 따라서 혈중 알코올 농도에 따라 신체 행동에 변화를 초래한다(그림 7-6). 특히 상습적으로 음주를 하는 알코올 중독자들의 경우 심리적·감정적 행동변화에 의하여 정상인에 비하여 사망률과 자살률이 각각 2.5배 높고 사고율도 정상인에 비하여 7배 정도 높다는 보고가 있다.

5. 알코올과 통풍

알코올 섭취는 젖산과 아세토아세테이트(acetoacetate) 등의 유기산 생성을 증가시켜 체내 산·염기 균형에 영향을 미쳐 체내가 산성화가 되면서 요산의 비정상적인 대사를 초래하고 요산의 배설을 저하시켜 혈중 요산 농도가 증가하면서 요산의 결정체(monosodium urate monohydrate)가 관절부위에 축적되어 통풍(gout)을 야기시킨다.

혈중 알코올 농도와 증상

혈중 알코올 농도 (%)	간헐적 음주	상습 음주	분해하는데 걸리는 시간 (시간)
0.05	- 행복감, 긴장해소 - 운전 및 행동이 눈에 띄게 흐트러짐	- 특별한 증상이 없음	2~3
0.075	- 사교적	- 증상이 없는 경우가 많음	
0.10	- 행동이 흐트러짐	- 약간의 증상이 나타남	4~6
0.125~0.15	- 절제할 수 없는 행동 - 가누지 못하는 상태	- 행복의 극치와 동시에 행동이 흐트러짐	6~10
0.20~0.25	- 주의력 상실과 혼수상태	- 감정 유지 곤란	10~24
0.30~0.35	- 무감각과 혼수상태	- 졸리고 행동이 느려짐	
0.50 이상	- 사망	- 의식 불명	24 이상

* 음주운전 단속 기준 : 0.05~0.099% 면허정지, 0.10% 이상 면허 취소

그림 7-6. 혈중 알코올 농도가 행동에 미치는 영향

6. 알코올과 비만

술은 열량만 있고 영양소가 없기 때문에 체중증가와 무관하다고 생각하는 사람이 많으나 실제로는 그렇지 않다. 중년남자의 볼록한 뱃살의 주원인은 음주이다. 과음을 하면 근육 내의 단백질과 지방이 분해되어 에너지원으로 쓰이기 때문에 근육의 약화를 초래하여 팔다리가 가늘어지

고 배만 불룩한 복부비만(거미형 체형)이 된다.

7. 알코올과 태아 성장

임산부가 알코올을 섭취하면 태아의 성장과 건강에 영향을 미치게 된다. 임산부가 지나치게 알코올을 섭취하면 태아알코올증후군(fetal alcohol syndrome, FAS)이라 불리는 비정상적인 신체발달이 온다. 즉, 성장지연을 초래하여 체중과 신장이 정상 이하를 나타내며 두뇌는 정상적으로 성장이 되지 않아서 두뇌 크기와 머리둘레가 작다. 또한 안면의 기형을 가져와서 얼굴 모양이 비정상적으로 눈이 작고 사시이며 눈꺼풀의 열구

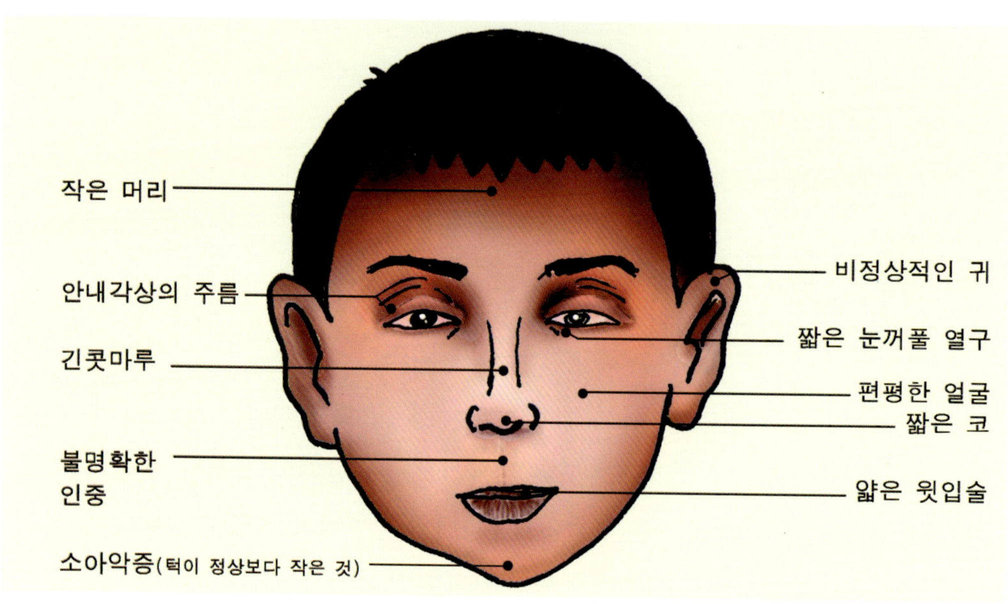

그림 7-7. 태아알코올증후군(FAS)의 얼굴에 나타난 특징

(palpebral fissure)가 짧아지며 코가 작고 코 길이가 짧다. 윗입술이 아랫입술보다 길고 가늘다(그림 7-7). 이외에도 태아의 신체적 결함, 심장병 등과 같은 선천적 이상을 초래할 수 있는데 이것은 아세트알데하이드가 태아의 세포성장을 저해하고 또 모체로부터 태아로의 영양소 운반을 저해함으로 인해 초래된다. 따라서 건강한 아이의 분만을 원한다면 음주는 절대로 해서는 안 된다.

8. 우리나라의 알코올 섭취 현황

우리나라는 1989년 해외여행 자유화와 1991년 주류 수입개방으로 인하여 소비하는 술의 종류가 다양해지면서 꾸준히 술의 소비량도 증가하고 있다. 국세청 발표에 따르면 주류 출고량 기준으로 2011년 우리나라 성인 한 사람이 맥주 103.7병(500 mℓ 기준), 소주 65.8병(360 mℓ 기준), 탁·약주 15.7병(750 mℓ 기준)을 각각 섭취하였다. 그리고 우리나라 19세 이상 연간 음주율은 2005년 78.4%에서 2011년 77.5%로 감소하였으며, 특히 남자는 87.2%에서 87.7%로 약간 증가한 반면에 여자는 69.8%에서 67.7%로 감소하였다. 연령별로 보면 19~29세의 연간 음주율이 91.6%로 가장 높았다.

표. 한국인의 적정 음주량

남 성	여 성
하루 알코올 24 g 이내 주 3회 이내	하루 알코올 15 g 이내 주 3회 이내
소주(50 mℓ, 3잔)	소주(50 mℓ, 1.75잔)
맥주(350 mℓ, 2잔)	맥주(350 mℓ, 1.25잔)
양주(40 mℓ, 2잔)	양주(40 mℓ, 1.25잔)
포도주(110 mℓ, 2잔)	포도주(110 mℓ, 1.25잔)

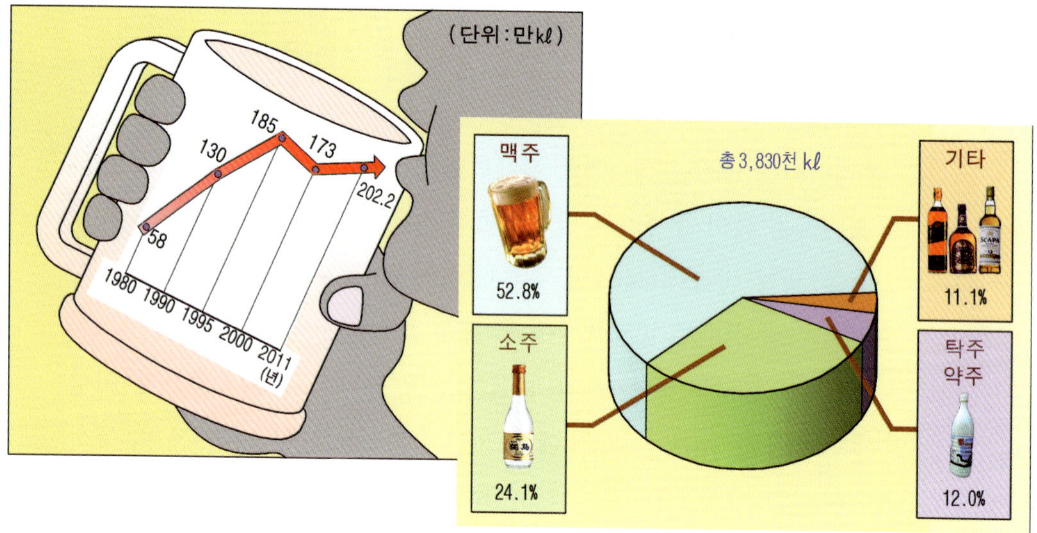

*자료: 2012년판 「국세통계연보」, 2012

그림 7-8. 연도별 맥주 소비량과 주류별 소비 현황

9. 알코올 중독자의 치료

우선적으로 알코올 섭취를 중단하고 충분한 영양소를 공급한다. 즉, 고에너지 · 고단백질 식사를 하며 무기질과 비타민 특히 엽산, 피리독신, 비타민 B_{12}, 티아민 등을 충분히 보충해야 한다. 특히 알코올성 간질환이 있는 환자에게 루신(leucine), 이소루신(isoleucine), 발린(valine)과 같은 필수 아미노산을 보충 급여할 때 더욱 효과적이었다는 보고가 있다.

대부분의 알코올 중독자는 식욕이 없고 오심, 복부의 통증을 수반하기 때문에 음식물을 섭취하는 데 어려움이 따르기 때문에 이를 고려하여 식사를 제공하여야 한다.

금단 증상(withdrawal symptom)

금주한 지 12~48시간 이내에 나타나는 가벼운 금단증상으로 주로 오심(nausea), 구토(vomiting), 초조함(irritability), 허약(weakness)과 발한(sweating) 등이 있다. 심한 금단 증상으로는 정신 착란 또는 광란이 있으며 심하면 사망에 이르기까지 한다. 사망률이 15% 정도 되며 금주 2~4일 후에 나타난다.

참고문헌

Anonymous. 1994. Folate, alcohol, methionine, and colon cancer risk : Is there a unifying theme? *Nutr. Rev.* 52(1) : 18-28.

Beattie, J. 1988. Alcohol and the Child. *Proc. Nutr. Soc.* 47 : 121-127.

Beevers, D.G. and R. Maheswaran. 1988. Does alcohol cause hypertension or pseudo-hypertension? *Proc. Nutr. Soc.* 47 : 111-114.

Brolly, M. 1994. *Nutritional Biochemistry.* Academic Press, New York.

Campbell, P.N. and A.D. Smith. 1994. *Biochemistry Illustrated.* Churchil Livingstone Edinburgh.

Davis, M. 1988. Alcohol liver injury. *Proc. Nutr. Soc.* 47 : 115-120.

Hennekens, CH. 1983. *Alcohol in Prevention of Coronary Disease.* N.A. Kaplan and J. Stomler(ed.). Philadelphia, P.A. W.B. Sanders Co.

Kannel, W.B. 1988. Alcohol and Cardiovascular Disease. *Proc. Nutr. Soc.* 47 : 99-110.

La, Porte, R.E., J.L. Cresanta and L.H. Kuller. 1980. *Preventive Medicine.* 9 : 22-40.

Lieber, C.S. 1988. The influence of alcohol on nutritional status. *Nutr. Rev.* 46(7) 241-251.

______. 1990. The nutritional effects of alcohol. *The Mount Sinai School of Medicine Complete Book of Nutrition*, Herbert, V and G.J. Subak-Shacpe(ed.). St. Martin's Press, New York.

Morgan, M.Y. and J.A. Levine. 1988. Alcohol and Nutrition. *Proc. Nutr. Soc.* 47 : 85-98.

Paton, A. 1988. Alcohol : Lessons from epidemiology symp. on nutrition and alcohol. *Proc. Nutr. Soc.* 47 : 79-83.

Rolfes, S.R., K. Pinna and E. Whitney. 2006. *Understanding Normal and Clinical Nutrition.* 7th ed. Thomson Wadsworth.

Wardlaw, G.M. and J. Hamp. 2006. *Perspectives in Nutrition.* 7th ed. McGraw-Hill, N.Y.

Wolf, P.A., W.B. Kannel and J. Verter. 1983. *Neurologic Clinics.* 1 : 317-343.

Zapsalis, C. and R. Anderle Beck. 1985. *Food Chemistry and Nutritional Biochemistry.* John Wiley and Sons. N.Y.

국세청. 2008. 국세통계연보.

______. 2012. 2012년판 국세통계연보.

대웅사보. 1992년 1월 15일, 190호.
동아일보. 1996년 9월 17일자.
________. 1999년 3월 17일자.
보건복지부·질병관리본부. 2012. 2011 국민건강통계.
정헌배. 1995. 한국인의 음주문화. 한국인의 성적표, 월간조선 신년호 별책.
중앙일보. 2008년 4월 21일. 먹는 만큼 잃어버리는 과식의 블랙홀.
헬스조선. 2006년 11월 23일. 과음한 그녀, 지난 밤 그 일을 딱 잡아떼는 이유.
황춘경. 1995. 외식의 열량. 국민영양 5월호.

CHAPTER
8

칼슘과 뼈질환

성인의 골격(skeleton)은 206개의 뼈로 형성되어 있다. 부위별로 살펴보면 머리뼈는 안면골 14개, 두개골 8개로 총 22개이며, 설골(목뿔뼈) 1개, 척추뼈 26개, 귀의 이소골 6개, 흉골(가슴뼈) 1개, 늑골(갈비뼈) 24개(12쌍), 팔뼈인 상지골 64개(32쌍), 다리뼈인 하지골 62개(31쌍)가 있다.

신생아는 약 300개의 뼈를 가지고 있는데 성장을 하면서 일부 뼈들이 합쳐서 206개로 된다(그림 8-1).

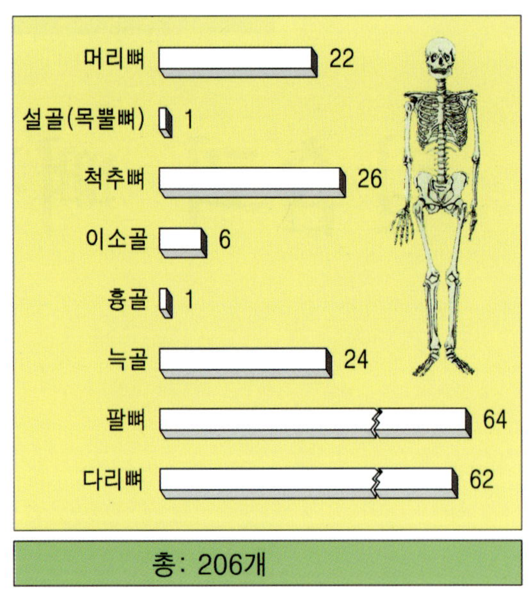

그림 8-1. 인체부위별 뼈 수(개)

골격의 주요 기능은 신체의 구조(framework)를 형성함으로써 신체 내 여러 기관을 보호할 수 있는 형체(shape)와 견고성(strength)을 주고 근육과 건(tendon)이 뼈에 연결되어 움직일 수 있게 한다. 이와 더불어 뼈는 여러 가지 무기질, 특히 칼슘(Ca)과 인(P)의 저장고(storehouse) 역할도 한다.

뼈조직의 또 한 가지 중요한 기능은 혈구세포(blood cell)를 만드는 것이고 이는 뼈 안에 있는 골수(bone marrow)라는 곳에서 매일매일 만들어진다. 뼈에도 혈관이 퍼져 있어서 뼈 안에서 만들어진 혈액은 혈관을 타고 나오게 된다.

1. 뼈의 구조

평균적으로 뼈는 3분의 2가 무기질로 구성되어 있고 주성분이 하이드록시아파타이트(hydroxyapatite, $Ca_{10}(PO_4)_6(OH)_2$)로 알려진 칼슘과 인의 수산화물(calcium-phosphate hydroxide compound)이다. 나머지 3분의 1은 대부분이 콜라겐(collagen)인 유기체(organic matrix)이다. 하이드록시아파타이트는 뼈의 강도(rigidity)를 주고 콜라겐 구조(collagen matrix)에 탄력성(resilence)을 갖게 한다.

같은 뼈 내에도 두 가지 조직이 있다. 즉 치밀골(compact 또는 dense bone)과 스폰지 상태인 해면골(trabecular bone)로 알려진 다공성 조직(porous tissue)이다. 치밀골은 뼈의 외층 또는 피층(cortex)을 이루고 있고 해면골은 뼈의 내부를 채우고 있으며 대사적으로 쉽게 영향을 받는다.

■ 뼈의 외형적 형태

•장골(long bone)

•편평골(flat bone)

■ 뼈세포들

•조골세포(osteoblast) : 뼈형성(bone formation)을 담당하는 세포

•파골세포(osteoclast) : 뼈용출(bone resorption)을 담당하는 다핵세포

•골세포(osteocyte) : 조골세포로부터 기원하며 칼슘 침착이 끝난 후 뼈 사이사이에 존재한다.

2. 인체 내의 칼슘 함량

칼슘은 인체 내에 가장 많이 들어 있는 다량 무기질로서 체중의 1.5~2.2%를 차지한다.

체중이 70 kg인 성인은 약 1.0~1.2 kg의 칼슘을 체내에 보유하는데(표 8-1), 이 중 99% 정도는 인산과 함께 하이드록시아파타이트 형태로 뼈를 구성하고 있다. 나머지 1%는 연조직과 세포 내 · 외액에 주로 두 가지 형태인 비확산 형태(nondiffusible)와 확산 형태(diffusible)로 존재한다. 즉, 혈장 칼슘의 약 50% 정도는 비확산 형태로서 혈장 단백질인 알부민(albumin)과 글로불린(globulin)이 결합되어 있으며, 나머지 50% 정도는 칼슘이온(Ca^{2+}) 형태로 확산되어 있다. 이 칼슘이온이 뼈대사, 신경의 흥분, 혈액응고, 근육수축, 효소작용의 활성화 및 호르몬 분비 등 우리 몸에서 매우 중요한 생리적 작용을 담당하고 있다. 그리고 아주 적은 양의 칼슘이 유기 복합물(organic complex)의 일부분으로 확산되어 있다.

표 8-1. 인체의 무기질 함량

무 기 질	g(체중 70 kg의 성인)
칼슘(Ca)	1,200
인(P)	750
칼륨(K)	245
황(S)	175
나트륨(Na)	105
염소(Cl)	105
마그네슘(Mg)	35
철분(Fe)	2.8
망간(Mn)	0.21
구리(Cu)	0.105
요드(I)	0.024

3. 칼슘의 흡수 및 배설

식품으로부터 섭취된 칼슘은 소장에서 흡수된다. 일반적으로 칼슘의 흡수율은 20~30% 정도로 비교적 낮다. 야채나 시금치에 들어 있는 칼슘의 흡수율은 17%, 멸치와 조개껍질(시중에 판매되는 칼슘제재)의 칼슘 흡수율은 각각 30%, 25% 정도이다.

칼슘의 소화·흡수율은 칼슘 영양상태, 섭취량 및 식이인자(dietary factor)에 의하여 영향을 받는다. 균형된 식사를 하지 않는 사람이나 위장장애가 있는 사람 그리고 나이가 들어 위액분비가 적어지면 이와 비례해서 칼슘 흡수율이 낮아진다. 그리고 식이섬유질(dietary fiber), 피트산(phytate)

수산(oxalate), 인, 포화지방 등은 칼슘 흡수를 저해하며 비타민 D, 유당, 포도당 중합체 등은 칼슘 흡수를 증가시킨다.

칼슘은 섭취량의 70~80%가 대변을 통하여 배설된다. 대변 중의 칼슘 배설량은 섭취량과 밀접한 관계가 있으며 소변을 통한 칼슘의 배설량은 비교적 일정하나 개인과 개인 사이에는 큰 차이가 있다. 소변 중의 칼슘 배설량은 칼슘 섭취량에 따라서도 달라지나 그보다는 식이 단백질의 양이나 종류에 의하여 크게 좌우되며 특히 동물성 단백질의 섭취량이 증가하면 소변으로 손실되는 칼슘량이 증가한다. 이외에 카페인, 나트륨, 인, 마그네슘의 섭취량, 호르몬 등도 소변 중의 칼슘 배설량에 영향을

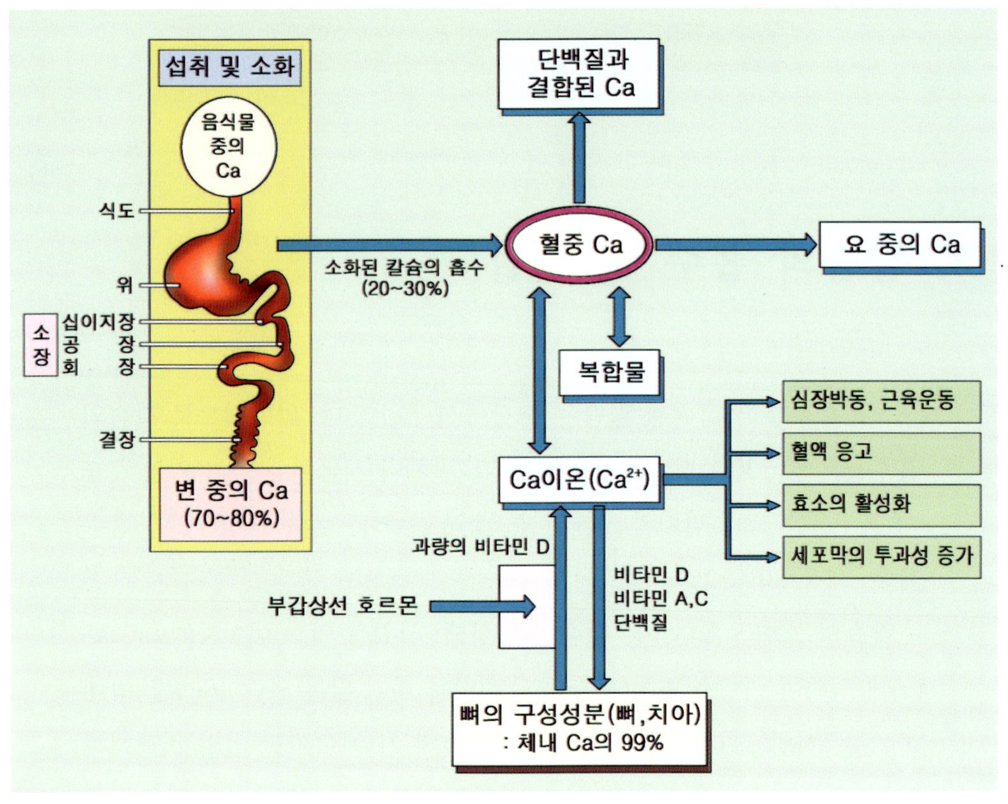

그림 8-2. 칼슘의 소화·흡수 및 이용 과정

미친다.

칼슘의 소화·흡수와 이에 미치는 여러 가지 요인 및 이용 과정을 요약하면 **그림 8-2**와 같다.

흡수 촉진 요인	흡수 저해 요인
•요구량의 증가(손실, 성장, 임신, 수유) •비타민 D •단백질(라이신, 아르기닌) •유당 •산	•비타민 D 결핍 •피트산 •칼슘과 인의 불균형 •수산 •식이섬유질 •과다한 지방 •스트레스와 운동부족

4. 혈중 칼슘량의 조절

뼈조직은 체내의 요구와 스트레스 등에 의하여 매일 약 700 mg 정도의 칼슘을 혈액으로 유리시키고 또 뼛속에 침착시키며 끊임없이 재형성되는 대사적으로 활성 유기조직(active organic tissue)이다. 혈장의 정상 칼슘 농도는 10 mg/100 mℓ로 거의 일정하게 유지되며 비타민 D, 부갑상선 호르몬(parathyroid hormone, PTH), 그리고 칼시토닌(calcitonin) 등의 작용에 의하여 조절된다.

1) 비타민 D

비타민 D는 장에서의 칼슘 흡수와 신장에서 칼슘 재흡수에 중요한 역할을 하며 뼈조직에서 석회화가 일어날 때 직접적으로 작용하므로 체내 칼슘 균형 유지에 관여한다.

2) 부갑상선 호르몬

혈장 칼슘 농도가 정상 수준 이하로 낮아지면 부갑상선(parathyroid gland)에서 이를 인지하여 부갑상선 호르몬을 분비한다. 이 호르몬은 뼈 속에 있는 파골세포(osteoclast)를 활성화시켜 뼈를 용해시킨다. 즉, 뼈로부터

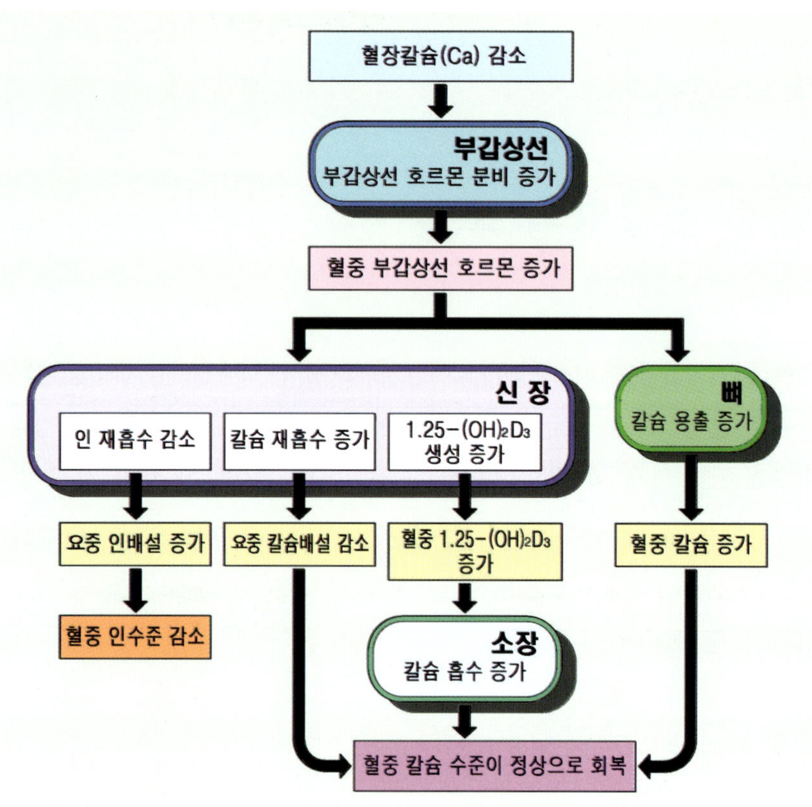

그림 8-3. 혈중 칼슘 수준의 유지와 부갑상선 호르몬의 역할

칼슘을 혈액으로 유리해 내는 뼈용출(bone resorption)을 증가시켜 혈중 칼슘농도를 증가시켜 준다. 이외에도 소장에서의 칼슘 흡수를 촉진시키고 신장 사구체에서의 칼슘 재흡수를 증가시켜 혈장의 칼슘 수준을 높이게 된다(그림 8-3).

3) 칼시토닌

갑상선(thyroid gland)에서 분비되는 칼시토닌은 비정상적으로 혈중 칼슘 농도가 증가되면 부갑상선 호르몬의 분비를 차단함으로써 뼈용출을 감소

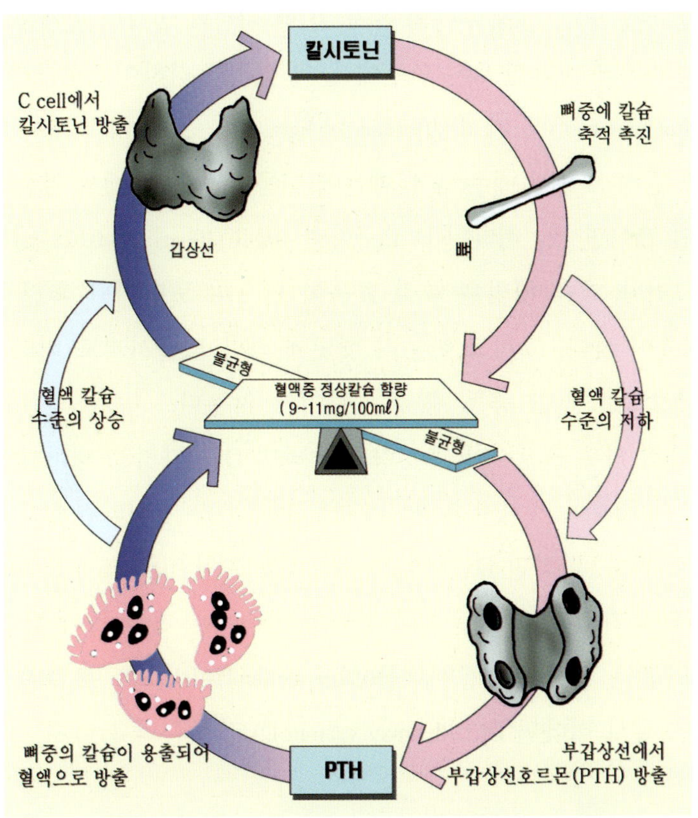

그림 8-4. 혈중 칼슘 농도를 조절하는 호르몬의 작용

시켜 혈중 칼슘 농도를 조절한다. 그리고 혈중 칼슘 농도가 정상 이상으로 상승하면 조골세포(osteoblast)의 활성도가 증가되어 혈액으로부터 칼슘을 뼈 속에 침착시켜 뼈형성(bone formation)이 일어난다. 이로써 혈중 칼슘 농도가 정상으로 회복된다(그림 8-4).

5. 비타민 D와 칼슘 흡수 및 혈중 칼슘 수준 조절

비타민 D는 혈중 칼슘 수준의 유지 및 뼈 대사와 밀접한 관계를 가지고 있다. 대부분의 비타민 D는 피부에 들어 있는 7-디하이드로콜레스테롤(7-dehydrocholesterol)에 자외선(ultraviolet light, 280~310 nm)을 쪼이면 합성이 된다. 합성 효율이 매우 높기 때문에 여름 햇빛 아래에서 얼굴과 손에 10분간만 쪼이면 1일 비타민 D 요구량인 400 IU(10 ㎍, 1IU=0.025 ㎍)가 합성된다. 그러나 겨울 햇빛은 다소 효율이 낮으며 노인이나 흑인 피부도 합성 효율이 낮다. 그리고 아무리 햇빛에 과다 노출시켜도 비타민 D의 과다 생성으로 인한 중독 증세는 보이지 않는다.

신생아의 경우 출생시에 충분량의 비타민 D를 가지고 태어나면 생후 9개월까지 부족이 생기지 않으나 9개월 이후부터는 비타민 D의 보충에 유의해야 된다. 비타민 D함량이 높은 식품은 어간유(fish liver oil), 계란, 비타민 D 첨가 우유이며 육류나 식물성 식품에는 거의 들어 있지 않다.

비타민 D는 일명 콜레칼시페롤(cholecalciferol)이라고도 부르며 간에서 25-하이드록시 비타민 D(25-hydroxy vitamin D)로 전환되고 다시 신장에서

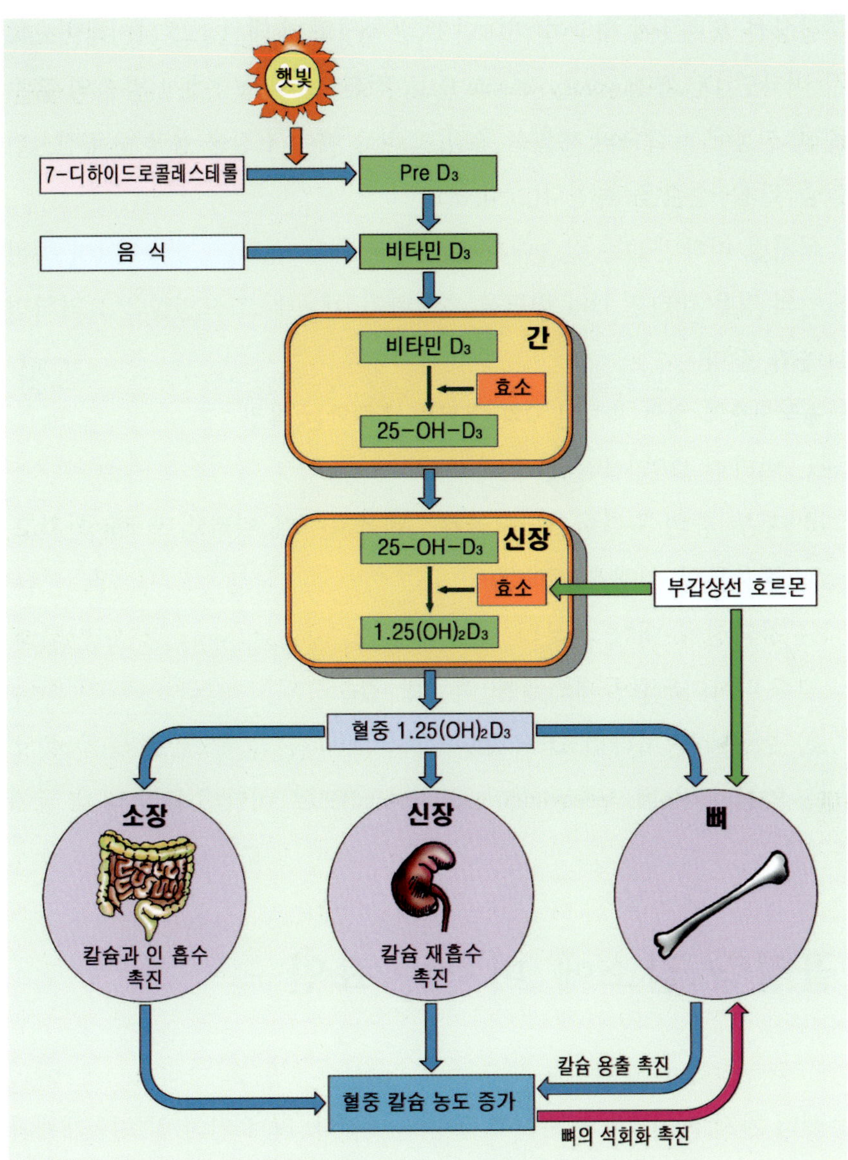

그림 8-5. 비타민 D의 대사와 기능

부갑상선 호르몬에 의하여 비타민 D의 활성화 형태인 1,25-다이하이드록시 비타민 D(1,25-dihydroxy vitamin D)로 전환된 후 소장에서 칼슘의 흡수 촉진, 신장에서 칼슘의 재흡수 촉진, 그리고 뼈에서 칼슘 용출을 촉진시켜 혈중 칼슘 수준을 높인다(그림 8-5).

이처럼 비타민 D는 칼슘대사에 있어서 매우 중요한 영양소이며 특히 노인의 경우 비타민 D의 결핍을 초래하기 쉬운데 그 요인들을 요약하면 다음과 같다.

♠노인층에 있어 비타민 D의 결핍을 초래하는 요인

1 비타민 D의 섭취 부족

2 피부 중의 7-디하이드로콜레스테롤로부터 비타민 D 합성 감소
 불충분한 일광욕(자외선)
 자외선에 대한 피부의 감수성 감소
 7-디하이드로콜레스테롤 축적량 감소

3 소장에서 비타민 D의 흡수 감소

4 약물 복용(예 : phenyltoin, phenobarbital)으로 비타민 D의 대사 장애

6. 골질량 감소에 미치는 요인

여러 가지 요인들이 뼈손실에 영향을 미친다. 그 요인의 일부는 개개인에 따라 조절이 가능하고 또 일부는 유전적 또는 생리적 조절에 의한 것이다. 이 중 가장 분명한 요인의 하나가 여성이라는 것이다. 성인이 된 후 평생 동안 여성의 경우 치밀골의 35% 그리고 해면골의 50%가 감소되고 남성의 경우는 여성의 3분의 2 정도 손실된다. 이외에도 많은

요인들이 골질량의 감소에 관여하는 것으로 알려져 있으며 이를 요약하면 다음과 같다.

♠유전적 요인

여성

백인 또는 아시아인

뼈질환의 병력이 있는 가족

♠생리적 또는 내분비적 요인

과도한 부갑상선 호르몬 분비(hyperparathyroidism)

과도한 갑상선 호르몬 분비(hyperthyroidism)

당뇨병(diabetes mellitus)

조기 폐경(premature menopause)

낮은 최대 골질량(low peak bone mass)

여윔(leanness)

♠환경적 요인

저칼슘 섭취(low calcium intake)

햇빛에 노출 시간 감소(little exposure to sunlight)

운동 부족(little physical activity)

흡연(smoking)

음주(alcohol)

카페인(caffeine)

7. 뼈질환

정상적인 뼈의 건강을 유지하기 위하여 필요로 하는 영양소의 부족으로 인하여 발생되는 뼈질환은 크게 두 가지로 분류할 수 있다. 하나는 구루병(ricket) 또는 골연화증(osteomalacia)이고 또 하나는 골다공증(osteoporosis)이다.

1) 골연화증

골연화증은 일명 성인형 구루병(adult form of ricket)이라고 하며 특히 성장중인 어린이의 골연화증을 구루병이라 부른다. 이 질환은 비타민 D, 칼슘, 인의 섭취부족으로 혈중 칼슘과 인의 수준이 낮아져 석회화가 이루어지지 않아 골밀도가 감소되며 물러지고 기형이 된다. 여자의 경우 골반의 기형으로 분만이 어려워지고 또한 척추가 굽어서 곱사등이 되며 뼈의 통증을 느낀다. 그러나 골다공증과는 달리 잘 부러지지 않으며 뼈의 크기도 정상적인 뼈와 같다.

골연화증의 치료는 1일 1,000 IU의 비타민 D를 복용해서 칼슘과 인의 정상 수준을 유지하고 이때 칼슘을 함께 복용하면 더욱 좋다.

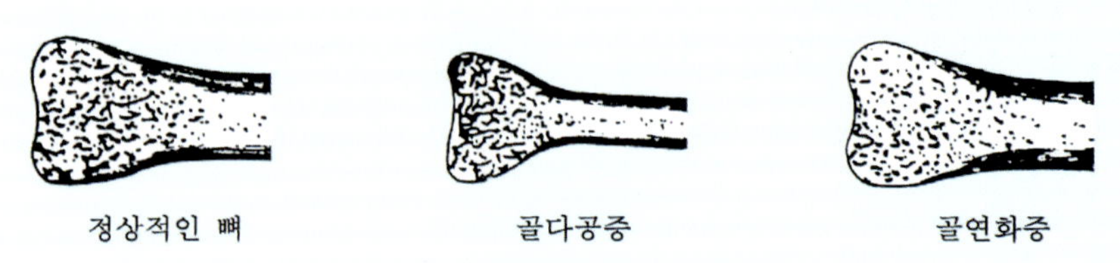

그림 8-6. 정상적인 뼈와 결핍증세를 나타낸 뼈의 구조

2) 골다공증

뼈의 성장이 멈추면 더 이상의 증식은 없지만 뼈는 대사적으로 활성유기 조직으로 조골세포와 파골세포의 상호작용에 의하여 뼈 형성과 용출이 계속된다. 젊은 정상인은 뼈 형성과 뼈 용출의 균형을 이루어 골질량이 잘 유지된다. 그러나 35세 이후부터는 이 균형이 깨져서 파골세포의 작용이 활성화되어 뼈 용출이 뼈 형성에 비하여 상대적으로 커지면서 골손실을 가져와 골밀도(bone density)가 비정상적으로 감소하여 골다공증을 유발시킬 수 있다. 골다공증이란 최대골밀도 평균치보다 70~75% 이하로 감소된 상태, 즉 30% 이상 감소된 상태로서 단위 용적 내 골질량이 감소하여 뼈가 비정상적으로 가늘어지고 구멍이 생기고 약해지며 조직들이 엉성해지면서 경미한 충격에도 쉽게 골절을 일으킬 수 있는 질환이다. 특히 고령의 여성에게 주로 발생되고 이로 인하여 야기되는 뼈골절(fracture)로 고생하거나 사망하는 경우도 흔하다.

골다공증은 제1형 골다공증(type Ⅰ osteoporosis)과 제2형 골다공증(type Ⅱ osteoporosis)으로 분류하며 제1형 골다공증은 폐경기 이후 여성

골다공증 위험도 1분 체크(10가지 중 3항목 이상이면 위험상태)

① 45세 이전에 폐경이 되었다.
② 골격이 가늘거나 왜소한 편이다.
③ 본인, 가족이 골절을 경험한 적이 있다.
④ 폐경기 이전임에도 불구하고 1년 넘게 월경이 없었다.
⑤ 천식, 관절염 등의 치료를 위하여 스테로이드 약물, 또는 항경련제를 복용한 적이 있다.
⑥ 평소 과음, 흡연을 한다.
⑦ 20대 중반보다 키가 3cm 이상 줄었다.
⑧ 등이 구부러진 편이다.
⑨ 심한 허리 통증이 있다.
⑩ 사소한 충격이나 넘어져서 뼈가 부서진 경험이 있다.

*자료: 대한골대사학회, 대한골다공증학회

(postmenopausal woman)과 난소를 적출한 여성에게 주로 발병한다. 즉 여성 호르몬인 에스트로겐 분비가 감소하면 부갑상선 호르몬에 대한 뼈의 감수성이 증가되어 뼈 용출 속도가 증가되고 혈중 칼슘 농도가 증가하게 된다. 이처럼 혈중 칼슘 수준이 증가되면 다시 부갑상선 호르몬의 분비가 억제되고 이로 인하여 신장에서 비타민 D의 활성화 형태인 1,25-$(OH)_2$D의 생성이 감소된다. 따라서 소장에서 칼슘 흡수가 감소되고 정상 혈중 칼슘 수준을 유지하기 위하여 뼈의 칼슘이 용출되어 골밀도가 감소된다.

제2형 골다공증은 일명 고령 골다공증(age-related 또는 senile osteoporosis)으로 여자가 남자보다 2배 정도 더 많이 발생한다. 골밀도의 감소는 특정 연령에 급격히 일어나는 것이 아니고 오랜 기간 서서히 일어난다. 이처럼 제2형 골다공증의 발병은 연령증가에 따라 신장 내에 있는 1알파-

표 8-2. 제1형 골다공증과 제2형 골다공증

구 분	제1형 골다공증	제2형 골다공증
발병 연령	50~70세	70세 이상
뼈 손실 부위	해면골	해면골과 치밀골
뼈 손실 속도	빠름	느림
골절 부위	손목과 요추	엉덩이
발생빈도	여자 6 : 남자 1	여자 2 : 남자 1
부갑상선 호르몬 수준	정상 이하	정상 이상
칼슘 흡수	정상 이하	정상 이하
주요 원인	폐경 : 에스트로겐 분비저하 질병 : 당뇨병, 관절염, 소화기관의 이상, 운동부족, 분만 경험이 없는 여성 기타 : 종족, 유전, 야윈 사람	칼슘 흡수 저하 질병 : 당뇨병, 소화기관장애, 관절염, 내분비 이상 등 운동부족 약물복용 : 이뇨제, 글루코코티코이드 등 기타 : 알코올 섭취, 흡연
치료	칼슘제재, 에스트로겐, 칼시토닌	불소나트륨, 비타민 D, 바이포스포네이트

다이하이드록실라아제(1α-dihydroxylase)라는 효소의 활성도가 감소되어 1,25-$(OH)_2$D의 생성 부족으로 소장에서 칼슘흡수가 제대로 일어나지 않고 이로 인하여 혈중 저칼슘 수준이 초래되어 부갑상선 호르몬 분비를 촉진시켜 뼈 용출이 촉진된다. 이 때문에 뼈 중의 칼슘 함량이 저하되고 뼈의 손실이 일어난다.

제1형 골다공증과 제2형 골다공증의 차이점을 요약하여 **표 8-2**에 나타내었다.

(1) 최대골질량과 골다공증

사람은 성장기를 통하여 골질량이 증가하기 시작하여 30~40대에 이르러 최대골질량에 도달하게 된다. 연령증가와 함께 골질량이 감소되는데 낮은 최대골질량을 가진 사람은 최대골질량이 높은 사람보다 몇 년 빨리 골절위험에 처하게 된다. 따라서 최대골질량이 높은 사람은 고령에서도

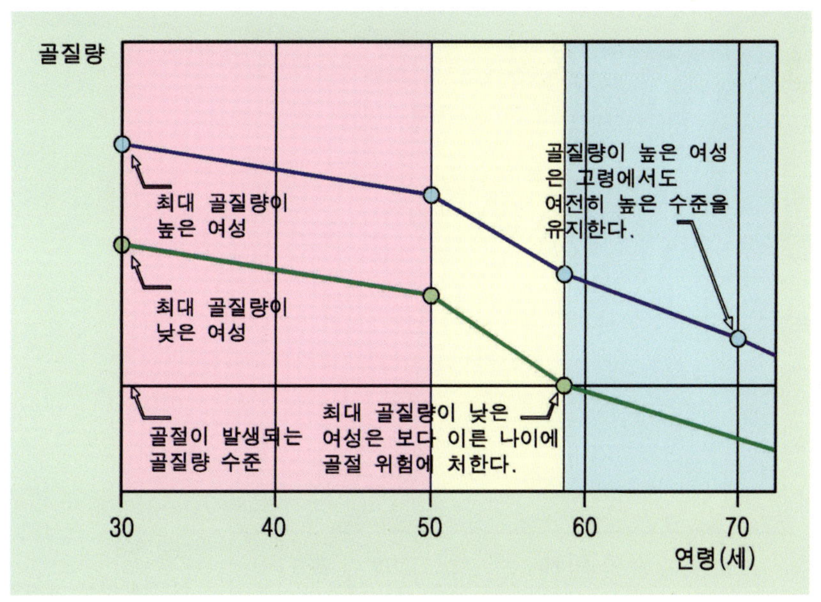

그림 8-7. 최대 골질량과 골다공증 발병과의 관계

높은 골밀도를 유지하는 반면에 낮은 사람일수록 골다공증에 걸릴 확률이 높아진다(그림 8-7).

(2) 연령과 골밀도

생의 전반기에서는 골질량이 증가되며 최고에 도달한 이후부터 서서히 감소한다. 따라서 골밀도는 연령에 따라 변화한다. 우리나라 성인 여성을 대상으로 연구한 결과에 의하면 30대의 요추골밀도가 1.24 g/cm²로 가장 높으나 연령의 증가와 더불어 서서히 감소하다가 폐경기 이후 급격히 감소하여 60대는 0.84 g/cm², 70대는 0.78 g/cm²로 백인 여성과 비교하여 볼 때 30~50대에는 비슷하다가 60대 이후에 현저하게 낮아지는 경향을

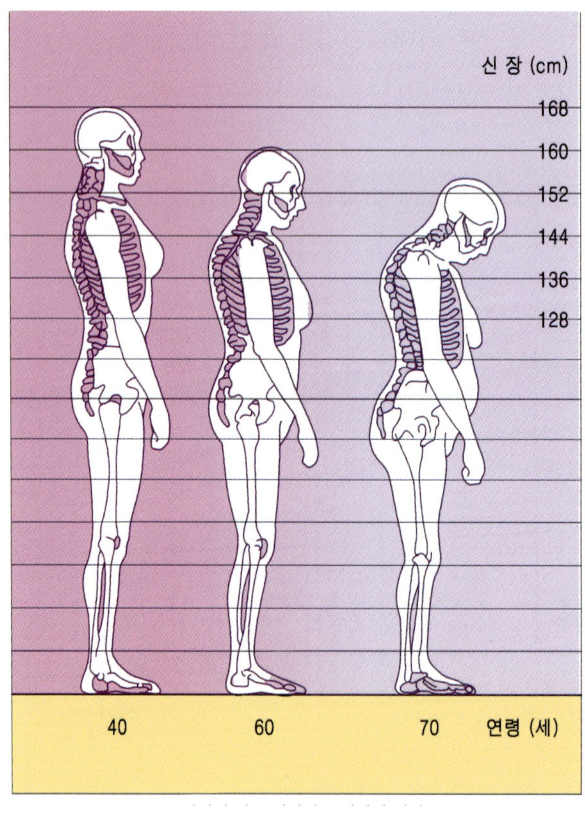

그림 8-8. 연령에 따른 체형과 골질량의 변화

나타내었다. 이처럼 골밀도가 감소하면서 척추가 굽게 되므로 체형도 변하게 된다(그림 8-8). 생의 전반기인 35세까지는 조골세포의 활동이 파골세포보다 활발하여 연간 0.7~1.5%씩 골밀도가 증가되어 최고에 도달하지만 35세 이후부터는 파골세포의 작용이 활성화되면서 매년 0.4%씩 골밀도가 감소된다.

특히 여성의 경우 폐경후 여성호르몬(estrogen)이 가임기의 10분의 1로 급격히 감소되면서 파골세포의 활동이 3배 이상 증가되어 쉽게 골다공증에 걸리게 된다. 남성은 여성보다 발병 연령이 10년 정도 늦다. 골다공증은 50대에 15%, 60대 40%, 70대 이상 70%에 이르며 특별한 통증이 없이 진행된다. 50세 이후에 오는 이러한 뼈의 감소 추세를 완전히 막을 수는 없으나 감소 속도를 늦출 수는 있다고 본다.

8. 골다공증의 예방과 치료

골다공증은 그 증상이 나타나기까지 오랜 기간을 거쳐 서서히 진행될 뿐만 아니라 뼈의 이상 증상이 나타난 후에는 식이요법과 약물치료를 한다 하더라도 완전한 치료는 어렵기 때문에 뼈의 손실을 예방하는 것이 가장 좋은 방법이다. 따라서 성장기에는 물론 성인에서 노년기에 이르기까지 우유, 유제품, 녹황색 채소 등을 통하여 우선 충분한 칼슘을 섭취하고 이와 더불어 걷기, 달리기, 테니스 등 체중이 실리는 운동을 규칙적으로 하여 뼈를 건강하게 유지하는 것이 바람직하다. 운동은 뼈를 보호하는 데 필요한 호르몬의 분비를 촉진하고 뼈에 전기적 자극(electrical current)을 주며 뼈의 성장과 재생을 돕기도 하고 뼈에 혈액 공급을 증가시킨다.

또한 햇빛을 적당히 쬐면 체내에서 비타민 D가 생성되어 뼈가 강해진다. 그러나 카페인 음료, 알코올, 청량음료, 흡연은 칼슘의 흡수를 방해하므로 삼가는 것이 좋다.

표 8-3. 칼슘이 많이 함유된 식품

우유 및 유제품	우유, 아이스크림, 요구르트, 치즈
콩류	콩, 두부, 연두부, 순두부
뼈째 먹는 생선	멸치, 미꾸라지, 뱅어포, 어묵, 게맛살
생선류	새우, 명태, 돔, 청어, 조기
채소와 나물류	무청, 깻잎순, 달래, 생취, 열무, 냉이, 쑥, 갓, 근대, 미역

9. 육식이 뼈에 미치는 영향

오래 전부터 육식을 하는 사람과 채식을 하는 사람 간에 골다공증의 이환율에 차이가 있다는 보고들이 있다. 육식을 주로 하면 고기 중에 함유되어 있는 함황아미노산에 의하여 소변이 산성으로 변화하여 신체의 칼슘 손실을 가져온다. 그러나 채식을 주로 하는 경우는 소변이 중성 또는 알칼리성을 띠게 되므로 칼슘의 손실량은 적다. 이러한 내용이 채식가 가운데 골다공증의 발생률이 더 낮다는 것을 뒷받침하고 있다.

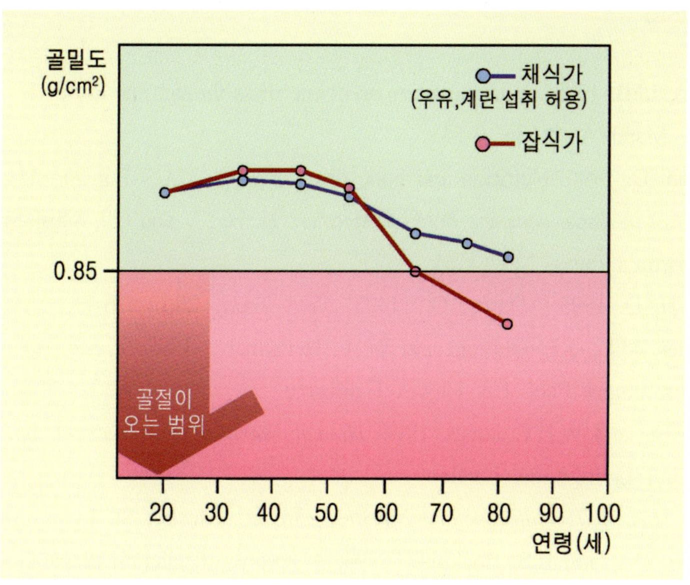

그림 8-9. 채식가와 육식가의 골밀도

그리고 채식가에 비해서 육식가의 뼈 중량은 연령의 증가에 따라 더 크게 감소된다.

참고문헌

Anderson, J.J.B. 1990. Dietary calcium and bone mass through the life cycle. *Nutrition today*, March/April. pp. 9-14.

Bergaman, D. 1990. Nutrition and bone disorders, pp. 574-587 in *the Mount Sinai School of medicine complete Book of Nutrition.* Herbert V and G.J. Subak-Sharpe(ed.) St. Martin's Press. New York.

Deluca, H. D. 1993. Vitamin D : 1993. *Nutr. Today* 28(6) : 6-11.

Ensminger, M.E., J.E. Oldfield and W.W. Heinemann. 1990. *Feeds and Nutrition.* The Ensminger Publ. Co. Clovis, California.

Garrow, J.S. and W.P.T. James. 1994. *Human Nutrition and Diabetes.* pp. 556-566 Churchill Livingstone. London.

Guthrie, H.A. 1975. *Introductory Nutrition*, 3rd ed. Mosby, St. Louis, Mo.

Levenson, D.1. and R.S. Bockman. 1994. A review of calcium preparations. *Nutr. Rev.* 52(7) : 221-232.

Mann, J. and A.S. Truswell. 2002. *Essentials of Human Nutrition*, 2nd ed. Oxford University Press Inc., N.Y.

Marieb, E.N. 1989. *Human Anatomy and Physiology.* The Benjamin/Cummings. Publ. Co., Redwood City. California.

Ignatavicius D., M.V. Bayne. 1991. *Medical-Surgical, a Nursing Process Appoach.* 739, WB Saunders, Philadelphia.

Mickelsen, O. and A.G. Marsh. 1989. Calcium requirement and diet. *Nutrition today.* Jan/Feb., pp 28 -32.

Pike, R. and M. Brown. 1984. Nutrition and Integrated Approach, 3rd ed. John Wiley and Sons. Inc., New York.

Porter, D.V. 1994. Washington update : NIH consensus development conference statement optimal calcium intake. *Nutr. Today* 29(5) : 37-40.

Seheider, W.L. 1983. *Nutrition, basic concepts and applications.* McGraw Hill Book Co., New York.

Schlenker, E.D. 1993. *Nutrition in Aging.* Mosby, St. Louis. U.S.A.

Tolstoi. L.G. and R.M. Levin. 1992. Osteoporosis-The Treatment controversy. *Nutr. Today* 27(4) : 6-II.

Vander, A.J., J.H. Shennan and D.S. Luciano. 1990. *Human Physiology*, 5th ed. McGraw Hill Publ. Co., New York.

Rofles, S.R., K. *Pinna and E. Whitney*. 2006. Understanding Normal and Clinical Nutrition 7th ed. Thomson Wadsworth, Belmont, CA.

Williams, S.R. 1993. *Nutrition and Diet Therapy*, 7th ed. Mosby, St. Louis, MO.

이정숙 · 홍희옥 · 유춘희. 1996. Caffeine 섭취 수준에 따른 흰쥐의 칼슘과 인대사 연구. 한국영양학회지 29(9) : 950-957.

조선일보. 1992년 3월 17일자.

________. 2004년 7월 14일자.

조수현. 1992. 폐경과 골다공증. 대한 의학 협회지 35(5) : 587.

한국영양학회. 2000. 한국인 영양 권장량. 제7차 개정.

홍희옥 · 유춘희. 1994. 칼슘과 비타민 D 보충이 폐경 이후 여자의 뼈대사에 미치는 영향. 한국영양학회지 27(10) : 1025-1036.

CHAPTER

9

비만과 영양

사람이 건강하게 살기 위하여 기본이 되는 것은 체중을 정상적으로 유지하는 것이다. 우리 몸에 지방이 지나치게 많이 축적되어 비만(obesity)이 되고 비만은 수명을 단축시키며 당뇨병, 고혈압, 동맥경화증, 지방간, 심장병 등의 성인병을 유발시키는 원인이 되는 등 건강에 치명적인 문제를 일으킨다. 또한 지나치게 여의게 되어도 여성의 경우 월경, 배란, 또는 임신에 이상을 초래할 뿐만 아니라 10대의 소녀들 중 제2차 성징이 나타나지 않는 경우도 있다.

세계적으로 2013년이 되면 과체중이거나 비만인 사람이 30억 명에 이르게 된다고 한다. 우리나라도 생활수준의 향상으로 인하여 영양소의 섭취량이 증가하고 운동부족으로 인한 체내 에너지 소비량이 감소됨에 따라 비만이 날로 증가되고 있는 추세이다. 우리나라의 19세 이상 비만 유병률은 2011년 전체 31.9%로 성인 3명 중 1명이 비만인 것으로 나타났다.

1. 비만이란?

과다한 영양소 섭취와 적은 체내 에너지 소비로 인한 에너지 대사의 불균형으로 지방이 체내에 지나치게 축적되어 과다한 체중을 나타내는 것을 비만이라 한다.

2011년 국민건강영양조사에 따르면 비만율이 남성의 경우 20대 26.2%, 30대 40.7%, 40대 42.6%, 50대 34.7%, 60대 34.1%, 그리고 70대 이상 23.7%로 나타났으며, 여성의 경우 20대 16.9%, 30대 21.7%, 40대 27.9%,

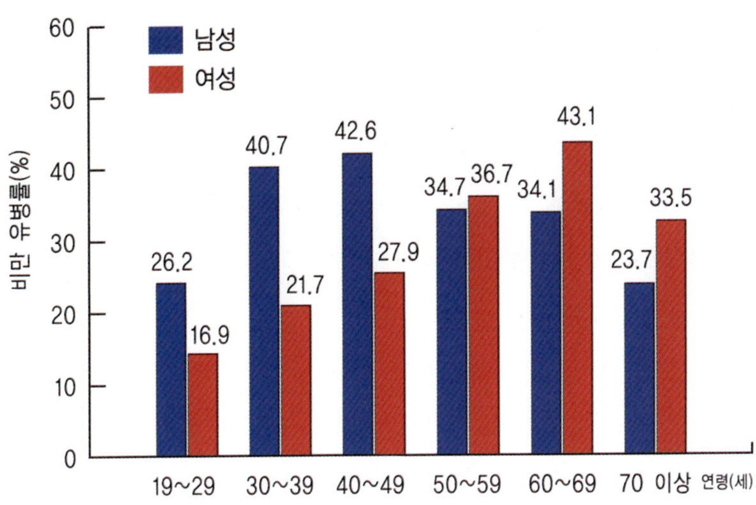

-비만 유병률: 체질량지수 25 이상인 분율

*자료: 2011 국민건강통계, 2012

그림 9-1. 한국인의 연령별 남녀 비만율

50대 36.7%, 60대 43.1%, 70대 이상 33.5%로 나타나 50대 이후 여성이 남성에 비하여 비만율이 높아지고 있다.

우리 몸 안에 있는 대부분의 세포는 일정량의 지방만을 축적할 수 있다. 그러나 체내에서 쓰고 남은 여분의 에너지는 무한정 지방으로 합성되며 이것들을 지방세포(adipocytes)에 저장한다. 지방을 축적하면 할수록 지방세포의 크기는 커져서 비만한 사람의 경우 정상체중을 가진 사람에 비하여 지방세포가 50배 내지 100배나 더 크다. 따라서 비만은 지방세포의 수가 늘어나는 것이 아니라 지방세포의 크기가 늘어나는 것이다.

- **체지방조직**(adipose tissue)
  지방세포로 구성되어 있다.
- **체중과다**(overweight)
  body builder, 뼈대가 굵어 체중이 다소 많이 나가는 경우
- **체지방과다**(overfat)
  체지방으로 인하여 체중이 과도하게 나가는 경우

*일반적으로 체지방 함량은 남자의 경우 체중의 15~18%이고 여자는 18~24% 정도이다.

나이가 증가하면서 초래되는 호르몬의 변화가 비만을 유발한다. 20대 후반부터 성장호르몬의 분비가 감소되고 40대부터 에스트로겐 분비량이 감소되면 근육량이 줄어들면서 신진대사에 사용되고 남은 에너지가 지방으로 전환되어 지방분해 활성이 낮은 신체부위에 축적된다. 이로 인하여 식사와 운동을 동일하게 하더라도 나이가 증가함에 따라 비만해진다.

2. 비만도 측정

1) Broca 보정식

신장과 체중을 이용하여 비만의 정도를 측정하는 간단하면서 가장 널리 사용되는 방법이다. 즉 신장에서 100을 뺀 수치에 0.9를 곱한 수치가 가장 알맞은 체중(표준체중)으로 이 체중보다 20% 이상 더 많은 체중을 가질 때 비만이라고 정의를 내린다.

표준체중(kg)={신장(cm) − 100}×0.9

$$비만도 = \frac{실제체중(kg) - 표준체중(kg)}{표준체중(kg)} \times 100$$

*판정기준
- 11~19% 체중과잉(overweight)
- ≥ 20% 비만(obesity)

Broca식

Broca 박사가 고안한 식으로 서양에서 널리 이용되는 표준체중계산법이다.
즉, 신장(cm) − 100 = 표준체중(kg)
Broca 보정식 : Broca식을 동양인 체격에 맞게 보정하여 만든 식이다.
{신장(cm) − 100} x 0.9 = 표준체중(kg)

2) 체질량 지수

체질량 지수(body mass index, BMI)는 비만 상태를 측정하는 좋은 방법으로 19세에서 70세 성인에게 사용할 수 있다.

$$BMI = \frac{체중(kg)}{신장(m)^2}$$

정상(normal)	18.5~22.9
과체중(overweight)	23~24.9
비만(obese)	≥25

BMI로 건강 위험도를 예측할 수 있는데 BMI가 18.5~22.9일 때 건강상 문제가 거의 없으며 18.5 이하는 저체중 그리고 23 이상일 때는 건강 상태의 위험을 초래하게 된다.

표 9-1. BMI와 건강 위험도

BMI(kg/m2)	비만등급	건강 위험도
〈 18.5	저체중	저체중일수록 위험성 증가
18.5~22.9	정상	위험성 매우 낮음
23~24.9	과체중	위험성 증가
25~29.9	경도비만	위험성 높음
30~34.9	중등도비만	위험성 매우 높음
≥ 35	고도비만	위험성 극히 높음

*자료: 대한비만학회

3) 허리둘레

최근에 허리둘레가 허리와 엉덩이 둘레비율보다 복부비만과의 연관성이 더 높다는 연구결과가 발표되었다. 허리둘레는 성별, 인종별, 연령별에 따른 차이가 크다. 세계보건기구(WHO)에서는 서양인들의 기준치로 남자 102 cm, 여자 88 cm 이상을 복부비만으로 제시하고 있으며 이들보다 체격이 작은 우리나라의 경우 남자 90 cm(36인치), 여자 85 cm(34인치) 이상을 복부비만 기준으로 대한비만학회에서 정하고 있다.

4) Skinfold 측정

캘리퍼(calipers)를 사용하여 피하지방층을 측정한다. 신체의 특정부위를 측정하며 이러한 측정치들은 체지방의 백분율과 체지방 밀도 계산에 이용된다. 특히 체지방의 백분율 수치는 바람직한 체중을 결정하는 데 이용되기도 한다.

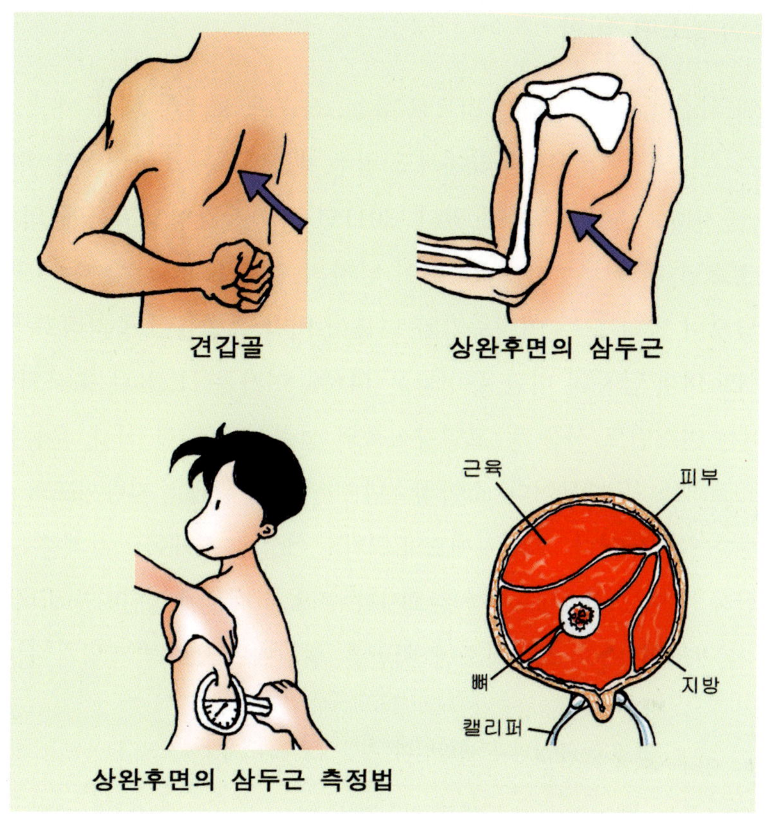

그림 9-2. skinfold 측정 부위와 측정법

3. 비만의 형태

비만은 대개 소아청소년비만(juvenile onset obesity)과 성인비만(adult onset obesity) 두 가지 형태로 분류한다.

1) 소아청소년 비만

어린 시절에 비만이 되는 것으로 유전, 식습관, 호르몬 대사 이상 등과 관계가 깊다고 본다. 우리나라에서도 일부 계층에서는 소아청소년 비만이 계속 증가하고 있는 추세에 있다. 2011년 국민건강영양조사에 의하면 소아청소년 비만 유병률(2~18세)이 남자의 경우 11.0%, 여자는 8.3%로 나타났으며 남녀 모두 연령증가와 더불어 비만 유병률이 증가하고 있다. 특히 12~18세 남자의 비만 유병률은 14.6%, 여자는 11.3%로 조사되었는데, 이는 인스턴트 식품 등 고열량식품의 섭취, 불규칙한 식사, 운동부족, 공부스트레스 등 때문이다. 소아청소년 비만인 경우에는 지방세포의 수가 정상보다 월등히 많다. 그리고 세포의 크기도 아주 큰 상태이므로 체중조절을 시도한다 하여도 지방세포수를 감소시킬 수 없기 때문에 성인비만에 비하여 더욱 심각하며 또한 소아청소년 비만은 성인비만으로 발전되기 쉽다.

표 9-2. 정상인과 비만인의 지방세포수와 지방세포크기

구 분	세포크기(㎍ 지방/세포)	총 세포수(×10⁹)
정상체중	0.66±0.06	26±6.8
소아비만	0.90±0.05	85±6.9
성인비만	0.98±0.14	62±4.2
감량비만	0.45±0.05	62±5.3

2) 성인비만

성인이 된 후 비만이 되는 것으로 소아청소년 비만에 비하여 지방세포수는 정상 수준인 반면에 지방세포크기가 증대되어 체중이 많이 나간다. 체지방이 신체 어느 부위에 과다하게 축적이 되었느냐에 따라 상체 비만

형(upper body obesity)과 하체 비만형(lower body obesity)으로 구분한다.

(1) 상체 비만형

일명 사과형 비만(apple type obesity), 거미형 비만으로 팔・다리는 가는 반면에 윗배만 볼록 튀어나와 있으며 특히 복부 내장에 지방이 많이 축적되어 내장 비만형이라고도 한다. 주로 폭식과 과식을 자주 하는 남자에게 많이 나타난다. 특히 우리나라 중년층 남자에게 문제가 되는 비만으로 내장주위에 지방이 축적되어 고혈압, 당뇨병, 고지혈증, 심장질환, 뇌졸중 등 대사성 성인병 발병 위험도가 높은 것이 특징이다. 그 이유는 복부에 축적된 지방세포수는 적은 반면에 지방세포크기가 크고 효소의 활성이 높아서 쉽게 지방이 축적되고 또한 지방세포가 분해되어 유리된 지방산이 콜레스테롤 합성에 이용되어 혈중 콜레스테롤 수치를 높이기 때문이다. 특히 인슐린 내성(insulin resistance)이 증가되어 인슐린 기능을 떨어뜨리고 혈당량을 높여 당뇨병을 유발시킨다.

(2) 하체 비만형

하체 비만은 변비가 심하고 활동량이 부족한 여성에게 주로 나타나는 피하지방형 비만으로 아랫배, 엉덩이, 넓적다리의 피하조직에 지방이 축적되어 일명 서양배형 비만(pear type obesity), 오뚝이형 비만으로도 불린다.

일반적으로 여성은 남성에 비하여 피하지방을 더 많이 가지고 있는데 이 부위 지방은 임신, 출산, 수유에 필요한 에너지 보급소 구실을 한다.

하체 비만은 상체 비만에 비하여 지방세포크기가 작고 지방세포수가 많으며 지방세포 효소의 활성이 높지 않아서 성인병 발병률이 낮은 반면에 체형상으로는 밉다.

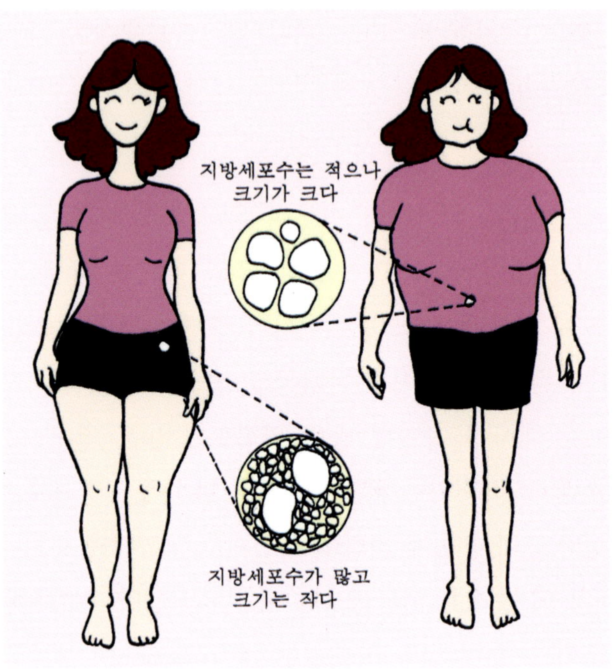

그림 9-3. 상체 비만형과 하체 비만형의 지방세포수와 크기 비교

(3) 옆구리 비어짐형

바지를 입어도 허리 살이 옆으로 나오는 유형으로 하체비만형과 같이 피하지방이 원인이나 외관은 전혀 다르다. 피부의 탄력성을 잃어 늘어지는 특징을 나타내는데 주로 출산 후에 많이 나타나므로 산후 비만형이라고도 한다. 우리나라 산모의 경우 임신중 운동량이 지나치게 적은 반면에 영양섭취는 넘치고, 또한 출산 후 산후조리라는 명목하에 활동이 지나치게 제한을 받게 되면서 비만으로 이어지는 경우이다.

(4) 남산형

피하와 내장에 지방이 지나치게 축적되어 윗배와 아랫배가 모두 나온 형이다. 주로 소아청소년 비만이었던 사람이 성인으로 이어지면서 전신이 비만으로 발전되어 발생하며 그리고 고도비만환자도 여기에 속한다. 또한 다른 형태의 복부비만이 심해지면 남산형 복부비만으로 발전한다.

4. 비만의 원인

1) 유전

유전적인 결함에 의하여 비만이 발생할 수 있음이 제기되고 있다. 사람을 대상으로 한 연구들에 의하면 양쪽 부모 모두가 정상적인 체중을 가지고 있을 경우 그 자녀가 비만이 될 확률은 약 10% 이하이며 부모

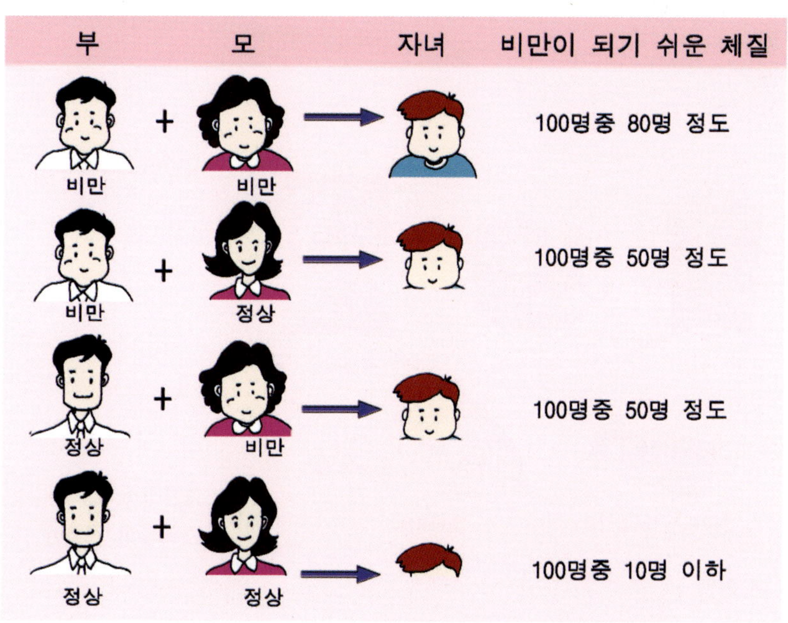

그림 9-4. 부모의 비만이 자식의 비만에 미치는 영향

중 한쪽이 비만일 경우 50%, 그리고 부모 모두가 비만일 경우 그 자녀의 80%가 비만이 될 가능성이 있다. 이러한 양상은 부모와 같은 음식을 먹으며 식습관도 유사해지는 환경적 요인이 유전에 부합되어 비만이 될 가능성이 높아진다고 본다.

2) 과다한 열량 섭취

우리가 소모하는 열량보다 더 많은 양의 열량을 섭취하게 되면 남은 열량이 체내에서 지방의 형태로 축적된다. 특히 식생활의 서구화로 패스트푸드와 스낵류의 섭취량이 증가하면서 체중증가를 초래하고 있다.

1 kg 체지방의 증감

에너지	지 방
7,700 kcal 과다	1 kg 체지방 축적
7,700 kcal 부족	1 kg 체지방 감소

그림 9-5. 스낵류의 열량가

3) 운동 부족

우리 몸은 적절한 운동으로 에너지 섭취와 에너지 소비의 균형을 이룰 수 있다. 그러나 최근 변화된 생활방식이 육체적 활동량을 감소시키면서 섭취한 열량에 비하여 소비하는 열량이 적어 체내에 열량이 남게 되어 체지방 축적을 유발하게 된다. 즉, 자동차, 엘리베이터 등의 공급으로 인한 생활의 기계화, 자동화가 소비열량의 감소를 가져오면서 열량섭취량과 소비열량의 균형이 깨져 체중증가를 초래하는 것이다.

4) 심리적 불안

심리적인 요인도 비만의 요인이 되는데 심리적으로 불안할 때 과식하게 되며, 또 어떤 문제가 발생했을 때도 음식을 섭취함으로써 그 문제를 보상하거나 도피하려는 경향이 있다. 이러한 부적합한 식사는 비만을 초래한다. 이 같은 심인성 비만은 애정 결핍, 애정 과잉, 우울증 또는 고민이나 스트레스 같은 심리적 불안에서 비롯되는 경우가 있다.

5) 섬유질 섭취의 부족

다량의 섬유질 섭취는 포만감을 빨리 느끼게 하므로 에너지 섭취량이 감소되고 또한 체내에서의 영양소 흡수를 저해하여 체중조절에 효과적이다. 그런데 오늘날 동물성 식품과 가공식품의 섭취가 증가하면서 섬유질 섭취량이 감소되어 비만을 초래한다.

6) 식사행동

하루 세 끼의 식사를 하는 데 있어 식사행동이 비만에 영향을 미친다.

폭식을 하는 경우 같은 양을 5~6번에 나누어 식사를 할 때보다 더 쉽게 비만해지는 결과를 가져온다. 특히 아침과 점심을 거르고 저녁을 한꺼번에 많이 먹는 습관은 좋지 않은 결과를 가져온다. 즉, 낮 동안의 배고픔을 대신하여 한 끼의 폭식을 하면서 지방생성 효소들의 활성이 증가되고 지방합성이 증가되면서 체지방 축적 과정을 자극하는 요인이 되기 때문이다.

또한 음식을 빨리 먹는 습관이 비만을 초래할 수 있다. 식사시간이 빠를수록 실제로 신체가 요구하는 양보다 음식을 더 많이 먹게 되는데, 그 이유는 음식이 장으로 들어가 만복감을 느끼기 전에 이미 많은 양을 먹게 되기 때문이다.

7) 체내 대사 조절의 이상

식사조절이나 운동으로도 체중감량이 안 되는 경우는 불균형한 식사 등이 대사문제를 야기시켜 지방연소를 담당하는 미토콘드리아에 장애가 생겨 지방이 효율적으로 에너지원으로 쓰이지 않기 때문에 지방으로 축적될 수 있다.

불균형한 식사, 즉 비타민이나 무기질의 부족이 지방의 산화를 저해하든가 천식환자, 알레르기성 비염환자 및 빈혈환자 등과 같이 산소공급이 잘 이루어지지 않는 경우, 갑상선기능 저하와 부신기능 저하가 비만을 초래할 수 있다.

음식물을 잘 씹지 않고 먹는다.

배부르게 먹지 않으면 기분이 좋지 않다.

TV나 신문을 보면서 식사한다.

아침, 점심식사를 거르고 저녁식사를 많이 한다.

잠자리에 들어서도 계속 먹는다.

식사시간이 불규칙하다.

근처에 단 음식을 두고 계속 먹는다.

주말에 방에 누워서 군것질 하는 습관이 있다.

청량음료, 사탕 등을 즐겨 먹는다.

그림 9-6. 비만을 초래하는 식사 습관

5. 비만으로 야기되는 건강상의 문제

비만으로 인하여 발병될 수 있는 질환들은 **그림 9-7**에 나타내고 있다. 이외에도 비만한 사람에게서 자주 일어나는 장애는 갑작스러운 사망(sudden death), 출혈성 심장마비(congestive cardiac failure), 폐기능 장애(pulmonary dysfunction), 수면 중 무호흡증(sleep apnea), 신장기능 장애(renal dysfunction), 하지 정맥류(varicose vein) 그리고 불임(infertility) 등이 있다. 비만으로 인해 야기되는 각종 질환의 발병률은 다음과 같다(표 9-3).

표 9-3. 비만과 각종 질환 발병률

질 환	발병률	질 환	발병률
직장암	10%	고혈압	33%
유방암	11%	심장질환	70%
관절염	24%	당뇨병(type Ⅱ)	90%
담 석	30%		

비만이 가져오는 5D 현상

1. Disfigurement(몸매가 흉하다)
2. Discomfort(부자유스럽다)
3. Disability(무력해진다)
4. Disease(질병에 잘 걸린다)
5. Death(사망한다)

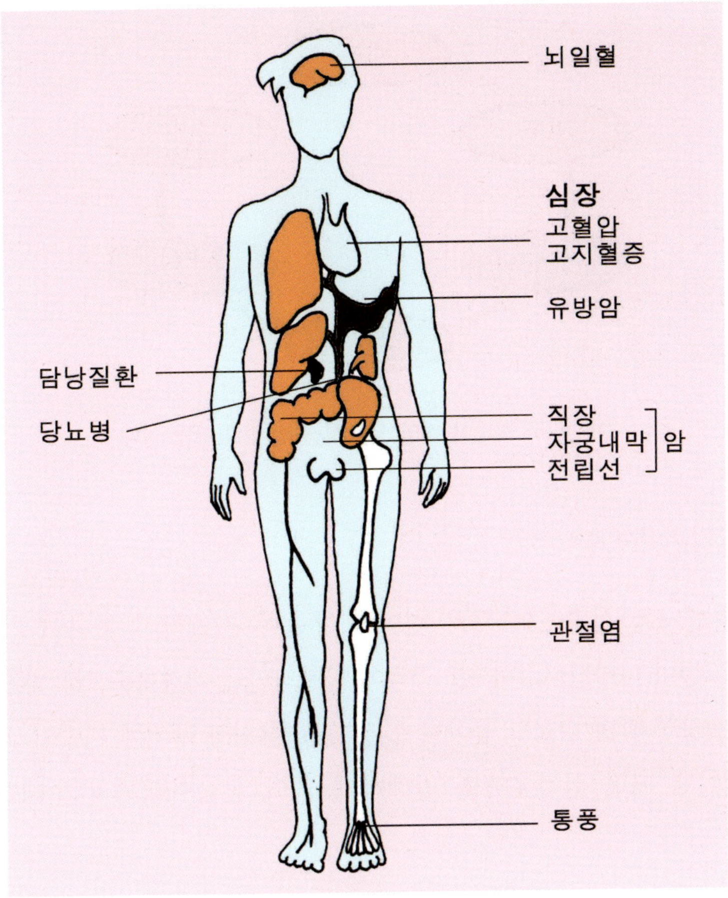

그림 9-7. 비만으로 인해 나타나는 건강상의 문제

1) 인슐린 비의존형 당뇨병

생명보험 회사 통계에 의하면 비만인은 정상체중을 가진 사람에 비하여 당뇨병에 의하여 사망할 확률이 3~4배 높다. 비만 특히 복부비만은 혈당을 조절하는 인슐린의 작용을 억제하기 때문에 당뇨병을 발병시키며 그 상호관계는 **그림 9-8**과 같다. 또한 당뇨병은 신장을 손상시켜 신부전증을 일으키거나 망막질환 등 각종 합병증을 유발시킨다.

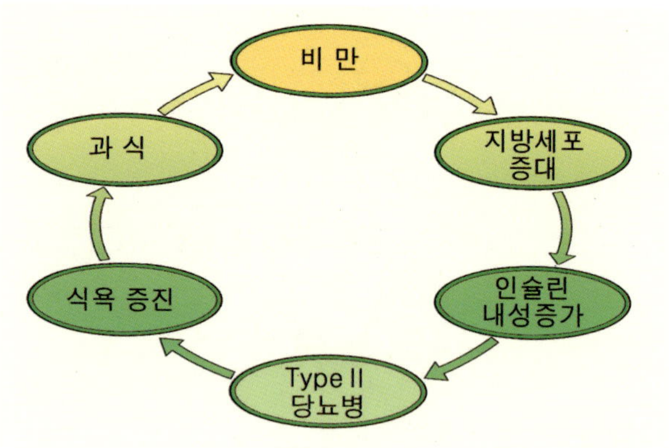

그림 9-8. 비만이 성인 당뇨병 유발에 미치는 영향

2) 심혈관계질환

비만환자는 심장 근육으로 혈액의 운송이 원활하지 못하여 가슴에 심한 고통이 나타난다. 이러한 증상이 진전되면 동맥경화증으로 발전하게 되어 심장병 발병 위험도 높아지게 된다. 또한 심장 주위에 지방이 과도하게 쌓이게 되면 심장운동을 방해하게 되어 심장비대까지 초래한다.

3) 고혈압

비만인 경우 정상체중을 가진 사람에 비하여 고혈압이 될 확률이 3배 정도 높다. 프레밍햄(Framingham)연구에 따르면 체중이 10% 증가함에 따라 혈압이 7 mmHg 높아진다고 한다. 이는 체중이 늘어나면 증가된 체표면적만큼 혈관도 증가되므로 심장의 박출량도 커져 혈압이 증가되기 때문이다.

4) 고지혈증

고지혈증은 혈액 중 지방성분 즉, 콜레스테롤과 중성지방이 많은 것을 의미한다. 비만인 경우 정상체중을 가진 사람에 비하여 고지혈증 발생률이 2~3배 높고 이에 따라 동맥경화증이 발생할 위험도 2~3배 높다.

5) 지방간

몸 전체에 지방이 많으면 지방이 간에까지 축적된다. 간조직에 지방이 과다하게 축적되면 간기능이 떨어지고 쉽게 피로감을 초래하게 된다.

6) 통풍

관절 부위에 요산이 축적되는 것으로 일종의 관절염이다. 이는 혈액 내 요산 함량이 높은 것과 관련이 있는 것으로서 주로 과량의 지방과 단백질의 섭취가 원인이 된다. 이처럼 비만은 심한 발작적 관절염뿐만 아니라 요로 결석도 발생시킬 수 있다.

7) 관절염

체중이 무거울수록 체중 부하가 심해져 하지 관절염이나 요추부 관절에 퇴행성관절염이 생기기 쉽다.

8) 호흡곤란

비만인 사람은 횡경막 아래에 지방이 많이 축적되면서 호흡이 곤란하게 된다. 비만 유아와 비만 어린이에게 있어 호흡곤란 증상이 특히 많이 나타난다. 이같이 비만인 사람은 조금만 움직여도 숨이 차게 되고 또한 발생빈도는 드물지만 잠깐 호흡이 정지되는 무호흡증후군이 나타나며 경우에 따라 생명을 잃을 수도 있다.

9) 담석

남성보다 여성에게서 더 잘 발생하며 이는 과다한 체지방이 콜레스테롤 합성을 촉진하여 담즙 내 콜레스테롤 농도가 증가하여 담석이 형성된다.

10) 피로감

비대한 사람은 일반적으로 운동하기가 어렵다. 그것은 첫째로 몸이 무거워 운동이 원활하지 못하고, 둘째로 호흡이 느리기 때문에 동맥혈에 충분한 산소를 공급하지 못하기 때문이다. 그리하여 더 많은 노력이 주어져야 하기 때문에 쉽게 피로를 느끼게 된다.

11) 암

비만인 남자들의 경우 대장암, 직장암, 전립선암에 의한 사망률이 높고 비만인 여자들은 유방암, 자궁암, 난소암에 의한 사망률이 높다.

12) 심리적인 불안정

우리 사회에서 날씬한 몸매가 미적인 평가에서 기본적으로 요구된 지는 이미 오래되었다.

뿐만 아니라 비만과 건강과의 밀접한 관계에 대한 인식이 보편화되면서 비만인들은 대부분 우울증, 근심, 죄의식, 자기비하 등의 심리적인 문제를 안고 있다.

13) 남성불임

정자세포는 온도가 높으면 쉽게 생명력을 잃게 된다. 비만인 사람은 허벅지의 과다한 지방으로 인하여 체내의 열이 방출되지 못하게 되어 정자의 활성 저하를 초래하여 수정 능력을 낮춘다.

6. 비만 치료

비만 치료는 합리적인 체중감량을 목표로 세워 체지방을 감량하는 데 초점을 맞춘다. 이를 위하여 식이 요법, 운동 요법 그리고 행동수정 요법이 함께 꾸준히 계속되어야 한다.

1) 식이 요법

비만 치료의 기본이 되는 것은 하루 식사의 열량 함량을 감소시키고 그 외에 모든 필수 영양소가 제공되도록 균형 잡힌 식사를 계획한다. 개인의 식습관을 고려하여 하루 세 끼 이상 소량씩 자주 식사를 하며 절대로 식사는 거르지 말아야 한다.

섭취한 열량이 소비 열량보다 부족할 때 축적된 지방이 분해되어 에너지원으로 충당되면서 체중이 감소하게 된다. 그러나 열량 이외의 모든 필수 영양소는 충분히 제공되어야 하므로 1일 제공되는 열량은 1일 열량

1일 열량 권장량이 2,000 kcal일 때 500 kcal씩(25%) 섭취량을 줄이면?

• 한 달 동안 얼마나 덜 먹었는가?

500 kcal×30일 = 15,000 kcal

• 이 열량으로 체중 몇 kg을 감소시킬 수 있나?

15,000 kcal÷7.7 kcal=1.95 (kg)

(체지방 1 g = 7.7 kcal)

즉, 하루에 500 kcal씩 식사 섭취량을 줄이면 한 달에 약 2 kg의 체중을 감소시킬 수 있다.

권장량의 25% 이하로 감소시키고 야채와 해조류 위주의 저지방식을 제공하는 것이 바람직하다.

♠ 피해야 할 식품들

볶음밥, 버터 바른 빵, 케이크, 잼, 젤리, 튀김류, 아이스크림, 캐러멜, 꿀, 쿠키, 스낵 과자류, 견과류, 술, 탄산음료

2) 운동 요법

운동은 소비열량을 증가시킴으로써 체지방의 산화를 증가시키고 정신적·육체적 스트레스도 해소시켜 줄 뿐만 아니라 체내 근육조직을 보존할 수 있어 매우 효과적이다.

쌀밥 (1공기) = 300 kcal		→	달리기 (3.6 km)	
음료수 (콜라 250ml) = 100 kcal		→	테니스 (12분)	
쵸콜렛 (1개) = 150 kcal		→	줄넘기 (27회)	
닭튀김 (1쪽) = 230 kcal		→	골프연습 (43분)	
아이스크림 (1개) = 225 kcal		→	배구 (72분)	
즉석라면 (1개) = 500 kcal		→	수영 (1시간25분)	
생맥주(500cc) = 175 kcal		→	자전거 (18분)	
소주 (50cc) = 75 kcal		→	맨손 체조 (13분)	

그림 9-9. 섭취한 열량과 필요한 운동량

운동은 짧은 시간에 격심한 운동을 하는 것보다 가벼운 운동을 1회 30~60분씩 적어도 일주일에 4회 이상 지속적이고 규칙적으로 하는 것이 효과적이다.

그 이유는 짧은 시간에 강도 높은 운동(무산소 운동)을 할 때는 주로 근육 속에 존재하는 에너지원인 탄수화물(글리코겐)을 이용하는 반면에 유산소 운동인 걷기, 달리기, 수영 등의 중간 이하 강도의 운동시에는 피하에 축적된 지방이 분해되어 에너지로 이용되기 때문에 체중 조절에 유리하다. 그러나 관절에 문제가 있는 사람은 수영이나 자전거 타기가 좋다. 또한 복부 지방 분해에는 유산소 운동과 병행해서 근력강화운동이 효과적이다. 이를 위하여 훌라후프를 권장하고 있는데 훌라후프는 공간에 제약도 받지 않으며 재미있게 할 수 있는 운동이다.

3) 행동수정 요법

최근 체중조절을 위하여 많이 사용되는 방법으로 다른 치료 요법에 비하여 체중 절감 효과가 큰 것이 특징이다. 즉, 식습관을 전반적으로 검토하여 비만을 유도하는 식생활과 관련된 행동들을 분석하여 그 행동을 변형 개선함으로써 식품 섭취량을 감소시키고 이와 더불어 신체 활동량을 증가시켜 비만을 치료하는 방법이다. 예를 들면 다음과 같다.

(1) 현실적인 목표를 세운다

한 달에 2 kg의 감량을 제안한다. 단기간의 많은 체중감량은 요요현상을 초래할 수 있기 때문이다. 하루 500 kcal 정도 덜 먹는 것이 큰 부작용 없이 목표를 달성하는 데 좋다.

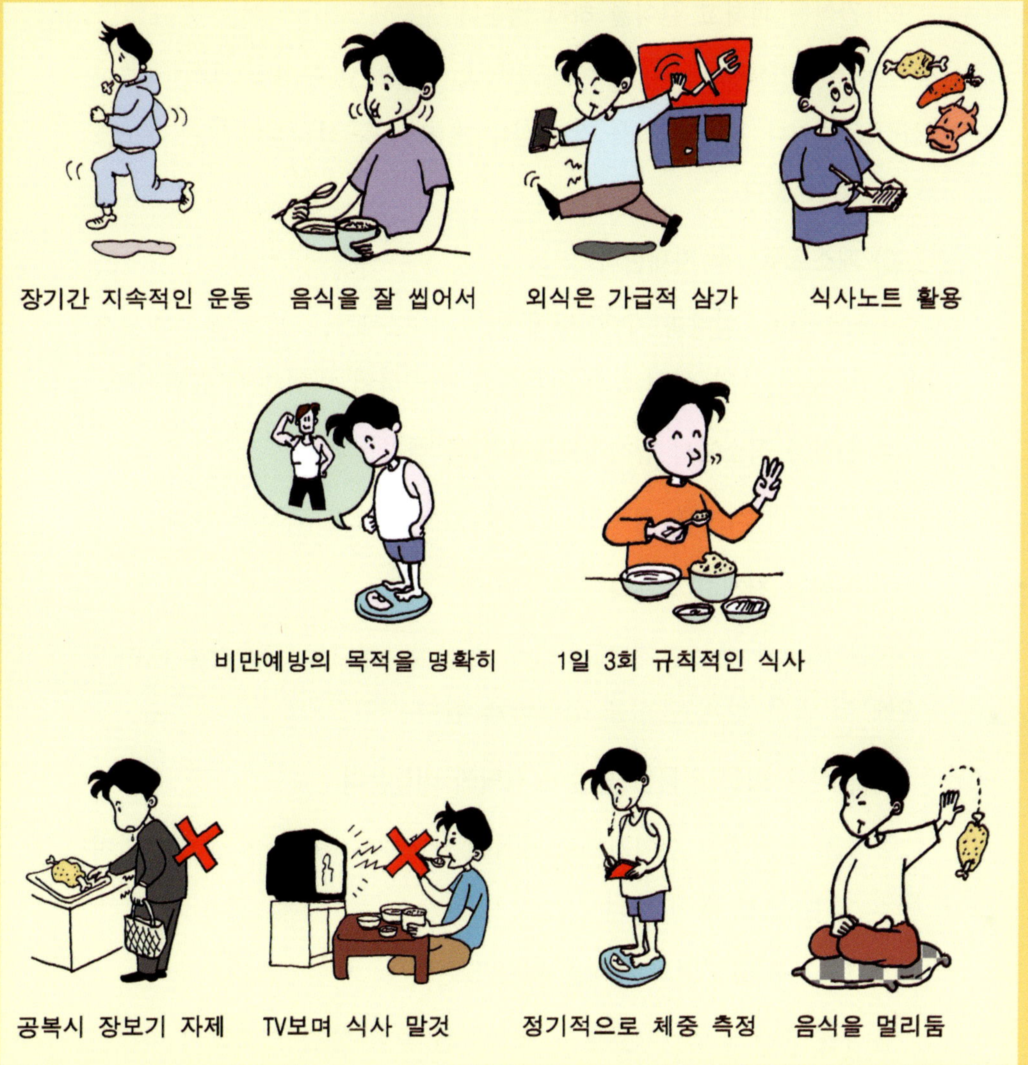

그림 9-10. 비만환자의 행동수정요법

(2) 간식은 피하고 결식을 하지 않는다

스낵류, 비스킷류는 많은 양의 열량을 함유하고 있기 때문에 이들의 섭취를 줄인다. 대신 간식을 먹고 싶을 땐 오이 등 섬유질이 많은 채소를 먹는 것이 좋다.

(3) 패스트푸드를 자제한다

패스트푸드는 열량과 지방함량이 높고 콜레스테롤, 나트륨 함량이 높은 반면에 채소 등의 섭취가 상대적으로 부족하여 비타민이 결핍된다.

(4) 일정한 장소에서 규칙적으로 식사를 한다

하루 세 끼 식사를 정해진 시간에 정해진 양만 먹도록 한다.

(5) 음식을 천천히 먹는다

먹는 속도가 빠르면 몸에서 충분히 섭취하였다는 포만감을 느끼기 전에 더 많은 양의 음식을 섭취하게 된다.

(7) 음식은 먹을 만큼만 만들어 식탁에 내놓는다

음식을 보면 먹고 싶어지므로 음식을 넉넉하게 준비하여 남기지 말며 또한 눈에 띠지 않게 한다.

(8) TV나 책을 보면서 음식을 먹지 않는다

음식을 먹는 동안 다른 일을 병행하면 음식 섭취량 조절이 어려워 많은 양의 음식을 섭취하게 된다.

(9) 규칙적이고 지속적인 운동을 한다

운동은 체지방을 분해하고 대사율을 증가시켜 보다 많은 에너지를 소모시킨다. 또한 근육의 건강도 유지시켜 주며 정신적 · 육체적 스트레스

해소에도 도움이 된다. 유산소 운동을 하루 1시간 정도 행하며 일주일에 2회 정도는 근육량을 늘리기 위한 운동을 한다. 따라서 장기적인 체중감량에 효과적이다.

(10) **일상생활에서 활동량을 늘린다**

엘리베이터, 에스컬레이터, 차 등을 이용하지 않는다.

(11) **식사 일지를 자세히 기록한다**

섭취한 음식의 종류와 섭취량, 활동량 등을 자세히 기록한다.

4) 호르몬 요법

의학자들은 지방을 저장하는 지방조직과 식사량과 대사를 관장하는 시상하부 등에 인위적인 변화를 주어 식욕을 줄이고 포만감을 느끼게 하는 호르몬 요법을 개발하고 있다. 이를 토대로 이미 체중감소를 위한 세 가지의 약이 시판되고 있으며 이들의 기능을 요약하면 다음과 같다(표 9-4).

표 9-4. 비만 관련 호르몬

호르몬	합성장소	기 능
렙틴(leptin)	지방세포	양이 적으면 뇌에 지방이 부족하다는 신호를 보내 대사량을 줄이고 음식을 먹게 한다.
그렐린 (ghrelin)	위와 창자	심한 허기를 느끼게 하여 식욕을 자극시킨다.
PYY (peptide YY)	창자세포	식사 후 만들어져서 뇌의 식욕신호를 중단시킨다.

5) 약물 및 수술 요법

비만치료에 약물들이 사용될 수 있으나 대부분 약물 복용시 불면증, 정신불안, 흥분, 설사 등의 부작용을 초래하기 때문에 의사의 처방 없이 함부로 사용해서는 안 된다. 이외에도 위・장의 부분적인 절제수술을 하여 영양소의 흡수를 감소시키는 수술요법이 있다. 이러한 수술은 합병증을 수반할 확률이 크므로 권장하지 않는다.

요요현상이란?

지나친 음식 섭취량의 제한은 급속하게 지방세포 크기의 감소를 가져와 체중은 줄어드나 동시에 기초대사율은 감소한다. 또한 정상 지방세포 크기보다 작아진 지방세포는 뇌의 식욕조절중추를 자극하여 음식에 대한 간절한 욕구를 생기게 하며 이를 극복하지 못하여 과식을 하게 되고 과식은 다시 체중 증가를 초래하게 된다. 다시 지나친 식이 제한을 실행하게 되면서 이러한 악순환이 거듭되고 체중은 더욱 증가하여 점점 더 비만해지게 되는 현상이다.

참고문헌

Applegate, L. 2004. *Nutrition Basics for Better Health and Performance*. Kendall/Hunt Publ. Co.

Brady, G.A. 1993. The nutrient balance approach to obesity. *Nutrition Today* 28 (3) : 13-18.

Brown, W.V. 1990. Fats and cholesterol. page 58-88 in *The Mount Sinai School of Medicine complete Book of Nutrition*. Herbert, V. and G.J. Subak-Sharpe(ed). St. Martin's Press, New York.

Dattilo, A.M. 1992. Dietary fat and its relationship to body weight. *Nutrition Today*. 27 (1) : 13.

Flatt, J.P. 1978. The biochemistry of energy expenditure. Bray, G.A.(ed.). Recent advances in obesity research Ⅱ. Newman Publ. Ltd. 211. London.

Flynn, M.A.T and M.J. Gibney. 1991. Obesity and health : why slim! *Proc. Nutr.* Soc. 50 : 413-432.

Hughes, Joyce. 1989. Apples and Pears, Nutrition and Food Science, pp. 12-13.

Hunt, S.M. and J.L. Groff. 1990. *Advanced Nutrition and Human Metabolism*. West Publishing Co., Los Angeles

Kraus, M.V. and L.K. Mahan. 1978. *Food, Nutrition and Diet Therapy*, 6th ed., W.B. Saunders Co., Philadelphia.

Kushner, R.F. 1993. Body weight and mortality. *Nutr. Rev*. 51(5) : 127-136.

Mann, J. and A.S. Truswell. 2002. *Essentials of Human Nutrition*, 2nd ed. Oxford University Press.

Rolfes, S.R., K. Pinna and E. Whitney. 2006. *Understanding Normal and Clinical Nutrition*. 7th ed. Thomson Wadsworth.

Shils, M.E. and V.R. Young. 1988. *Modern Nutrition in Health and Disease*. 7th ed., Lea & Febiger, Philadelphia.

Simopoulos, A.P. 1994. Fatty acid Composition of Skeletal muscle membrane phospholipid, insulin resistance and obesity. *Nutr. Today*. 29(1) : 12-16.

Sizer, F. and E. Whitney. 1997. *Nutrition, Concepts and Controversies*, 7th ed. Wadsworth Publishing Co., Belmont, CA.

Vasselli, J.R., M.P. Cleary and T.B. Van Itallie, 1984. *Present Knowledge in Nutrition.*

5th ed., The Nutrition Foundation Inc., Washington D.C.

Whitney E.N., C.B. Cataldo, L.K. DeBruyne, and S.R. Rolfes. 2001. *Nutrition for health and health care*, 2nd ed., Wadsworth, Belmont.

대웅제약. 1990년 11월 15일자 사보.

동아일보. 1995년 9월 23일자 건강의학.

매일경제. 2001년 6월 28일.

보건복지부 · 질병관리본부. 2012. 2011년 국민건강통계(국민건강영양조사 제5기 2차년도).

조선닷컴. 2009년 3월 26일. 세 살 비만이 여든까지 간다.

조선일보. 2004년 2월 14일자.

중앙일보. 2002년 6월 11일.

한국일보. 1996년 11월 21일자.

_______. 1996년 12월 19일자.

CHAPTER
10

순환기계 질환과 영양

1. 고혈압과 영양

혈관은 산소와 각종 영양소가 포함된 혈액을 심장의 박동에 의하여 신체 각 부위로 운반하고 다시 심장으로 되돌아오게 하는 통로이다. 혈관은 동맥, 정맥 그리고 심장에서 멀어질수록 직경이 점점 좁아져서 결국에는 적혈구 하나가 통과할 수 있는 모세혈관 등으로 구분되며 이러한 혈관을 일직선으로 연결시키면 길이가 약 13만 km 정도가 되어 지구 둘레의 3배가 된다. 심장을 빠져 나온 혈액이 혈관을 거쳐 다시 심장으로 되돌아오는 시간은 평균 50초이며 가장 짧은 거리를 도는 시간은 20초 정도이다.

혈압(blood pressure)이란 동맥혈관에 혈액이 흐르면서 혈관벽에 가하는 압력을 말하며 수축기 혈압(systolic blood pressure, 최고 혈압)과 확장기 혈압(diastolic blood pressure, 최저 혈압)으로 나타낸다. 성인의 정상 혈압은 120/80 mmHg 미만으로 보고 있으며 혈압은 연령이 증가할수록 상승하므로 대개 연령에 90을 더하여 그 연령의 최고 혈압의 정상치라고 본다. 혈압은 여러 상황에 따라 수시로 변할 수 있으므로 사실상 정상 혈압을 한정짓기는 어렵다.

수축기 혈압보다 확장기 혈압이 높으면 위험한 이유는?

심장이 한번 수축하면서 약 80 cc의 혈액이 심장으로부터 뿜어져 나와 동맥혈관을 흘러가면서 약 0.3초간 지속되어 혈관벽에 압력을 가하는 반면에 심장이 확장되면서 심장 속으로 혈액이 흘러 들어가 약 0.5초간 혈관벽에 압력을 가한다. 따라서 수축기 혈압보다 확장기 혈압을 더 오래 받기 때문에 확장기 혈압이 높으면 더 위험하다.

♠ 올바른 혈압 측정법

1 혈압을 측정하기 전에 식사, 흡연, 커피, 음주 등은 피한다.
2 소변이 마렵다면 소변을 본 후 5분간 안정을 취한 후 측정한다.
3 심장 높이로 팔을 올리고 측정한다.
4 가정에서 측정할 때는 기상 직후 30분 이내에 측정하거나 취침 전에도 측정하여 1일 2회 측정하는 것이 좋다.
5 2~3회 반복 측정한다.
6 팔이 조이는 옷은 벗고 측정한다.

1) 고혈압이란?

동맥의 내공이 좁아져 조직으로 가는 혈류가 나빠져서 혈압이 120/80 mmHg 이상 높아지는 병을 고혈압(high blood pressure 또는 hypertension)이라 한다. 미국 국립보건원(NIH)에서 제정한 기준에 의하면 **표 10-1**과 같이 고혈압을 분류하고 있으며 우리나라 대한고혈압학회에서도 2004년 말에 이 기준을 고혈압 진료지침으로 받아들여 적용하고 있다.

고혈압은 국민병이라 지칭될 만큼 우리나라의 고혈압 환자는 30세 이상 남성 3명 중 1명(33.9%), 여성 4명 중 1명(27.8%) 이상이며 고혈압은

표 10-1. 고혈압과 저혈압의 기준

분 류	수축기 혈압(mmHg)	확장기 혈압(mmHg)
정상혈압	120 미만	80 미만
고혈압 전 단계	120~139	80~89
제1기 고혈압	140~159	90~99
제2기 고혈압	160 이상	100 이상
저혈압	90 이하	60 이하

-고혈압: 140/90 mmHg 이상
-고혈압 전 단계: 120~139/80~89 mmHg
*자료: 2011 국민건강통계, 2012

그림 10-1. 한국인의 연령별 고혈압 유병률

성인뿐 아니라 어린이, 청소년까지 넓은 연령대에 걸쳐 발병하고 있는 실정이다. 고혈압 발생률은 연령증가와 더불어 높아져 40대 이후 더욱 증가하고 있다(그림 10-1).

2) 고혈압의 분류

고혈압은 크게 본태성 고혈압(essential hypertension)과 2차성 고혈압(secondary hypertension)으로 구분한다.

본태성 고혈압은 고혈압 환자의 90% 이상이 여기에 속하며 그 원인을 한 가지로 설명하기가 어렵고 유전적 요인과 환경적 요인에 의하여 발병된다. 유전적 요인은 고혈압을 일으키는 유전자에 의하여 결정되는 것이므로 현재 이를 치료할 수는 없다. 환경적 요인은 과다한 소금섭취, 노화, 비만, 스트레스, 과음, 흡연 등을 들 수 있다.

반면에 고혈압 환자의 5~10%를 차지하고 있는 2차성 고혈압의 원인은 대개 밝혀져 있는 것처럼 신장기능의 이상, 경구 피임제 복용, 내분비 장애, 임신 등이 고혈압을 초래하는 주요 원인으로 나타난다. 2차성 고혈압은 1차적인 원인을 치료하면 정상 혈압으로 회복시킬 수 있다.

3) 고혈압의 위험 인자

원인이 분명하지 않은 본태성 고혈압이 주로 문제가 되는데 이러한 고혈압을 유발하는 요인들을 살펴보면 다음과 같다.

(1) 연령

혈압은 연령증가와 더불어 상승하는 것으로 40대 이후 증가하여 50대 이후에 고혈압 발병률이 크게 증가되고 있다(그림 10-1 참조).

(2) 유전

부모가 고혈압인 사람은 혈압이 정상인 부모를 둔 사람에 비하여 고혈압이 될 확률이 2배 정도 높다. 종족에 따른 고혈압의 발병률 차이도 나타나는데 백인보다 흑인에게서 고혈압 환자가 더 많다는 보고가 있다.

(3) 생활환경

두려움, 흥분, 긴장 등 심리적 요인들이 내분비에 영향을 미쳐 혈압을 높이기도 한다. 즉, 감정, 육체적 긴장, 식이인자 등에 의하여 알도스테론(aldosterone)과 항이뇨 호르몬(antidiuretic hormone, ADH) 분비가 증가한다. 알도스테론의 분비가 증가되면 신장의 세뇨관에서 나트륨의 재흡수를 촉진하게 되며 또한 항이뇨 호르몬은 세뇨관에서의 수분 재흡수량을 증가시켜 체내 수분 보유량을 증가시킴으로써 혈압을 높인다(그림 10-2).

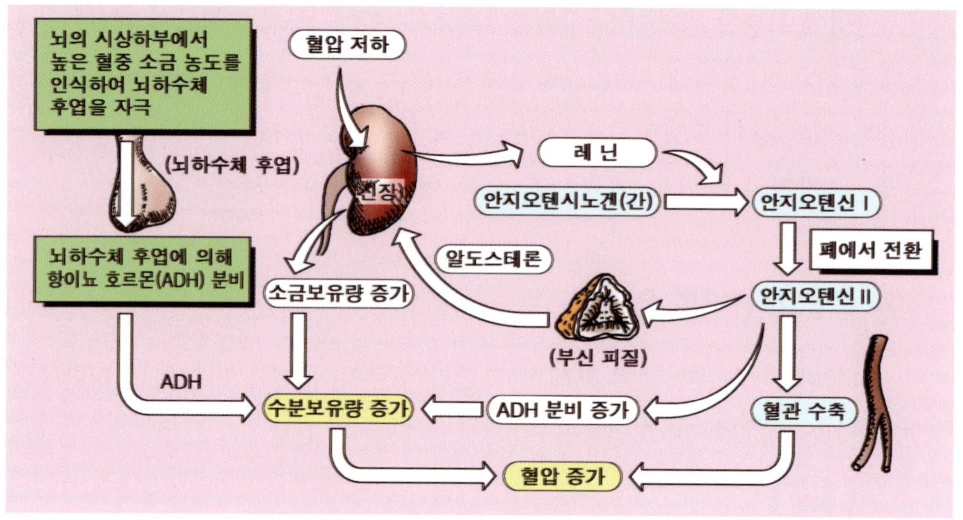

그림 10-2. 호르몬에 의한 혈압조절 기전

(4) 비만

고혈압의 주요 원인으로 프레밍햄(Framingham) 연구에 의하면 체중이 10% 증가함에 따라 7 mmHg의 혈압이 높아지며, 반면에 고혈압 환자가 체중을 감소시키면 혈압이 점차적으로 감소한다. 따라서 비만인 고혈압 환자는 우선적으로 체중을 줄일 것을 권하고 있다.

(5) 소금 섭취

소금은 고혈압의 중요한 원인이다. 과다한 소금 섭취는 수축기 혈압과 확장기 혈압 모두를 증가시킨다.

소금은 생명을 유지하기 위하여 필수적인 무기물로 생존을 위하여 필요한 소금량은 1일 2 g이면 된다. 그러나 입맛을 돋우기 위하여 소금을 첨가하게 되는데 우리나라의 1일 평균 소금 섭취량은 20 g 정도로 세계보건기구(WHO) 권장량 10 g에 비하여 2배가 높다. 1일 평균 소금 28 g을 섭취하는 일본 동북지방 사람들의 약 38%가 고혈압을 나타낸 반면에 1일 평균 4 g의 저염식을 하는 에스키모인에게서는 거의 고혈압이 나타나지 않았다는 보고가 있다(그림 10-3).

인체에서 나트륨 평형을 유지하는 데 필요한 나트륨의 섭취량은 1일 75~230 mg 정도이다.

고식염 식이가 어떻게 혈압을 높이는가 하는 생리적 기전을 살펴보면 과다한 소금 섭취로 체내 나트륨 보유량이 증가하면 전해질 균형이 깨지면서, 균형을 이루기 위한 삼투압작용으로 세포로부터 혈액 내로 유입되는 수분량이 증가하게 되어 혈액량이 많아짐으로써 심장 박출량을 증가시켜 말초저항의 증가가 초래되므로 결국 혈압이 상승하게 된다. 또한

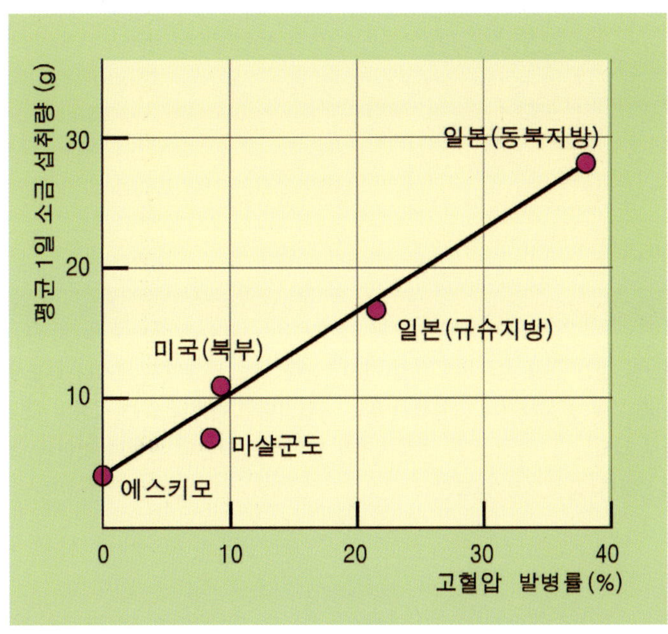

그림 10-3. 1일 평균 식염의 섭취량과 고혈압 발병과의 관계

프로스타글란딘 E_2(prostaglandin E_2)의 생성을 낮추어 혈압을 높이게 된다.

(6) 식품섭취

과다한 열량섭취는 전신 혈압을 조절하는 교감신경계의 활성을 증가시켜 혈관 수축, 심근 수축의 증대, 심박 및 혈액량 증가, 레닌(rennin)·안지오텐신 Ⅱ(angiotensin Ⅱ)의 분비 증가로 나트륨 재흡수를 촉진시켜 혈압을 높이게 된다.

(7) 흡연과 음주

흡연은 혈액 내 일산화탄소를 증가시켜 산소부족현상을 초래하고 니코틴이 혈관을 수축시켜 뇌로 가는 혈액량을 감소시킨다.

폭음이나 잦은 음주 역시 혈관을 심하게 확장시켜 뇌출혈로 이어지고 혈중 중성지방을 증가시켜 고혈압을 일으킨다.

백의 고혈압 환자란?

고혈압 진단을 받은 전체 환자의 27%를 차지하는데 주로 병원에서 의사나 간호사가 혈압을 측정할 때 너무 긴장하거나 당황해서 또는 고혈압이면 어쩌나 하는 걱정이 지나친 사람 가운데 주로 나타난다. 특히 젊은 여성에게서 많이 나타나는데 병원을 벗어나 집 등에서 혈압을 측정하면 정상으로 나타난다.

4) 고혈압의 증세

고혈압은 평소에 증상이 없다가 갑자기 증상이 악화되어 생명을 위협하기 때문에 침묵의 살인자(silent killer)라는 별명이 붙은 대표적인 성인병으로 일반적인 증세는 두통(headache), 현기증(dizziness), 견갑통, 시력장애, 귀울림, 약간 어지러움(light headedness), 머리가 꽉 차 있는 기분(feeling of fullness in head) 등을 들 수 있다. 고혈압의 정도에 따라서 심장장애, 신장장애, 뇌장애 등으로 인한 호흡곤란, 부종, 운동장애, 뇌졸중 등도 나타난다.

5) 고혈압과 합병증

고혈압을 치료하지 않고 방치하면 뇌졸중, 관상동맥질환(심근경색, 협심증), 신장기능 이상과 눈의 손상을 가져오는 각종 합병증이 발생한다(그림 10-4).

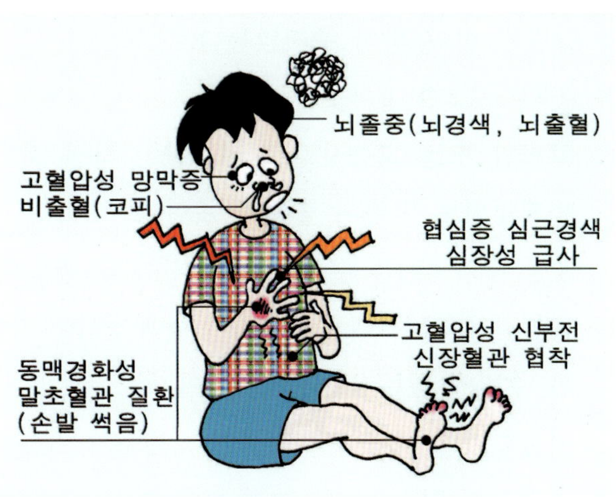

그림 10-4. 고혈압 주요 합병증

(1) 뇌졸중

고혈압은 뇌졸중(중풍)의 가장 중요한 위험 인자이다. 뇌졸중은 머리 속의 뇌동맥에 이상이 생겨 뇌혈관이 터지거나 막혀 뇌세포가 죽은 상태를 말한다. 고혈압 환자는 정상인에 비하여 뇌졸중에 걸릴 위험이 7배나 높다. 어느 부위가 파괴되느냐에 따라 말을 하지 못하게 되거나 또는 손발을 쓰지 못하게 되어 반신불수가 된다.

♠뇌졸중의 신호

1 일시적으로 한쪽 눈이 안 보인다.

2 잠깐 동안 물체가 두개로 보인다.

3 갑자기 단추를 못 끼울 정도로 손동작이 둔해진다.

4 일시적으로 팔다리 어느 부위에 마비가 온다.

5 혀가 안돌아가면서 말이 어눌해진다.

6 일순간 쓰러질 정도로 어지럽다.

7 갑자기 손에 힘이 없어지며 손에 든 물건을 떨어뜨린다.

8 걷다가 갑자기 힘이 빠져 주저앉는다.

♠뇌졸중에 관계된 중요한 용어들

- 뇌출혈 : 고혈압 또는 교통사고로 뇌혈관이 터진 것
- 뇌혈전 : 동맥경화로 인하여 혈관이 좁아지는 것
- 뇌색전 : 핏덩어리가 혈관을 돌아다니다가 미세한 뇌혈관을 막아버리는 것
- 뇌경색 : 뇌혈전이나 뇌색전으로 인하여 혈액 공급이 차단되어 뇌혈관 주변에 있는 뇌세포가 죽어가는 것
- 뇌졸중 : 뇌출혈이나 뇌경색에 의하여 뇌세포가 기능을 상실하고 쓰러지는 것

(2) 심혈관계 질환

고혈압은 돌연사를 일으키는 협심증과 심근경색의 주요 원인이며 심부전 발생률이 정상인에 비하여 4배 높다.

(3) 신장, 눈

고혈압은 신장 혈관의 이상을 초래하여 노폐물을 제대로 배설시키지 못하고 신부전증에 걸리게 한다. 고혈압은 또한 망막의 미세혈관에도 나쁜 영향을 미쳐 15년 이상 고혈압 상태면 망막증에 걸릴 가능성이 높다.

표 10-2. 고혈압 합병증

인체부위	질 환	주요 증상
뇌	뇌졸중(뇌경색, 뇌출혈)	두통, 어지럼증, 구토, 운동감각 마비, 언어장애, 의식소실, 사망
심장	심부전, 좌심실 비대 관상동맥질환 : 협심증 : 심근경색	숨이 참 가슴 중앙부에 2~3분 지속되는 압박감, 쥐어짜는 듯한 느낌 협심증보다 더 심한 통증
신장	신부전	초기 소변량 변화, 말기피로, 구토감, 불면증, 호흡곤란, 식욕부진, 빈혈
망막	망막증	망막출혈, 시력장애
혈관	부정맥 대동맥 박리증	가슴 두근거림, 가슴답답함 갑작스러운 가슴 통증, 등쪽의 통증

6) 고혈압 환자의 치료

고혈압 환자의 치료는 약물 요법, 식이 요법과 일상생활 방식의 변화, 즉, 체중감소, 규칙적인 운동, 알코올과 카페인 섭취의 제한, 금연, 그리고 칼슘, 칼륨, 마그네슘 섭취를 증가시키고 스트레스 극복을 위한 감정상태의 안정 등이 병행되어야 한다.

표 10-3. 혈압에 영향을 미치는 영양적 요인

혈압을 상승시키는 요인	혈압을 저하시키는 요인
나트륨 섭취량 증가 (특히 소금에 민감한 사람) 체중 증가 알코올 섭취 증가	칼륨 섭취 증가 과일과 야채 섭취량 증가 칼슘 섭취량 증가 (특히 소금에 민감한 사람)

(1) 약물 요법

혈압이 160/100 mmHg 이상이 되면 혈압을 조절하기 위하여 나트륨 배설을 증대시키는 이뇨제와 혈관을 이완시켜 혈압을 낮추도록 하는 혈관 이완제가 있다.

(2) 식이 요법

고혈압 환자가 비만인 경우 체중조절을 위한 식이를 제공하며, 엄격하게 소금을 제한하고 영양소 균형을 이루어 고혈압의 감소와 합병증 예방에 중점을 두고 식이 요법을 실시한다.

♠ 열량 제한

비만이 수반된 고혈압 환자의 경우 표준 체중으로 감량하기 위하여 열량 섭취를 감소시킨다. 급격한 열량감소는 혈압강하를 초래할 수 있으므로 1일 제공되는 열량은 표준체중 1 kg당 25~30 kcal가 적당하다.

♠ 단백질

질소균형을 위하여 1일 체중 1 kg당 1~1.5 g의 단백질을 제공한다. 지방이 적은 육류, 생선류, 달걀, 우유, 두류 제품 등 양질의 단백질이 좋다.

♠ 지방

저지방식을 권장하며 주로 단불포화지방산(monounsaturated fatty acid)과 다불포화지방산(polyunsaturated fatty acid)을 제공한다.

♠ 소금 섭취 제한

소금 섭취 제한은 고혈압 환자에게 매우 중요하다. 세계보건기구의 권장량은 1일 10 g이나 생리적인 요구량은 1일 5 g이다. 따라서 고혈압 치료를 위하여 소금은 하루 5 g 정도가 적당하다.

♠ 소금이 많은 식품

- 훈제식품 : 햄, 소시지, 베이컨, 훈제연어
- 가공식품 : 치즈, 마가린, 버터, 토마토케첩, 마요네즈
- 인스턴트식품 : 라면, 즉석식품류, 통조림
- 스낵식품 : 포테이토칩, 팝콘, 크래커
- 조미료 : 화학조미료, 장류, 소스류

그림 10-5. 소금이 많은 식품

소금섭취를 줄이려면?

- 소금, 간장, 된장, 고추장 등의 사용을 줄이고 고춧가루, 후춧가루, 겨자, 식초 등의 조미료를 이용한다.
- 김치, 장아찌, 젓갈류 등의 섭취를 줄인다.
- 조리시 간을 하지 말고 양념장을 따로 만들어 이용한다.
- 식사 직전에 간을 한다.
- 김은 소금을 바르지 않는다.
- 가공식품의 섭취를 줄인다.
- 조리시 달지 않게 그리고 가급적 차갑게 한다.
- 국물을 많이 먹지 않는다.

♠ 무기질과 비타민

신선한 야채와 과일을 충분히 섭취한다. 나트륨 함량이 적은 과일로 오렌지, 멜론, 바나나 등이 좋다. 이외에 김, 미역, 다시마 같은 해조류에는 무기질이 풍부하여 많이 먹는 것이 좋다.

비타민 B군의 일종인 엽산(folic acid)이 뇌졸중 위험률을 18%에서 최고 30%까지 감소시키는 효과가 있다고 발표되고 있다. 미국보건당국은 엽산을 최소한 1일 0.5 mg 이상 섭취하도록 권장하고 있다. 엽산이 많이 함유되어 있는 식품은 브로콜리, 콩, 현미 등이다.

(3) 운동 요법

에어로빅 운동(aerobic exercise)은 좋지만 역기(weight lifting)나 정지 상태의 운동(static exercise)인 턱걸이, 줄다리기, 팔씨름은 오히려 혈압을 위험수위까지 증가시키므로 반드시 피해야 한다. 에어로빅 운동으로 걷기(walking), 뛰기(jogging), 수영(swimming)과 자전거 타기(bicycling) 등이 권장된다.

주의할 사항으로는 운동시 최고 혈압이 200 mmHg 이상 넘지 않도록 하며, 운동강도는 최대심박수(220－나이)의 60~75%가 되도록 하는 것이 적당하며 1회 운동시간은 30~60분씩 주 3~5회 정도를 권하고 있다. 약간 숨이 차고 이마에 땀이 배는 정도로 꾸준히 하는 것이 중요하다.

최근 영국에서 발표된 자료에 의하면 하루 30분씩 1분에 100걸음의 속도로 걷는 것이 가장 적절하다고 한다. 또한 혈압이 175/110 mmHg 이상일 때 격렬한 운동은 피해야 한다.

(4) 생활 습관의 변화

체중 감소, 금연, 금주, 규칙적인 운동이 식이 요법, 약물 치료와 더불어 병행되는 것이 바람직하다. 이와 더불어 편안한 마음으로 삶을 영위하려는 자세와 노력이 수반되는 것이 좋다.

고혈압 환자에게 권장되는 생활 습관은 다음과 같다.

첫째, 정기적으로 혈압을 측정한다.

둘째, 체중이 초과되지 않도록 표준체중을 유지하도록 한다.

셋째, 지방의 섭취를 줄이고 신선한 야채와 과일을 충분히 섭취한다.

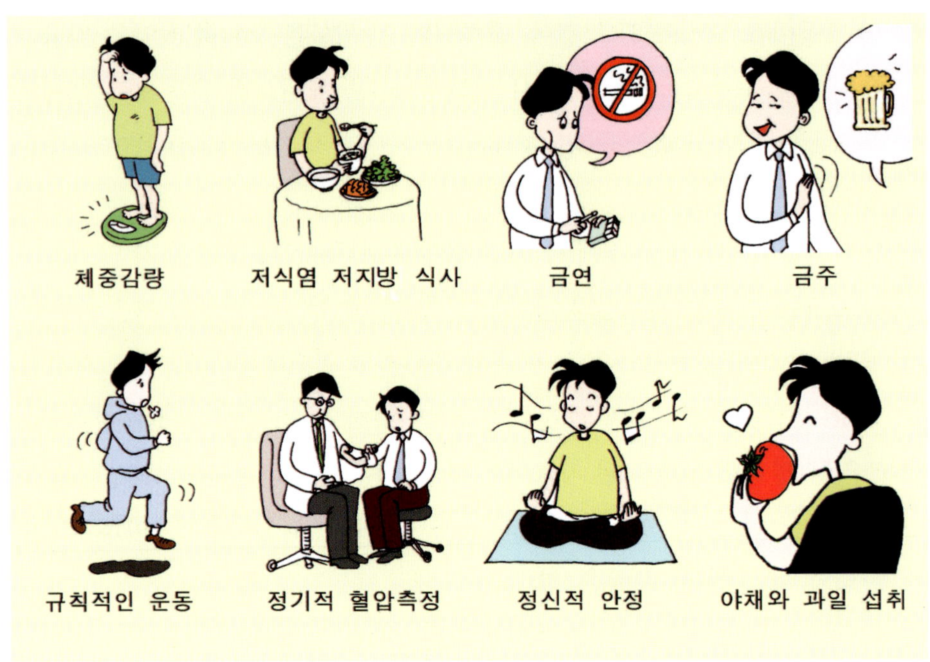

그림 10-6. 고혈압 환자의 생활 요법

넷째, 나트륨 섭취를 제한한다.

다섯째, 알코올과 흡연을 금한다.

여섯째, 규칙적이고 지속적인 운동을 한다.

일곱째, 스트레스를 줄이고 심리적으로 안정하며 편안한 생활 자세를 유지한다.

2. 동맥경화증과 영양

순환기계 질환은 심장 및 혈관계에 생기는 질병을 통틀어 칭한다. 그 가운데서도 동맥경화증(atherosclerosis), 심부전증(heart failure), 뇌일혈(stroke) 등이 가장 흔한 순환기계 질환이다. 2011년 우리나라 뇌혈관 질환 사망률은 인구 10만 명당 50.7명을, 심장질환 사망률은 49.8명으로 사망원인 2위와 3위를 각각 나타내었다.

동맥경화증은 동맥 혈관의 안쪽 벽에 지방과 콜레스테롤이 축적되기 시작하여 점차로 혈관벽에 침투되어 죽종(atheroma) 또는 플라크(plaque)라 불리는 축적물이 쌓여 결국에는 혈관의 내경이 좁아져 혈액의 흐름이 원활하게 일어나지 못하고 또 혈관은 탄력을 잃어 굳어지는 현상을 말한다(그림 10-7).

이러한 증세가 동맥 중 심장에 영양소와 산소 등을 공급하는 관상동맥이나 두뇌로 연결된 대뇌동맥에 경화가 발생하면 심장과 두뇌에 손상을 주게 되어 결국 생명을 위협하게 된다. 이러한 순환기 질환은 혈관의 75%가 막힐 때까지 아무런 증상이 없다가 일단 발병하면 45~50%가 사망하는 무서운 병이다.

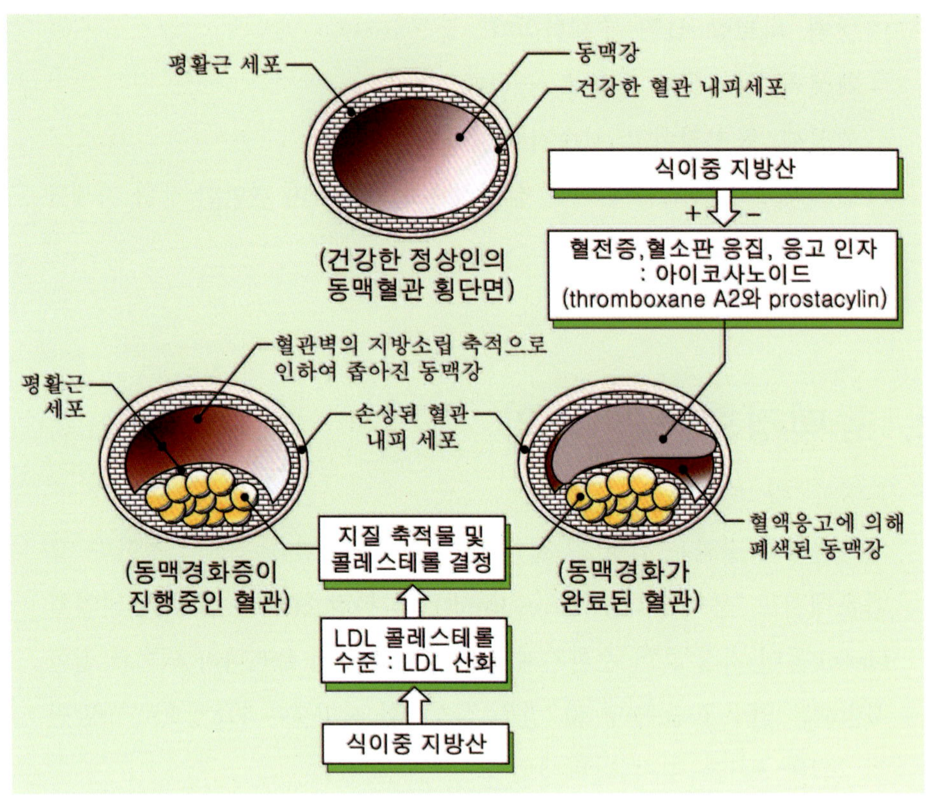

그림 10-7. 정상동맥과 동맥경화가 진전된 혈관 및 동맥경화에 걸린 동맥혈관의 단면도

1) 관상동맥 심장병

관상동맥의 내벽에 지방이 축적되어 심장근육에 혈액 공급을 방해하는 동맥경화증에 의하여 관상동맥 심장병(coronary heart disease)이 발병된다. 관상동맥경화가 생기면 심장 근육은 산소와 영양소를 공급받지 못하고 심근 국소 빈혈(myocardial ischemia) 상태가 된다. 이렇게 되면 협심증(angina pectoris)이라 불리는 가슴 통증(chest pain)을 유발한다. 그러나 좁아진 혈관

에 혈액 응고(blood clot) 즉 관상동맥 혈전증(coronary thrombosis)을 일으키면 혈관이 완전히 막혀서 심장마비(heart attack 또는 heart failure)를 일으킨다. 이 상태가 심근경색증(myocardial infarction)이며 심장 근육이 완전히 죽었다는 뜻으로 사망에 이르게 된다.

2) 뇌경색

뇌혈관에 동맥경화가 생겨 혈관이 좁아지고 혈전이 생성되어 동맥경화성 뇌혈전이 발생되어 혈액 공급이 차단되고 그 혈관 주변에 있는 뇌 조직이 죽어버린 상태를 말한다. 정도에 따라 나타나는 증상도 다른데 한쪽 팔다리가 마비되고 언어 장애를 초래하고 시력이 약화되며 심한 두통 등이 초래된다. 정도가 심해지면 의식을 잃고 사망에 이른다.

3) 동맥경화증의 위험인자

동맥경화증을 초래하는 주요 요인으로 흡연, 고혈압, 혈중 고콜레스테롤증, 비만, 당뇨, 스트레스, 운동 부족, 동물성 식품의 과다한 섭취량, 콜레스테롤의 과다한 섭취량 등을 들 수 있다(그림 10-8).

(1) 성별

남성이 여성에 비하여 발생률이 높으나 폐경 이후에는 여성의 발병률이 증가하여 남성과 거의 비슷해진다. 이는 여성 호르몬인 에스트로겐의 감소가 혈중 LDL-콜레스테롤 농도를 증가시키기 때문에 동맥경화증을 유발시킨다고 알려져 있다.

그림 10-8.
동맥경화증을 일으키는 주요 요인

(2) 연령

연령증가와 더불어 심장마비 발생이 증가한다. 심장마비의 55%가 65세 이후에 발병된다.

(3) 유전

가족 중 동맥경화증 발병 경험이 있을 때 발병률이 높다. 흑인이 다른 종족에 비하여 발병률이 높은 것으로 알려져 있다.

(4) 흡연

니코틴의 체내 흡수율은 99%에 이르며 혈압을 즉각 상승시키고 심장 박동수를 증가시키는 작용을 한다. 또한 니코틴은 혈중 섬유소원을 증가시켜 혈액 응고를 조장하여 관상동맥 혈전증(coronary thrombosis)을 증가시키는 경향이 있다. 흡연은 혈액 내 일산화탄소를 증가시켜 산소부족현상을 나타내며, 또한 혈중 HDL-콜레스테롤 농도를 감소시키므로 흡연자의 동맥경화증 발생률이 비흡연가에 비하여 3배나 높다.

(5) 고혈압

고혈압 환자는 심장마비, 출혈성 심장마비(congestive heart failure)나 뇌졸중(stroke)을 일으킬 위험성이 높다. 수축기 혈압이 130 mmHg 이상이고 이완기 혈압이 85 mmHg 이상일 때 쉽게 발병된다.

(6) 고지혈증

성인의 혈중 콜레스테롤 수준이 200 mg/100mℓ 이하일 때가 가장 이상적이나 200 mg/100 mℓ 이상이거나 LDL-콜레스테롤이 130 mg/100 mℓ 이상 그리고 HDL-콜레스테롤이 40 mg/100 mℓ 이하일 때일 때 동맥경화증의 위험이 증가된다.

표 10-4. 지질과 지방단백 수준에 따른 고지혈증의 분류(mg/100 mℓ)

분 류	총콜레스테롤	LDL-콜레스테롤	중성지방	HDL-콜레스테롤
위험 수준	≥240	≥160	≥200	≤35
경계 위험 수준	200～239	130～159	150～199	
정상	<200	<130	<150	(여)≥55 (남)≥45

*자료: 한국지질·동맥경화학회

(7) 콜레스테롤

콜레스테롤의 과다한 섭취가 심장질환에 심각한 영향을 미친다는 자료가 많이 있다. 콜레스테롤 섭취량이 낮은 일본인은 섭취량이 높은 미국, 캐나다, 호주인 등에 비하여 심장 질환으로 인해 사망할 확률이 훨씬 낮다(그림 10-9). 반면에 많은 양의 콜레스테롤을 섭취하는 에스키모, 마사

이족의 경우 동맥경화증 발병률이 낮고, 혈중 콜레스테롤 수준도 증가하지 않았다는 보고도 있다. 따라서 과다한 콜레스테롤 섭취가 동맥경화증을 초래하는 원인이라고 단정짓기는 어렵지만 플라크의 지질 급원이 혈액 내 콜레스테롤임에는 틀림없다.

한국인의 혈중 콜레스테롤 농도는?

1980년 평균치가 168 mg/100 mℓ에서 2011년 30세 이상 남자는 191.8 mg/100 mℓ, 여자는 193.2 mg/100 mℓ로 증가하였다. 이는 한국인의 식사가 서구화되어 가면서 동물성 식품섭취량과 지방섭취량이 증가하였기 때문이다. 혈중 콜레스테롤 농도가 증가하면서 순환기계 질환 발병률이 증가하고 있으나 과거에 비하여 관리 개선의 향상으로 순환기계 질환 사망률은 감소하고 있다.

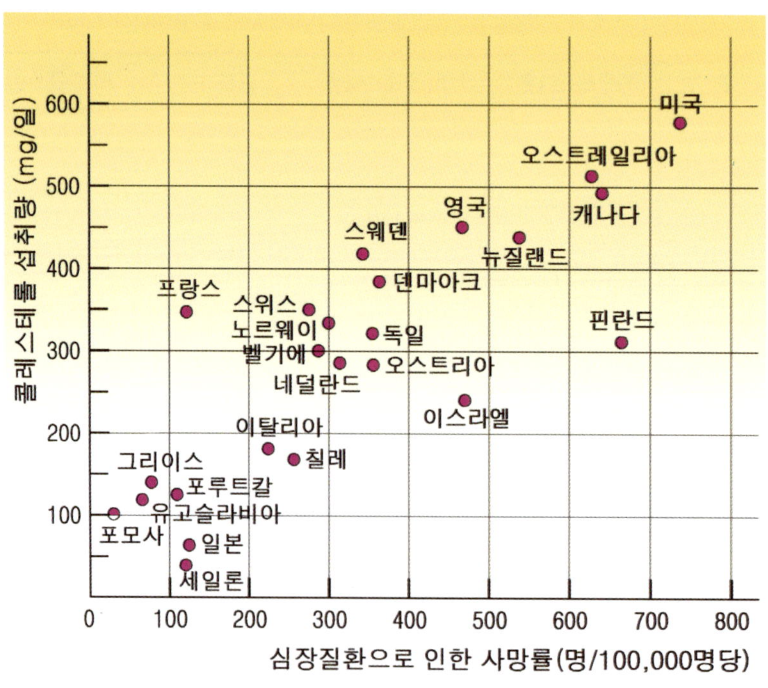

그림 10-9. 1일 콜레스테롤 섭취량과 관상 심장질환으로 인한 사망률과의 관계

(8) 당뇨병

중년 이후 비만이 주원인이 되어 발병하는 성인 당뇨(NIDDM) 환자의 경우 고혈압과 혈중 콜레스테롤 수준이 높기 때문에 심혈관 질병을 일으키기 쉽다.

(9) 비만

비만인 사람은 고혈압, 당뇨, 고콜레스테롤혈증을 가지고 있기 때문에 심혈관 질병의 발병 가능성이 높다. 남성의 경우 허리둘레가 90 cm 이상, 여성은 80 cm 이상일 때 쉽게 발병한다.

(10) 스트레스

지속적인 스트레스는 내분비 기능의 장애를 초래하여 체내 중성지방과 콜레스테롤 농도를 증가시킨다.

(11) 성격

화를 잘 내거나 적개심을 갖고 또 성공하기 위하여 지나치게 집착이 강한 사람은 심장마비의 위험성이 높다.

4) 식이 요법

혈중 콜레스테롤과 지질수준을 조절하기 위하여 콜레스테롤과 지방의 섭취를 제한한다.

(1) 정상체중 유지

비만인 사람은 혈중 콜레스테롤 농도가 높기 때문에 동맥경화증 발병 가능성이 높다. 따라서 에너지 섭취량을 조절하여 정상체중을 유지하여야 한다.

(2) 콜레스테롤 섭취량 제한

사람에게 있어서 콜레스테롤 섭취를 제한하면 혈중 콜레스테롤 농도가 15~20% 정도 감소될 수 있다고 본다. 따라서 1일 콜레스테롤 섭취량을 300 mg 이하로 제한한다. 이를 위하여 달걀, 메추리알, 생선알, 육류나 생선의 내장, 오징어, 새우, 장어 등은 1주에 2~3회로 제한하며 콜레스테롤 함량이 높은 식품의 섭취를 피하고 저지방 우유, 식물성 기름 등을 권한다.

표 10-5. 식품의 콜레스테롤 함량

식 품	분 량	콜레스테롤 함량 (mg)	식 품	분 량	콜레스테롤 함량 (mg)
쇠고기, 돼지고기	85 g	75	핫도그	1개	29
닭고기	85 g	70	마요네즈	1Ts	10
계란	1개	213	아이스크림 (10% 유지방)	1/2cup	30
쇠간	85 g	410			
우유	1cup	34	굴, 연어	85 g	40
저지방우유(2%)	1cup	22	조개, 참치	85 g	55
탈지유	1cup	5	게	85 g	85
버터	1ts	35	새우, 가재	85 g	90~110
치즈			대구	85 g	51
체다	28 g	28	물 오징어	85 g	255
카타지	1cup	48	말린 오징어	85 g	833
모짜렐라	28 g	18	문어	85 g	115
			뱀장어	85 g	168

(3) 불포화지방산 섭취량 증가

지방섭취량과 동맥경화증 발병과는 깊은 관계가 있는데 그 중 불포화지방산은 LDL 수용체 합성을 저해하므로 LDL-콜레스테롤 농도를 낮추기 때문에 동맥경화증 발병을 억제하는 효과가 있다.

식물성 기름에 많이 들어 있는 리놀렌산은 혈중 콜레스테롤 농도를 낮추어 주고 혈전 형성도 저하시키는 것으로 알려져 있다. 특히 생선류에 들어 있는 오메가 3계 지방산인 EPA와 DHA는 혈액응고를 저해하는 지방산으로 항동맥경화 식품으로 각광을 받고 있다. 최근 연구에 의하면 산화된 LDL이 동맥에서 쉽게 플라크에 붙는 것으로 알려졌는데 단불포화지방산(monounsaturated fatty acid)이 LDL의 산화를 억제하는 효과가 있어 동맥경화증 발생을 억제하는 데 좋다.

(4) 섬유질 섭취의 증가

펙틴과 구아검과 같은 수용성 섬유질은 콜레스테롤의 체내 흡수를 방해하고 담즙산이나 다른 지방산 물질과 결합하여 변으로 배설되기 때문에 콜레스테롤 배설량을 증가시켜 혈중 콜레스테롤의 수준을 낮추는 데 효과적이다.

섬유질이 풍부한 신선한 채소나 과일, 잡곡, 현미, 콩류, 해조류 등을 풍부하게 제공하며, 1일 식이 섬유질 섭취량은 20～35 g이 되게 한다.

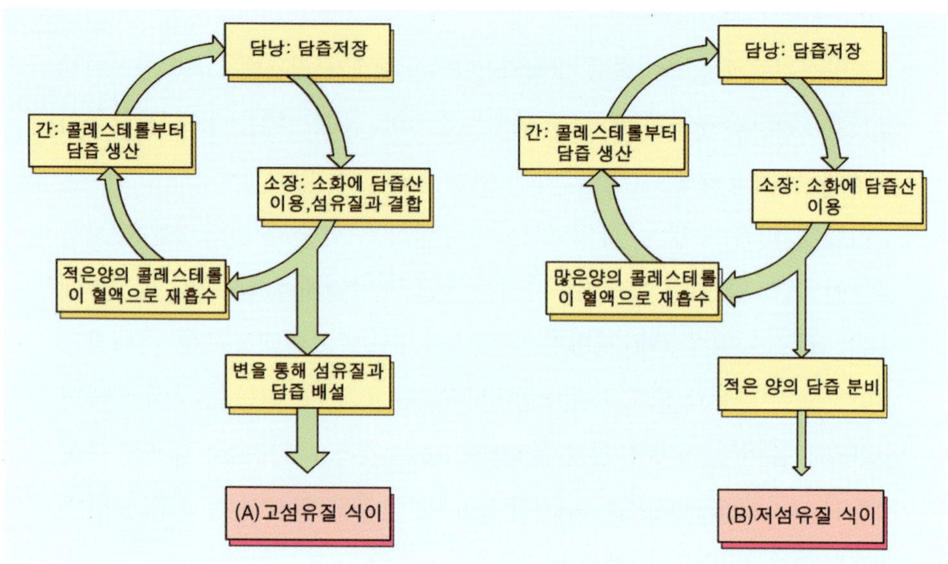

그림 10-10. 식이 섬유질 섭취량이 혈중 콜레스테롤 농도에 미치는 영향

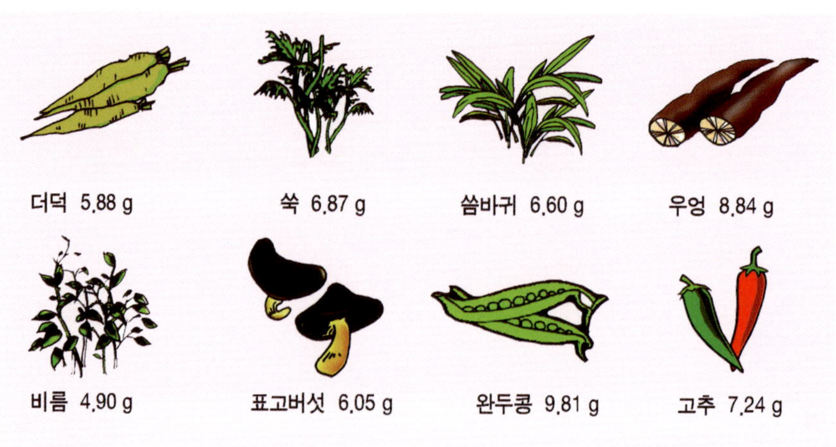

그림 10-11. 섬유질이 많은 식품(100 g당)

(5) 미량 영양소 섭취의 증가

일부 비타민과 무기질이 항동맥경화 인자(antiarteriogenic agent)로 알려져 있다. 비타민 중 비타민 B_6, 비타민 C 그리고 비타민 E 등이 항동맥경화 인자로 알려져 있다.

비타민 B_6가 결핍된 동물들에게서 여러 가지 지방대사 장애를 보이는 것으로 보고되었다. 비타민 B_6는 체내에서 피리독살 인산(pyridoxal phosphate, PLP)으로 전환되어 조직에 분포되어 있는데 원숭이 실험결과 혈장 내 피리독살 인산 농도와 HDL-콜레스테롤 농도 간에 양의 상관관계를 나타내며 LDL-콜레스테롤 농도와는 음의 상관관계를 나타냈다고 한다. 그러나 아직 사람의 경우 일치된 결론을 내리지 못하고 있는 실정이다.

비타민 C는 체내에서 항산화제로서 LDL의 산화를 방지하고 HDL을 증가시키며 또한 총 콜레스테롤 농도를 낮추는 작용을 한다. 이외에 항산화제로 비타민 E, 베타카로틴을 들 수 있다.

무기질로는 크롬, 바나듐 등이 콜레스테롤 합성과 혈소판 응집을 억제하는 것으로 보고되었고 또 구리는 콜레스테롤의 제거에 필요한 것으로 알려져 있지만 아직 동맥경화증과의 연관성은 확실하지가 않다. 그러나 무기질과의 연관성을 무시해서도 안 된다.

(6) 항동맥경화성 식품

♠ 오메가 3계 지방산

세포막의 인지질과 결합하여 혈소판의 응집을 저하시키며 출혈시간(bleeding time)을 지연시킨다. 또한 혈장 중성지방과 콜레스테롤 농도를 저하시키는 작용이 있다고 한다.

동맥경화증의 예방을 위한 식사지침

1. 콜레스테롤 섭취량을 1일 300 mg 이하로 제한한다.
2. 소금 섭취량은 1일 5 g으로 제한한다.
3. 총에너지 섭취량 가운데 지방이 차지하는 열량이 20% 정도가 되게 한다.
4. 정제된 당은 피하고 섬유질이 풍부한 복합당을 섭취한다.
5. 불포화지방산과 포화지방산의 섭취비율을 1 : 1로 유지한다.
6. 다양한 음식을 섭취한다.
7. 항동맥경화 인자인 비타민 B_6, 나이아신, 비타민 C, 비타민 E, 베타카로틴 등을 충분히 섭취한다.
8. 단백질은 총에너지 요구량의 15% 정도 되도록 한다.

♠ **우유, 요구르트**

우유 성분 중 오로트산(orotic acid)과 나이아신이 콜레스테롤 합성을 저하시키는 것으로 밝혀져 있다. 즉 오로트산이 콜레스테롤 합성에 관여하는 HMG CoA reductase의 활성을 약화시키는 것으로 알려져 있고 나이아신은 아직 확실하게 밝혀져 있지는 않으나 콜레스테롤 합성과정을 저해하는 것으로 여겨진다.

♠ **마늘, 양파**

ally propyl disulfide oil 성분이 혈소판 응집을 저해시키고 혈중 중성지방과 콜레스테롤 농도를 낮추는 작용을 한다.

5) 운동 요법

적당한 운동은 혈액 중 콜레스테롤 수치를 낮출 수 있다. 1회 30분 이상 매주 4회 이상 6개월 동안 운동을 하면 HDL농도를 10% 높일 수 있으며 반대로 LDL 수준은 10%를 낮출 수 있다고 한다. 정상수준보다 약간 높은 콜레스테롤 농도를 가진 사람에게 규칙적인 운동과 콜레스테롤 섭취제한만으로도 상태가 호전된다.

참고문헌

Jonnalagadda, S.S., V.A. Mustad, S.Yu, T.D. Ltherton, and P.M. Kris Etherton. 1996. Effects of individual fatty acids on chronic diseases. *Nutr. Today,* Vol. 31(3) : pp. 90-106.

Brody, M. 1994. *Nutritional Biochemistry*. pp. 249-293. Academic Press. New York.

Brown, W.V. 1990. Nutrition and heart disease. pp. 431-468 in *The Mount Sinai School of Medicine Complete Book of Nutrition*. Herbert V. and G.J. Subak-Sharpe(ed.). St. Martin's Press. New York.

Dyerberg, J. 1986. Linolenated-derived polyunsaturated fatty acid and prevention of arteriosclerosis. *Nutrition Review,* Vol. 44, No. 4, pp. 125-134.

Edward, L.A. 1992. Trans fats-healthy or unhealthy? *Fat & Nutrition,* Vol. 1(2) : pp. 1-5. N RA.

Ensminger, A.H, M.E. Ensminger, J.E. Konlande and J.R.K Robson. 1983. *Food and Nutrition Encyclopedia,* Vol. I, p. 11. Peugus Press, Clovis, California.

Flynn, M.A.T. and M.J. Gibney. 1991. Obesity and healthy : why slim. *Proc. Nutr. Soc.* 50 : pp. 413-432.

Haves, K.C. 1992. Chewing the fat. Current thinking on dietary fat and cholesterol metabolism. *Fat & Nutrition*, volume 1(I) : pp. I-6. NRA.

Khorasani, G.R. and J.J. Kennelly. 1992. Research Review : Milk tat and human health. 71st Ann. Feeder's day report May 28, Agr. and Forestry Bulletin, Special issue, Univ. of Alberta.

Kraus, M.V. and L.K. Mahan. 1978. *Food, Nutrition and Diet Therapy*, 6th ed., W.B. Saunders Co., Philadelphia.

Kreutler, P.A. 1980. *Nutrition in Perspective.* Prentice-hall Inc., Englewood Cliffs, New Jersey.

Kris Etherton, P.H., V. Mustad and J.A. Derr. 1993. Effects of dietary stearic acid on plasma lipids and thrombosis. *Nutr. Today* 28(3) : pp. 30-38.

Lands, W.E. 1986. Reneged questions about polyunsaturated fatty acids. *Nutrition Review*, Vol. 44, No. 6, pp. 189-195.

Lapsalis, C. and R.A. Beck. 1986. *Food Chemistry and Nutritional Biochemistry.* John Wiley and Sons. Inc., New York.

Lichtenstein, A. 1993. Trans fatty acids, blood lipids, and cardiovascular risk : How do we stand? *Nutr. Rev.* 5 1(11) : pp. 340-343.

Linder, M.C. 1984. *Nutritional Biochemistry and Metabolism with Clinical Application.* Elserier, New York.

Lull, Friedrich. 1989. Dietary sodium, potassium and chloride intake and arterial hypertension. *Nutrition Today*. pp. 9-14.

Machlin, L.J. and H.E. Sauberlich. 1994. New views on the function and health effects of vitamins. *Nutr. Today* 29(1) : pp. 25-29.

Marieb, E. N. 1989. *Human Anatomy and Physiology*. The Benjamin/Cummings Publishing Co. Inc., Redwood City, California.

Parthasarathy S. et al. 1992. The role of oxidized low-density lipoproteins in the pathogenesis of atherosclerosis. *Annual Reviews of Medicine* 43 : 219.

Rofles, S.R., K. Pinna and E. Whitney. 2006. *Understanding Normal and Clinical Nutrition*. 7th ed. Thomson Wadsworth.

Scheider, W.L. 1983. *Nutrition basic concepts and applications.* McGraw-Hill Book Co., New York.

Shils, M.L. and V.R. Young. 1988. *Modern Nutrition in Health and Disease*, 7th ed. Lea & Febiger, Philadelphia.

Snetselaar, L. and R.M. Lauer. 1992. Childhood, diet and the arteriosclerosis process. *Nutrition Today*, Vol. 27, No. 1, p. 22.

Wardlaw G.M. and A.M. Smith. 2009. *Contemporary Nutrition*, 7th ed. McGraw-Hill, N.Y.

Wardlaw, G.M. and J. Hamp. 2006. *Perspective in Nutrition*, 7th ed. McGraw-Hill, N.Y.

Weinberger M.H. 2001. Sodium and other dietary factors in hypertension. *Nutritional Health. Strategies for disease prevention.* T. Wilson and N.J.Temple(ed.) Human press. N.J.

Whitney E.N., C.B. Cataldo, L.K. DeBruyne, and S.R. Rolfes. 2001. *Nutrition For Health and Health Care*, 2nd ed. Wadsworth.

Zapsalis, C. and R.A. Beck. 1986. *Food Chemistry and Nutritional Biochemistry*. John Wiley and Sons. Inc., New York.

국정신문. 1992년 3월 12일자 부록.

농촌영양개선연수원. 1991. 식품성분표 제4차 개정.
대웅사보. 2003년 12월 15일자.
________. 1991년 10월 15일자.
매일경제. 2000년 7월 1일자.
보건복지부 · 질병관리본부. 2012. 2011 국민건강통계(국민영양조사 제5기 2차년도).
보건복지부 · 한국영양학회, 식품의약품안전청. 2010. 한국인 영양섭취기준(개정판).
중앙일보. 2002년 9월 3일자.
________. 2002년 9월 10일자.
________. 2002년 12월 4일자.
________. 2003년 2월 11일자.
________. 2004년 2월 10일자.
________. 2004년 6월 21일자.
________. 2004년 12월 18일자.
________. 2006년 11월 6일. 침묵의 살인자 고혈압. 소금만 줄여도 혈압 ↓.
________. 2007년 10월 5일. 심장은 매일 걸어야 웃는다.
한국일보 1996년 11월 14일자.

CHAPTER

11

당뇨병과 영양

1. 당뇨병이란?

당뇨병(diabetes mellitus)이란 인체의 혈당을 조절하는 인슐린(insulin)의 분비가 감소되거나, 조직에서 인슐린의 작용이 저하되어 고혈당(hyperglycemia)과 요당(glycosuria)을 나타내는 만성 대사 질환이다. 내분비계통의 이상(endocrine disorders)으로 오는 여러 가지 질환 중에서 당뇨병이 가장 흔히 발생되는 질병으로 고혈압과 마찬가지로 침묵의 살인자(silent killer) 또는 일명 사치성 질병이라고도 한다.

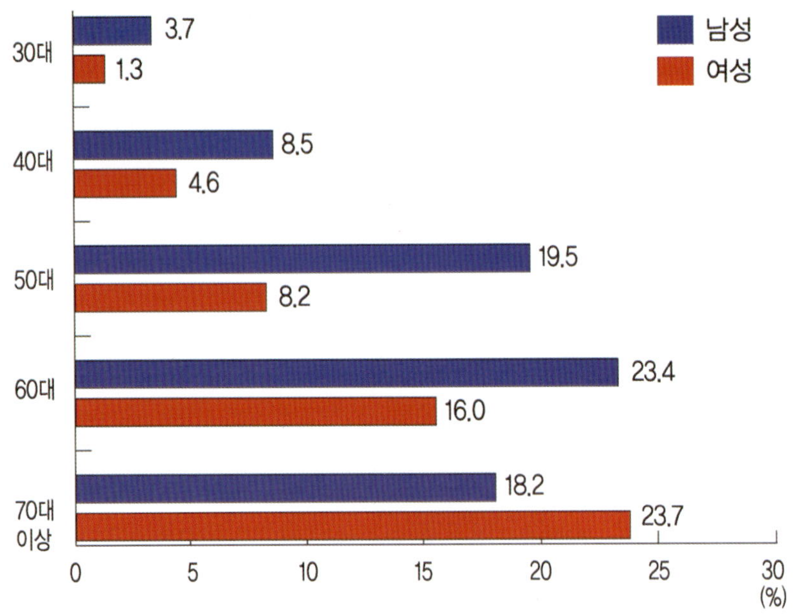

- 당뇨병: 공복혈당이 126mg/dL 이상
*자료: 2011 국민건강통계, 2012

그림 11-1. 성인 남녀의 연령별 당뇨병 유병률

최근 미국에서는 당뇨병이 사망 원인의 여섯 번째 요인이며, 이에 합병증을 감안하면 세 번째 요인인 것으로 보고되었다. 우리나라도 당뇨병에 의한 사망자 수가 2010년 인구 10만 명당 20.7명에서 2011년에 21.5명으로 다소 증가되었고 10년 후에는 4명 중 1명이 당뇨병으로 고통을 받을 것으로 예측된다. 이처럼 당뇨병은 고혈압, 비만과 함께 대표적인 성인성 질환의 하나로써 2011년 30세 이상 성인의 10.5%가 당뇨병을 앓고 있으며 연령의 증가와 더불어 발병률이 증가하고 있다. 연령대별 남녀의 당뇨병 유병률은 **그림 11-1**과 같다.

2. 당뇨병의 주요 원인

유전적 요인과 환경적 요인으로 분류한다. 유전적인 요인으로는 부모 중의 한쪽이 당뇨병 환자이면 자녀 중의 약 25%가, 부모 모두가 당뇨병 환자이면 자녀 중의 50%가 성인 당뇨병에 걸릴 확률을 가지게 된다.

우리나라의 경우, 최근 발표에 의하면 체중이 정상체중 이하인 인슐린 비의존형 당뇨병 환자가 당뇨병 환자의 64%나 되며 특히 이들의 췌장 내 베타세포(β-cell)량이 정상인의 25% 수준으로 감소하였다고 보고되었다. 이는 한국인의 경우 비만과 함께 유전적 요인이 당뇨병 유발에 크게 영향을 주는 것으로 보인다.

특히 우리나라 사람들이 오랜 기간 동안 섭취해 오던 저열량 위주의 식사가 식생활의 서구화로 갑자기 고열량 위주의 식사로 바뀐 것이 당뇨병 급증의 원인이라고 생각된다. 환경적 요인으로는 비만, 노화, 임신, 감염, 약물복용 등을 들 수 있고 특히 비만과 스트레스가 중요한 요인이다.

당뇨병은 언제부터 지구에 존재하였는가?

- 고대 BC 1500년경 이집트의 파피루스에 당뇨병에 대한 기록이 있음.
  "소변 속에 포도, 꿀 등이 많이 존재하고 있다."
- 1세기 그리스의 의사 Aretaeus가 최초로 당뇨병(Diabetes)이라고 명명함.
- 17세기 영국인 의사 토머스 윌리스(Thomas Willis)가 꿀이라는 뜻의 Mellitus를 첨부하여 오늘날 사용하는 당뇨병(Diabetes Mellitus)이라고 명명함.
- 19세기 독일의 의대생인 Paul Langerhans가 췌장에서 세포다발을 발견하고 이를 랑게르한스섬(Langerhans' islets)이라고 명명함.
- 20세기 캐나다의 F. H. Banting이 그의 조교 C.H. Best와 함께 랑게르한스섬에서 분비되는 특별한 물질을 발견하고 이를 인슐린(Insulin)이라고 명명함.

  *우리나라는 13세기 고려 고종 때 '소갈'이라는 용어로 기록되어 있음.

1) 비만

비만인 사람의 경우 정상체중을 가진 사람에 비하여 당뇨병에 의한 사망률이 3~4배 높다. 성인 당뇨병 환자의 절반정도가 비만과 밀접한 관계를 가지고 있다. 비만인 경우에는 체지방의 과잉이 인슐린 수용체(receptor)의 수를 절반 정도로 감소시키거나 또는 수용체의 감수성을 둔화시켜서 인슐린의 저항성을 증가시키게 된다. 이는 곧 정상적으로 인슐린이 분비되어도 인슐린이 제대로 작용을 하지 못하여 포도당을 세포 안으로 끌어들이지 못하기 때문에 당의 에너지 대사와 저장 작용이 일어나지 못하여 혈액 중에 포도당이 쌓이게 되어 결국 혈당수준이 높아지게 된다. 최근에는 어린이 비만이 심각한 문제로 대두되고 있으며 이로 인한 어린이 당뇨병이 증가 일로에 있다. 따라서 비만과 거의 관계가 없는 소아당뇨병에 성인형이 증가되고 있는 추세이다. 즉 10년 전에는 어린이 당뇨병 환자 중 성인형이 1%이었는데 최근에는 10%까지 증가하였다.

2) 스트레스

스트레스를 많이 받으면 혈액 내의 당을 증가시키는 호르몬 분비를 자극시켜 당뇨병을 유발시키고 또 악화시킨다.

당뇨병의 빠른 확산을 유발하는 주요 3대 요인은 첫째, 필요 이상으로 많이 먹고(비만) 둘째, 과학의 발달로 생활의 자동화와 기계화로 인한 활동량의 부족(운동부족) 셋째, 사회생활 과정에서 받는 스트레스이다.

생수병이나 유아용 플라스틱 용기에서 검출되는 환경호르몬인 BPA(bisphenol A)가 당뇨병과 심장질환의 발병과 관련이 있으며, 오줌 중에 들어 있는 비소수치가 높으면 낮은 사람에 비해 성인당뇨병에 걸릴 위험성이 3.6배나 높다는 보고가 있다.

그림 11-2. 당뇨병의 주요 원인

3. 당뇨병의 분류

당뇨병은 인슐린 의존형 당뇨병(Type I, insulin dependent diabetes mellitus, IDDM)과 인슐린 비의존형 당뇨병(Type Ⅱ, non-insulin dependent diabetes mellitus, NIDDM)으로 구분된다. 이 밖에도 임신 중에 발생하는 임신성 당뇨병(gestational diabetes mellitus, GDM)과 췌장암으로 인한 당뇨병도 있다.

1) 인슐린 의존형 당뇨병

인슐린 의존형 당뇨병은 당뇨병 환자의 5~10%가 이 경우에 해당되며 대개 20세 이하의 어린 연령층에서 나타나므로 일명 소아 당뇨병(juvenile onset diabetes)이라고 하며 유전적인 요인이 주요 원인으로 생각된다.

소아 당뇨병의 원인은 정확히 밝혀져 있지 않으나 바이러스(virus) 감염 등의 환경 인자와 유전적 요인에 의한 것으로 알려져 있다. 당뇨병 발병 과정도 소아형은 갑자기 발병되며 혈당치가 지나치게 높아 혼수상태에 빠지는 경우가 많다. 소아 당뇨병은 식이 요법과 운동 요법만으로는 절대 치유될 수 없고 인슐린을 투여해야만 정상적인 생활을 유지할 수 있어 인슐린 의존형이라고 부른다. 또 환자는 비만인 경우보다 체중 미달이 흔하며 질병은 빠른 속도로 진행된다. 증상으로는 케톤산증, 과다한 요의 배설, 심한 갈증, 과식 등이 나타나는데 치료를 하지 않게 되면 심한 체중 손실, 탈수증, 구토가 오며 혼수에 이르기도 한다.

2) 인슐린 비의존형 당뇨병

인슐린 비의존형 당뇨병은 일명 성인 당뇨병(adult onset diabetes)이라고 하며 이 당뇨병은 연령 증가와 더불어 운동 부족과 비만이 주요 원인이 되어 식사 후 췌장에서 인슐린을 서서히 분비하거나, 신체 조직 세포에서 인슐린 작용에 대한 저항성이 증대되어 고혈당을 초래하여 발병된다. 이러한 인슐린 비의존형 당뇨병 환자는 당뇨병 환자의 90~95%를 차지하고, 흔히 40세 이후의 비만 성인에게서 나타나며 발병 경과도 4~5년 정도의 오랜 세월을 두고 점진적으로 발병된다. 노인 환자 중에서 남자는 50% 그리고 여자는 70%가 비만인이다.

이 당뇨병은 인슐린 주사 없이 식이 요법과 운동 요법으로 체중을 줄이면 50~80%는 치유가 가능하여 인슐린 비의존형 당뇨병이라 부른다.

소아 당뇨병(인슐린 의존형)과 성인 당뇨병(인슐린 비의존형) 간의 차이점을 **표 11-1**에 나타내고 있다.

당뇨병은 초기 단계에는 특별한 증상 없이 서서히 진행된다. 초기에는 식사 조절, 약물 복용만으로도 치료가 가능하기 때문에 인슐린 주사가 꼭 필요하지는 않다. 그러나 성인 당뇨병 환자의 40~50%는 약 10년이 경과하면 혈당 조절과 요당으로 인한 부작용을 방지하기 위하여 인슐린 주사가 필요하다. 특히 당뇨병 환자의 건강관리는 스스로 해야 하는 것이므로 당뇨병에 대한 환자의 이해가 필수적이다.

표 11-1. 소아 당뇨병과 성인 당뇨병의 차이

특 징	소아 당뇨병(Type I)	성인 당뇨병(Type II)
당뇨 환자 비율	5~10%	90~95%
발병 연령	10~15세에 많다. 유아도 발병	40세 이후로 연령의 증가와 더불어 증가 그러나 최근에는 어린이 및 청소년의 환자 수가 증가하는 추세이다.
발병 경과	수일 내 갑자기 발병하고 극심하다.	4~5년 걸려 서서히 발병
발병 원인	정확한 원인은 모르나 바이러스 감염, 면역 반응의 감소 또는 유전 등으로 발병	비만, 노화, 임신, 감염, 약물복용, 스트레스, 운동 부족
체형	마른형	비만형
인슐린 수준	극소량 또는 췌장의 손상으로 전혀 분비 안 됨.	정상적으로 분비되거나 다소 부족
절식시 혈당 수준	높음	정상 수준에 가까움.
탄수화물에 대한 내성	나쁨	중간 정도 또는 나쁨.
절식시의 반응	고혈당	정상 수준
인슐린에 대한 반응	정상	내성이 있음.
혼수 빈도	자주 발생	드물게 발생
치료	인슐린 주사, 약물요법	식이 요법, 운동 요법, 약물 요법

3) 임신성 당뇨병

임신성 당뇨병은 태아가 모체의 영양소를 빼앗아감으로써 산모의 당대사에 균형이 깨져 발생하는 일시적 현상으로 임신 중에 발병하였다가 출산 후에는 없어지는 당뇨병이다. 임신성 당뇨병은 임신 중 여러 가지 원인에 의해 당뇨병으로 진행된다. 대개 임신 중반기(임신 13~28주)와 임신 후반기(임신 29~40주)에 인슐린 길항 호르몬 분비가 증가되고 인슐린의 내성이 증가되어 발병된다. 즉 이 시기에 태아의 영양소 요구량이 증가되어 체내 대사가 증가하면서 더 많은 인슐린을 요구하게 된다.

이와 더불어 임신을 유지하는 데 필요한 에스트로겐(estrogen), 프로게스테론(progesterone) 그리고 태반 락토겐(placental lactogen)의 분비가 증가된다. 이들 인슐린 길항 호르몬의 분비 증가는 인슐린의 내성을 증가시키므로 더 많은 인슐린을 필요로 하게 된다. 또한 임신 중에 부신피질 호르몬인 코티솔(cortisol)의 수준이 증가되어 포도당 대사의 변화를 초래한다. 즉, 축적된 글리코겐(glycogen)을 분해하여 포도당으로 전환시킴으로써 혈액 내 포도당 농도를 증가시킨다.

우리나라의 경우 전체 임산부의 약 30%가 임신성 당뇨병을 앓고 있으며 이들은 거대아, 기형아 및 사산아를 출산할 가능성이 높고 임신성 고혈압 등의 합병증을 일으킨다. 또한 제왕절개 수술 증가, 출산시 태아 저혈당, 저칼슘혈증, 적혈구 과다증, 황달 등과 관계가 깊다. 따라서 당뇨병을 앓는 가족이나 거대아, 기형아를 출산한 경험이 있고 비만 또는 고혈압이 있는 임산부, 요당이 높은 임산부는 연령에 관계없이 임신 24~28주에 당뇨병 검사를 받는 것이 좋다.

임신성 당뇨병은 치료하지 않는 한 인슐린 의존형 당뇨병과 동일하게 태아에 영향을 미친다. 임신성 당뇨병으로 판명되면 혈당을 정상화하기 위한 치료를 하여야 한다. 식이 요법으로 조절할 수 있으나 인슐린 요법을 받아야 하는 경우가 임신성 당뇨병을 가진 임산부의 절반이나 된다. 식이 요법의 경우 영양사(dietician)의 지시에 따라야 하며 일반적으로 임신기간 동안 적절하게 체중을 증가시킬 수 있는 정도의 열량 공급을 권장한다. 탄수화물은 총에너지 요구량의 45%로 제한함으로써 식사 후 혈당 수준이 지나치게 증가하는 것을 막아 줄 수 있다. 혈당 수준의 변화를 줄이기 위해서 소식을 자주 하든가 또는 간식을 먹는 것이 좋고 운동을 하는 것이 매우 중요하다. 그러나 임신 초기 3개월간 힘든 에어로빅 운동은 피하는 것이 좋다.

임신성 당뇨병은 출산 후 대부분 없어지나 이들 임산부 중 30~40%는 5~10년 후에 성인 당뇨병에 걸릴 위험성이 높으므로 주의가 필요하다. 그리고 임신성 당뇨병을 경험한 여성에게서 태어난 자녀들도 사춘기 이후 당뇨병에 걸릴 위험성이 상대적으로 높은 것으로 알려져 이를 막기 위하여 확진 후 늦어도 2주 이내에 당뇨병 치료를 받아야 한다.

임신성 당뇨의 위험 인자

- 가족 중에 당뇨병 환자가 있는 경우
- 요당과 고혈당의 병력이 있는 경우
- 비만(정상 체중보다 20% 이상)인 경우
- 유산(miscarriage), 사산(stillbirth). 선천성 결함(congenital defect), 거대아(large baby) 출산 경험, 독혈증(toxemia), 임신 중 지나친 양수(excessive amniotic fluid)와 재발성 요도 감염에 의한 조산 경험이 있는 경우

4. 당뇨병의 증상

당뇨병의 초기 증상은 피로감과 체중 감소가 특징적이나 때로는 식욕이 왕성해져 체중이 증가하기도 한다. 식사 직전에 심한 배고픔 때문에 급히 식사를 하거나 평소보다 물을 많이 마시고 소변양이 많아진다. 피부에 생긴 종기가 잘 낫지 않고 또는 여러 곳에 동시에 생기고 가려움증이 생기기도 한다. 여성은 특히 음부에 가려움증이 생기기도 한다. 그러나 당뇨병 환자 중 이러한 증상을 느끼는 사람은 전체 환자의 50%에 불과하

다. 특히 당뇨병 환자의 40～80%가 고혈압 증세를 함께 가지고 있기 때문에 항상 자신의 혈압변화에 민감하여야 한다.

당뇨병 환자의 주요 증상으로 고혈당(hyperglycemia)과 특히 혈액 100 mℓ 속에 160～180 mg의 포도당이 들어 있는 고혈당(160～180 mg/100 mℓ) 상태에서 포도당을 소변으로 내보내게 되는 요당(glycosuria)을 들 수 있다. 또한 포도당이 소변으로 배설되면서 수분도 같이 배설되므로 다뇨증(polyuria) 현상을 나타낸다. 이러한 체내 수분 감소는 갈증(thirstiness)을 동반하며 이것 역시 당뇨병의 일반 증상이다. 당뇨병 환자는 먹어도 먹어도 배고프고(hungry) 많은 양의 식사를 한다. 이처럼 당뇨병은 3다 현상, 즉 다식(polyphagia), 다뇨(polyuria) 및 다음(polydipsia)이 특징이며 갈증(thirst), 배고픔, 체중 감소, 피로(tiredness) 등을 나타낸다. 인슐린 결핍으로 인하여 나타나는 체내 각 기관의 반응과 대사반응 및 증상을 **그림 11-3**에 나타내었다.

당뇨병의 경우 세포 내로 포도당을 유입시킬 수 없기 때문에 포도당 대신 체내에 축적된 지방과 단백질을 분해시켜 에너지원으로 사용하며 이로 인하여 체중이 감소되고 또 지방이 분해되어 케톤체(ketone bodies)라는 산성 물질(acidic substance)이 생성된다. 케톤체 종류의 하나인 아세톤이 환자의 입을 통해 배출되므로 환자의 입에서 아세톤 냄새가 나고 몸은 산성으로 변하게 된다. 근육과 기타 조직은 케톤체를 에너지원으로 이용할 수 있지만 지나치게 많이 생성될 경우는 혈중 농도가 증가되고 또 소변으로 배설되며 때로는 혼수상태(coma)를 일으켜 위험하게 되기도 한다(그림 11-4).

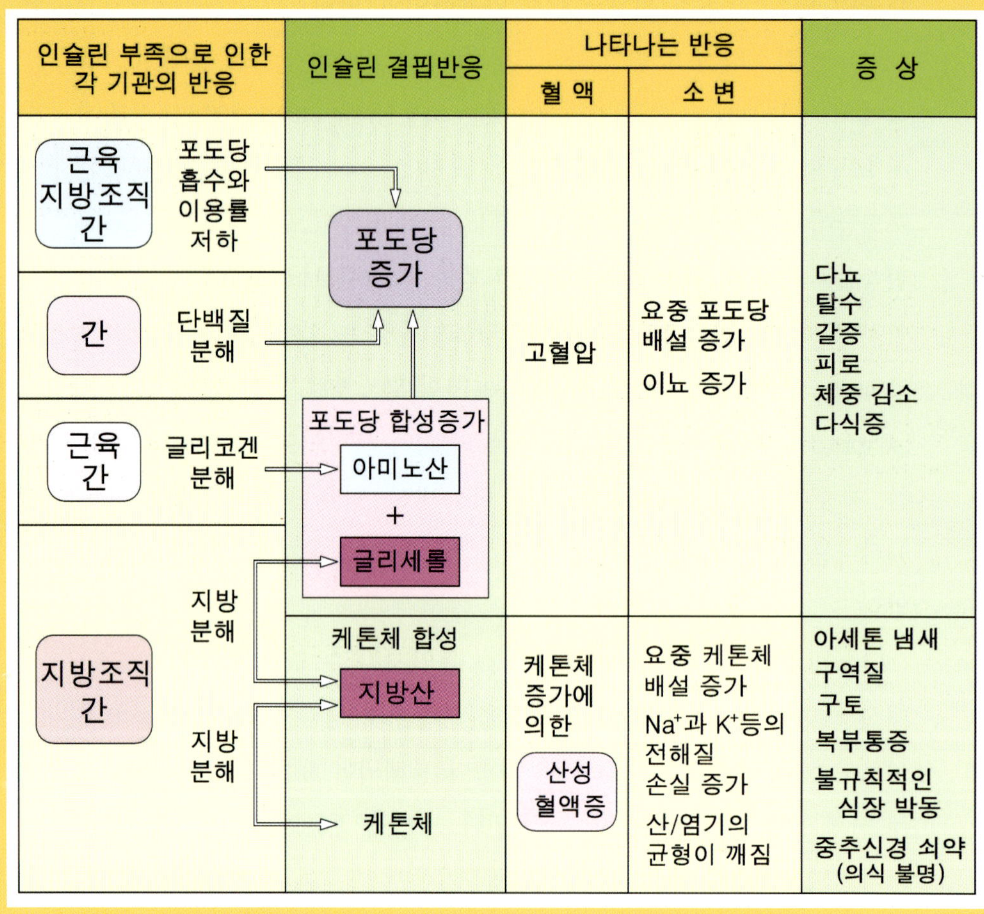

그림 11-3. 인슐린 결핍(당뇨병)에 의한 각종 증상

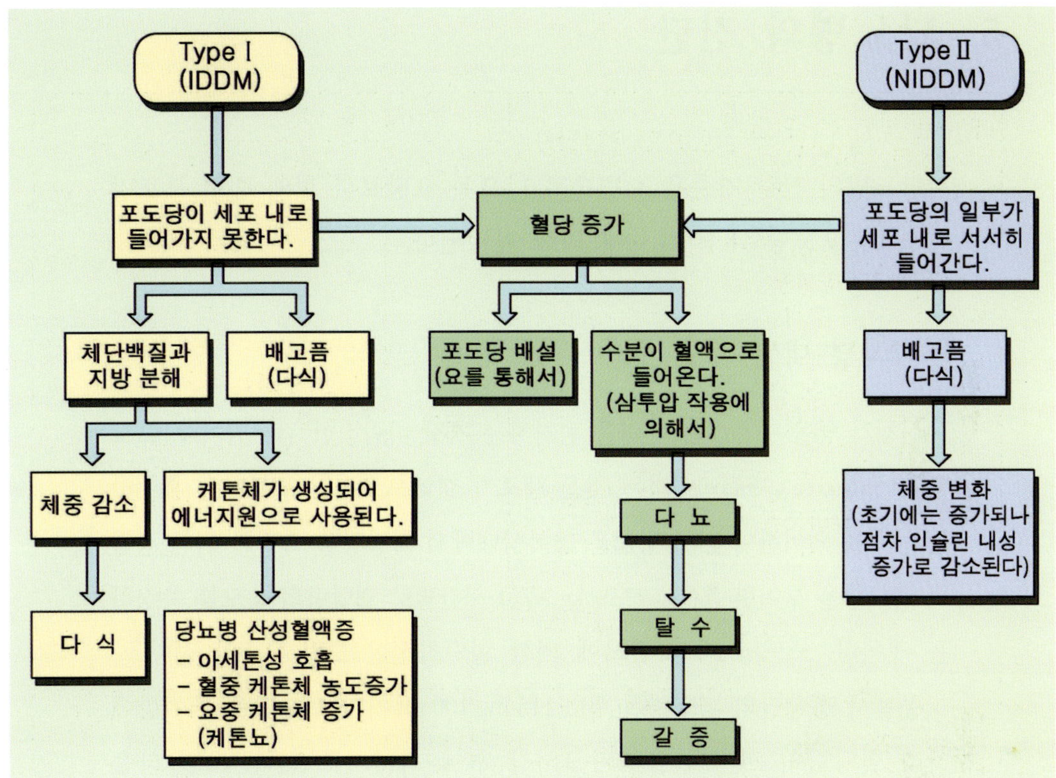

그림 11-4. 당뇨병(Type I과 Type II)과 체내 대사 관계

고혈당(hyperglycemia)의 증상

- 심한 갈증과 배고픔(다음과 다식)
- 다뇨
- 희미한 시력
- 피로감
- 숨쉴 때 아세톤 냄새
- 힘든 호흡

5. 당뇨병의 진단

당뇨병의 진단 기준은 소변으로 나오는 요당보다 혈액 중의 포도당 농도 즉 포도당 내성 검사에 의해 판정된다.

1) 포도당 내성 검사

신체가 당을 이용하는 능력을 평가하는 가장 바람직한 검사법이다. 포도당 내성(glucose tolerance)이라는 것은 세포가 혈액으로부터 포도당을 흡수하는 능력을 의미하며 검사 방법은 공복상태에서 혈당량을 측정한 뒤 일정량의 포도당을 투여한 후(1 g 포도당/kg 체중) 시간별로 혈당량의 농도를 측정하는 것이다. 포도당 내성 검사에 의한 혈당곡선은 **그림 11-5**와 같다.

공복시 정상인의 혈당량은 70～115 mg/100 mℓ이며 포도당을 투여함에 따라 혈당량이 서서히 올라가 1시간 후에 최대치로 된다. 그런 다음 포도당의 농도는 떨어지기 시작하여 3시간 후에는 다시 정상 수준으로 되돌아간다.

초기 성인 당뇨병인 경우에는 공복시의 혈당량이 약간 높은 상태이며, 포도당 투여 후에는 최대치가 비정상적으로 높게 올라간다. 그러나 3시간 후에는 정상치로 내려가거나 또는 저혈당 수준 이하로 떨어진다. 또 어떤 경우에는 공복시의 수준으로 되돌아가는데 1시간 또는 그 이상의 시간이 더 소요되기도 한다. 그리고 당뇨병 환자인 경우에는 공복시 혈당수준이 상당히 높은 130～180 mg/100 mℓ이며 식사 1시간 후에는 최고 250 mg/100 mℓ까지도 올라간다. 또한 최초의 혈당수준으로 회복되는 데도 시간이 훨씬 오래 걸린다.

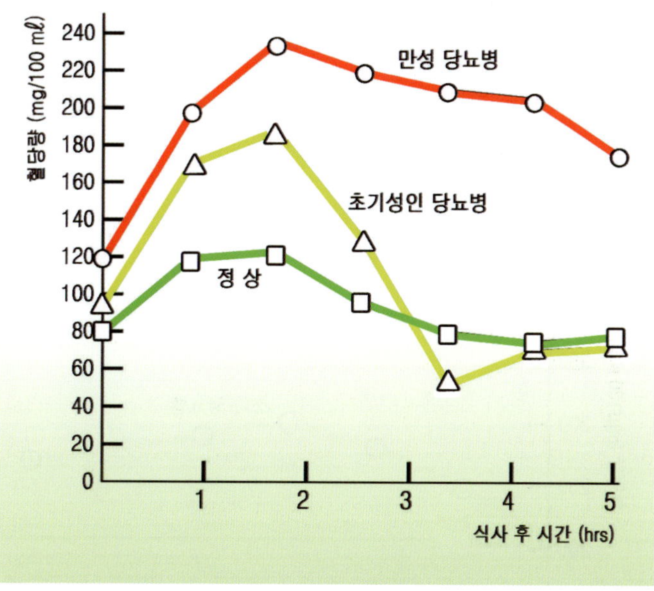

그림 11-5. 포도당 내성 곡선

이러한 곡선을 볼 때 인슐린을 주사하지 않고는 당의 이용이 아주 저조함을 알 수 있다.

당화혈색소(HbA1c)

혈액 내 포도당이 적혈구의 헤모글로빈(Hb)과 얼마나 결합해 있는가를 나타내는 수치로서 지난 3개월간의 평균 혈당치를 나타낸다. 정상인의 당화혈색소는 4~6%이며 당뇨병 환자가 합병증을 예방하려면 6.5% 미만을 유지하여야 한다.

정상인과 소아 당뇨병(Type Ⅰ 또는 IDDM)과 성인 당뇨병(Type Ⅱ, NIDDM) 환자의 전형적인 포도당 내성 곡선을 **그림 11-6**에 나타내고 있다. 소아 당뇨병 환자는 성인 당뇨병 환자보다도 혈당수준이 월등히 높게 유지되고 있음을 알 수 있다.

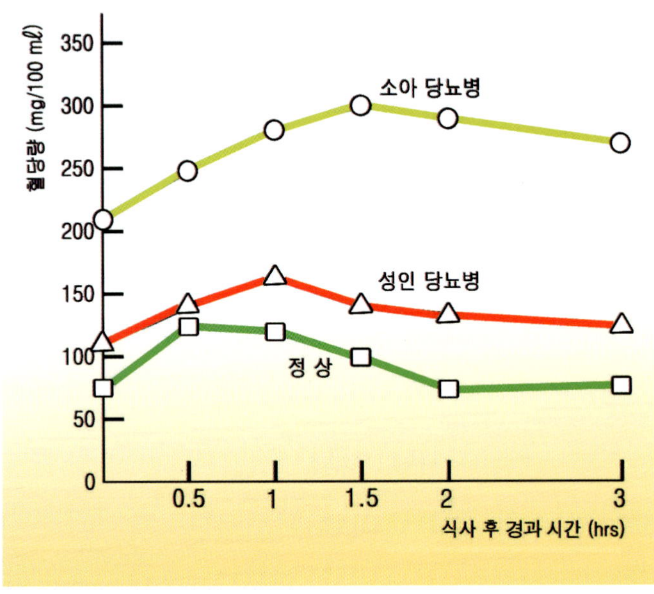

그림 11-6. 정상인, 소아 당뇨병(IDDM) 및 성인 당뇨병(NIDDM) 환자의 포도당 내성 곡선

♠당뇨병 검사를 받아야 하는 경우

- 연령이 45세 이상
- 가족 중에 당뇨병 환자가 있을 때
- 고혈압(140/90 mmHg)
- 임신성 당뇨병 또는 거대아(4 kg 이상)를 출산한 경험이 있을 때
- 비만, 과체중
- 고지혈증
- 공복혈당이 100~125 mg/100 mℓ일 때

표 11-2. 혈당치와 당뇨병

(mg/100 mℓ)

분 류	공복혈당	식후 2시간 혈당
정상인	100 이하	140 이하
준당뇨	100~126	140~200
당뇨병	126 이상	200 이상

*자료: 대한당뇨병학회

당신은 당뇨병 환자입니까?

- 비정상적으로 갈증을 느끼고 입이 마른다.
- 소변을 자주 눈다(다뇨).
- 극도로 무기력하다.
- 계속 배가 고프다(다식).
- 갑자기 체중이 빠진다.
- 상처가 잘 낫지 않는다.
- 시력이 희미하다.

6. 당뇨병과 인슐린

사람은 건강을 유지하기 위하여 체내의 혈액 중에 들어 있는 포도당의 수준을 항상 일정하게 유지하여야 한다. 이 정상적인 수준을 유지하기 위하여 인슐린(insulin)과 글루카곤(glucagon)이라는 두 호르몬이 필요하다. 인슐린은 췌장 랑게르한스섬(Langerhans' islet)의 베타세포에서 혈당수준이 높을 때 분비되어 혈당수준을 낮추는 역할을 하며, 반면에 혈당수준이 낮을 때 알파-세포(α-cell)에서 글루카곤이 분비되어 혈당 수준을 높이는 역할을 한다(그림 11-7).

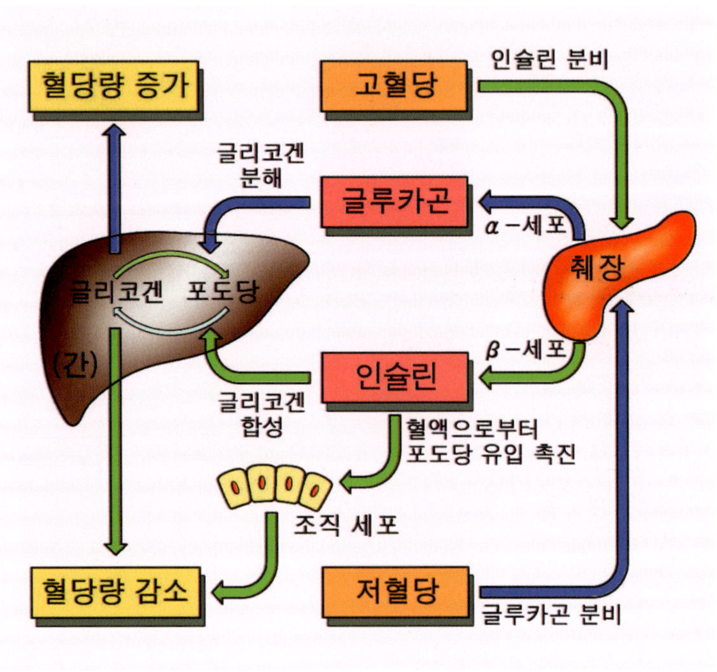

그림 11-7. 호르몬에 의한 혈당량의 조절

특히 당뇨병과 관계되는 호르몬은 인슐린이다. 인슐린은 췌장에서 분비되는 호르몬으로 혈중 포도당 농도를 낮추는 역할을 한다. 즉, 혈액 속에는 포도당이 녹아 있는데 이 혈중 포도당이 세포 내에 있는 미토콘드리아에서 에너지로 전환되기 위하여 세포막을 통해 세포 속으로 들어가야 한다. 그 일을 맡아서 도와주는 역할을 하는 것이 인슐린이다. 세포의 울타리인 세포막의 표면에는 인슐린 수용체(insulin receptor)라고 하는 인슐린의 존재를 인식하는 장치가 있어 인슐린이 포도당을 데리고 오면 문을 열어준다. 즉 인슐린 수용체가 근육의 세포막 표면에서 인슐린의 존재를 인식하여 세포 내로 포도당이 유입되는 것을 조절한다. 당뇨병 환자는 인슐린의 양 자체가 부족하여서 혹은 인슐린 수용체 수가 적거나 수용체에 이상이 생겨 포도당이 세포 내로 유입이 안 된다. 이 때문에 혈액 중 포도당이

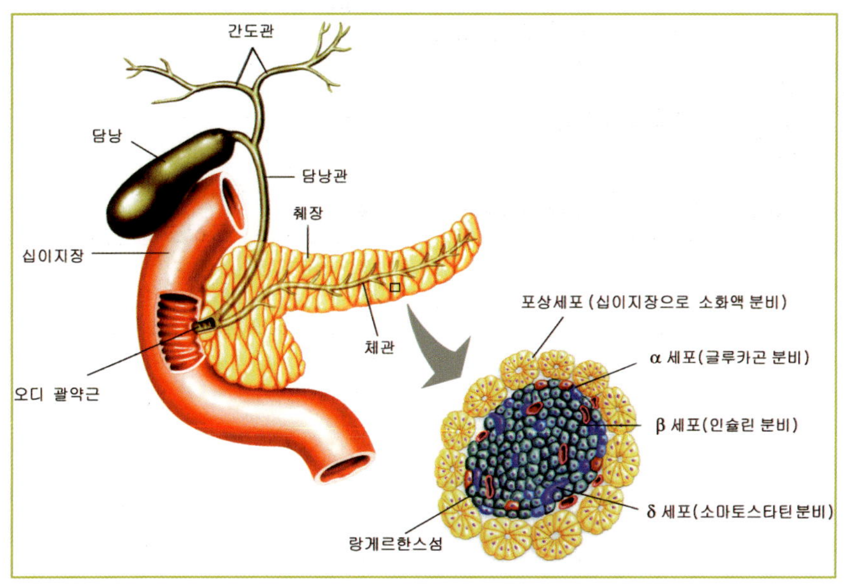

그림 11-8. 췌장의 구조

지나치게 남아 혈당수준이 높아지며(고혈당) 일정 수준 이상(180mg/100mℓ)으로 증가되면 신장을 통해 포도당이 소변으로 배설된다(요당). 따라서 당뇨병은 인슐린의 작용 이상과 인슐린을 분비하는 췌장기능의 이상으로 발생한다.

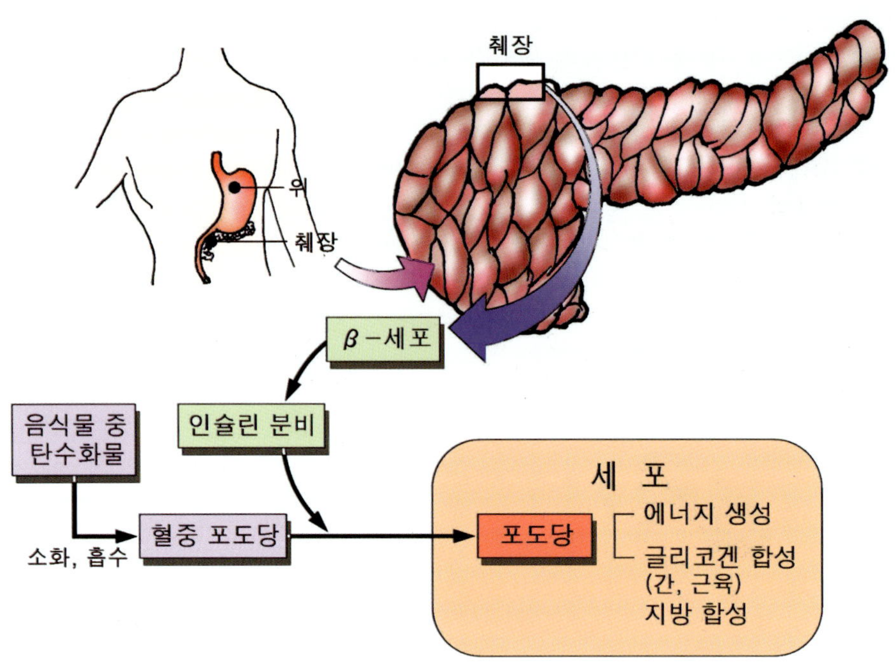

그림 11-9. 인슐린의 분비와 작용

인슐린이 역할을 잘하도록 하기 위해서는 반드시 GTF(glucose tolerance factor)가 필요하다.

♠GTF가 없는 경우

포도당이 세포 내로 전달되지 않는다.

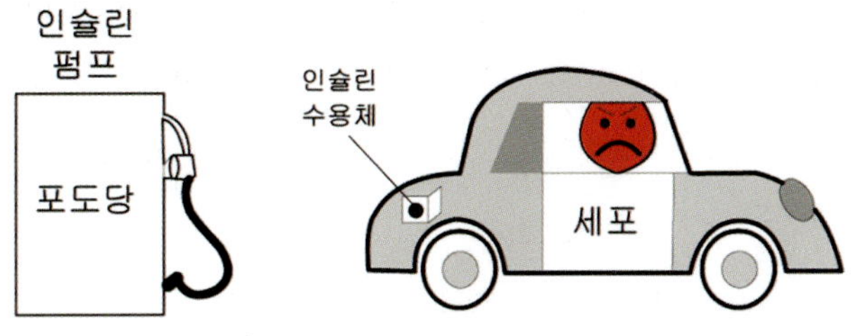

♠GTF가 있는 경우

포도당이 세포 내로 전달된다.

7. 당뇨병에 의하여 야기되는 질환

우리나라 30세 이상 성인의 당뇨병 발병률은 10.5%로 당뇨병이 가장 잘 발병하는 연령층은 60대와 70대 이상이며, 당뇨병의 합병증은 당뇨병 진단 후 10년이 지나서 가장 많이 발병된다. 당뇨병이 무서운 이유는 전신에 나타나는 합병증 때문이며 심장병과 뇌졸중은 물론 당뇨 망막증, 신장염, 당뇨성 족부 괴저, 말초 신경염 등이 있다(그림 11-10).

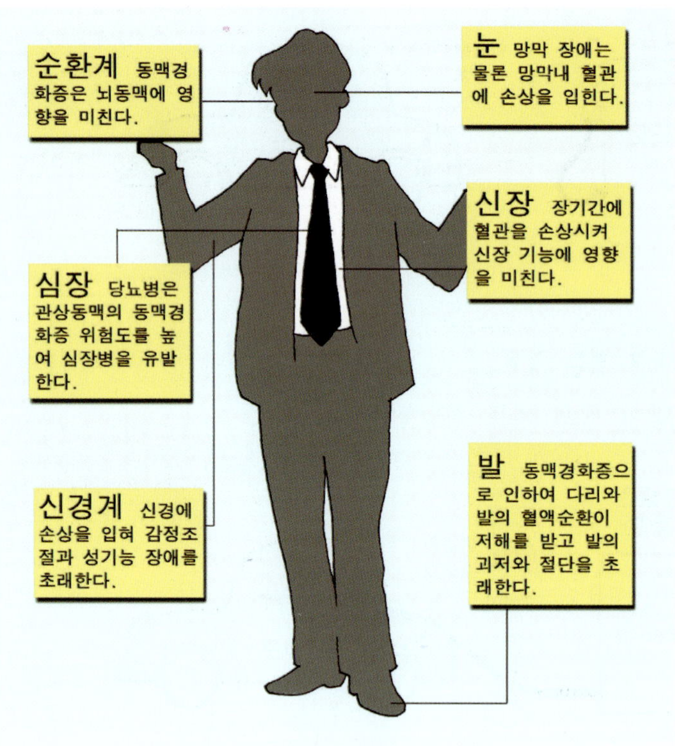

그림 11-10. 당뇨병의 합병증

일반적인 당뇨병의 합병증

- 백내장
- 실명
- 유산
- 선천성 결손
- 신장병
- 발기 불능
- 녹내장
- 충치
- 신생아 사망
- 심혈관 질환
- 괴저

1) 혈관과 심혈관계

당뇨병은 우리 몸의 온갖 혈관을 파괴하여 갖가지 합병증을 나타낸다. 지방조직의 과다한 분해로 인하여 혈중 지질 농도가 높아지게 된다. 뿐만 아니라 혈액 점도와 혈소판 활동의 항진에 의해 혈소판의 응집과 침착이 쉽게 일어난다. 따라서 혈관에 지질이 축적될 가능성이 높아지므로 당뇨병으로 동맥경화 발생률이 3~4배나 높아지고 심장마비(heart attack), 뇌졸중(stroke), 심근경색(myocardial infarction), 협심증(angina pectoris) 등을 유발시킨다.

당뇨병은 모세혈관에 영향을 미치며 이로 인하여 모세혈관이 두터워져서 세포에 도달하는 혈액 내 영양소가 줄어들고 동시에 혈중 포도당의 고농도 때문에 헤모글로빈(hemoglobin)에 의하여 운반되는 산소의 양도 감소된다. 이 같은 결과로 다리에 혈액 공급이 감소되어 층계를 오를 때 경련이 일어난다. 그리고 만성 통풍과 마비(numbness)가 오고 심할 때는 발가락이 썩는 괴저(gangrene)로 진행되어, 경우에 따라서는 발목이나 무릎을 절단(amputation)하는 경우가 발생하기도 한다. 이처럼 다리가 썩는 발괴저는 당뇨병 환자의 가장 흔한 합병증 중 하나이다. 당뇨병 환자의 10~20%는 발합병증 때문에 입원하며 그 중 2~3%는 발가락이 썩는다. 통계자료에 의하면 당뇨병으로 발가락, 발목, 또는 심할 경우 다리를 절단하는 환자가 국내에서만 해도 연간 1,000명이 넘는다. 따라서 당뇨병 환자는 동상이나 발에 상처가 나지 않도록 조심하여야 할 뿐 아니라 하이힐이나 폭이 좁은 부츠, 슬리퍼를 신지 말아야 하며 꽉 조이는 스타킹이나 양말의 착용도 금해야 한다(그림 11-11). 또한 당뇨병 합병증으로 입이 돌아가거나 안구의 운동이 마비될 수도 있으며 자율신경 마비로 발기부전이 생기기도 한다. 중추신경이 마비되면 부정맥, 심장마비, 호흡

미지근한 물로 씻은 후 물기가 없도록 잘 말린다.

혈액 순환을 위해 다리를 꼬고 앉지 않는다.

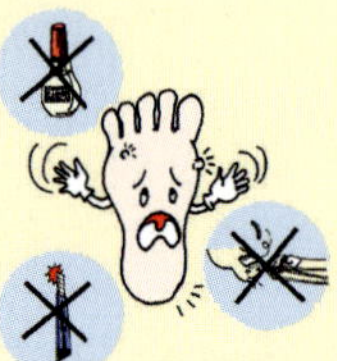

발에 생긴 군살이나 티눈은 함부로 자르지 않으며, 티눈약이나 칼을 쓰면 안된다. 발톱모양도 일직선이 되도록 하며 바짝 자르지 않는다.

담배는 발의 혈관을 수축시켜 혈액 순환을 어렵게 하므로 피우지 않는다.

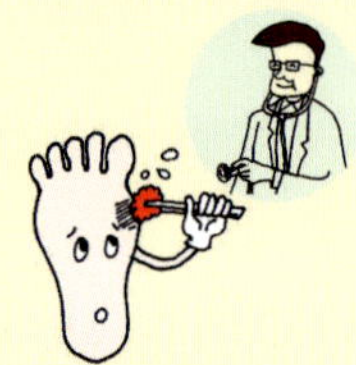

상처가 생겼을 때 소독하고 건조시킨 후 전문의와 상담한다.

절대로 맨발로 다니지 않는다.

발에 꽉 끼는 신발은 신지 않는다. 혈액순환을 위해 양말도 느슨하게 신는다.

슬리퍼도 안정성이 없으므로 신지 말아야 한다.

그림 11-11. 당뇨병 환자의 발 관리

마비 등을 일으켜 급사할 수도 있다.

2) 눈(당뇨망막증)

망막 주위에는 무수히 많은 모세혈관이 있어 망막에 영양소와 산소를 공급하게 된다. 당뇨병 환자의 경우 모세혈관의 벽이 약해져 혹이 생기고 소량의 출혈을 일으켜 망막에 산소 공급이 제대로 이루어지지 않게 되면 새로운 모세혈관이 망막주위에 생기며, 이들 신생 혈관이 터져 망막 출혈이 반복되면 시력장애를 일으키고 망막이 떨어져 나가거나 망막 조직의 증식으로 결국 실명하게 된다. 이와 같은 당뇨망막증은 당뇨병 발생 후 20년이 경과되면 65~75%가 망막에 합병증을 경험하게 되고 당뇨병 환자의 2%가 실명할 수 있다. 이처럼 당뇨병은 성인의 실명을 가져오는 주요 원인이며 또한 백내장(cataract)을 일으키기도 한다.

3) 신경계

점진적인 신경 기능의 퇴화로 손가락과 발가락이 마비되고 아프며 근육의 쇠약, 간헐적인 고통, 신경 반응의 지연이 야기되고 남자의 경우 성 불능(sexual impotence) 현상이 나타난다.

4) 발기부전

발기란 평소보다 5배나 많은 혈액이 음경혈관에 몰리는 현상이다. 따라서 혈관이 튼튼하지 못하면 정상적인 발기가 어렵게 된다. 당뇨병 환자는 혈액순환과 신경기능에 문제를 초래하여 발기부전을 유발하기 쉽다. 최근 우리나라 대학병원에서 당뇨병 환자를 대상으로 발기부전 유병률을 조사한 결과에 의하면 40대는 49%, 50대는 68%, 60대는 79%로 정상인의 발기부전 유병률보다 훨씬 높게 나타났다. 발기 부전은 가장 치료하기가 어려운 성기능 장애 중 하나이다.

5) 신장의 이상

많은 양의 당이 소변으로 배설된다. 또 소변으로 배설되는 케톤산을 중화하기 위하여 칼슘, 마그네슘, 칼륨, 나트륨과 같은 무기염이 함께 소변으로 빠져나간다. 경우에 따라서는 신장의 여과 기능에 손상을 주게 되어 단백질과 기타 영양소의 배설이 촉진된다. 이처럼 신장에서 노폐물을 걸러주는 사구체 혈관이 망가지면 대개 만성 신부전증으로 진행된다. Type I 당뇨병 환자의 50%, Type Ⅱ 당뇨병 환자의 30% 정도가 신장 기능에 이상이 오고 대개 5~7년이 지나면 신부전으로 진행되어 혈액 투석이나 신장 이식을 받아야 한다. 이와 같은 신부전증 환자의 3명 중 1명이 당뇨병이 원인이다.

6) 식욕 항진

당뇨병 환자는 과식을 하게 되며, 과식에도 불구하고 체중 감소가 온다. 이는 두뇌에 포만감을 감지하는 중추 신경의 작용에 이상이 생겨 음식 섭취 조절이 깨지기 때문인 것으로 추측한다.

7) 간의 대사 이상

간은 케톤체, 콜레스테롤, 당단백질, 당을 합성하는 주요 기관이기 때문에 당뇨병인 경우 간에서 이루어지는 대사가 정상적으로 일어나지 않아서 혈액의 조성이 비정상적으로 유지된다. 또 체지방으로부터 지방산의 분비가 많아져 간에 지방이 축적된다. 결국에는 글리코겐 합성과 당으로부터 에너지 전환의 감소를 초래한다.

8) 근육의 손실

인슐린 부족으로 근육 세포의 에너지원인 포도당 공급이 원활하게 이루어지지 않기 때문에 근육 단백질을 분해하여 얻은 아미노산을 이용하게 된다. 따라서 점차적으로 근육 내 단백질이 손실되어 근육이 쇠약해지고 체중도 감소하게 된다.

9) 지방 조직

혈액 내에 당이 비정상적으로 많아 소변으로 당의 배설량이 증가하는 반면에 세포 내에는 당의 공급이 부족하여 에너지원이 고갈되어 에너지원으로 체내에 저장된 지방을 이용하기 위하여 지방 조직이 점차적으로 분해된다. 이로 인하여 혈액으로 지방산, 글리세롤(glycerol)의 분비가 많아지게 되어 간과 혈액 내에 과다한 지방의 축적이 올 수 있다.

10) 감염 위험성 증가

당뇨병 환자는 특히 여러 가지 질병에 감염될 가능성이 높다. 혈당치가 증가하면 백혈구가 제 기능을 못하여 체내에 침입한 세균을 죽이지 못하게 되어 결국 면역작용의 저하를 초래한다. 또한 당을 영양소로 이용하는 세균의 증식을 초래한다. 고혈당은 비뇨기관, 호흡 기관, 질 , 피부, 입 그리고 기타 조직에 감염 가능성을 높여 주고 치료하는 데도 오랜 시간을 요구한다. 그리고 감염에 의하여 인슐린 내성(insulin resistance)이 증가되어 당뇨병 치료가 더 어렵게 된다.

♠임신과 당뇨병

인슐린이 발견되기 전에는 인슐린 의존형 당뇨병(Type I diabetes) 여자 환자는 건강한 아이를 분만할 수 없었다. 즉, 수태가 거의 이루어지지 않거나 또 임신을 해도 임산부는 물론 아기가 살아남는 경우가 드물었다.

그러나 오늘날은 당뇨병의 치료법과 혈당 수준을 정상으로 조절하는 기술이 발달하여 정상적이고 건강한 아기를 분만할 수 있다. 그러나 이러한 임산부는 임신 기간 동안 식이 요법과 혈당 조절에 각별한 주의와 노력이 필요하고 가능하면 임신 전에 시도해야 된다.

8. 당뇨병과 치료

당뇨병 치료를 위한 3대 요법은 식이 요법, 운동 요법과 인슐린 요법이며 잘못된 생활습관을 바꿔야 한다. 특히 담배를 끊고 술을 절제하여야 한다.

당뇨병의 치료 목표는 높아진 혈당수준을 정상에 가깝도록 조절하고 여러 가지 대사 장애와 이에 따른 합병증을 예방하거나 지연시키는 것이다.

이처럼 당뇨병은 혈당을 정상 수준으로 유지시키는 처치를 함으로써 방지 또는 그 증상을 최소화할 수 있다.

소아 당뇨병(Type Ⅰ)은 반드시 인슐린을 주사하여야 되는 데 비하여 성인 당뇨병(Type Ⅱ)은 식이 요법만으로 치료할 수 있고 때로는 식이 요법과 약물 치료를 병행함으로써 인슐린의 작용을 향상시킬 수 있다. 물론 경우에 따라서는 인슐린 주사도 필요하다.

당뇨병 치료 3대 요법

1. 식이요법
2. 운동요법
3. 인슐린요법

1) 식이 요법

식이 요법의 가장 기본적인 것은 일정한 식사량, 균형된 영양소 섭취, 규칙적인 식사시간 등의 세 가지 요소가 가장 중요하다.

당뇨병 치료를 위한 기본 목표는 첫째로 혈당량을 정상 수준으로 유지하는 것이며, 둘째로는 혈중 지질 농도를 너무 높지 않게 하는 것으로서 혈중 콜레스테롤 수준은 130～190 mg/100 mℓ, 중성지방은 200 mg/100 mℓ 이하로 유지하는 것이 바람직하다. 셋째로는 당뇨병으로 인한 합병증을 감소시켜야 하며, 특히 동맥경화증에 주의하여야 한다. 끝으로 표준체중을 유지하여야 한다.

(1) 에너지 섭취수준

일상적인 활동을 할 때는 표준체중을 기준으로 1일 체중 kg당 30 kcal가 적절하며 체중 감소를 목표로 할 때는 25 kcal로 제한한다. 더불어서 식사는 1일 6회로 늘려 자주 하는 것이 좋다.

(2) 탄수화물

어떤 종류의 탄수화물을 섭취하느냐가 더욱 중요하다. 설탕이나 꿀 같은 단순당을 사용한 식품 섭취는 피하며 전곡, 현미와 같은 혈당지수(glycemic index, GI)가 60 이하인 복합당을 섭취하는 것이 좋다. 복합당은 단순당에 비하여 체내에서의 소화 · 흡수 속도가 늦기 때문에 혈당치가

알맞은 에너지 섭취량

표준체중(kg) × ┌ 25~30 kcal/일(가벼운 활동)
├ 30~35 kcal/일(보통 활동)
└ 35~40 kcal/일(힘든 활동)

표준체중(kg) = {키(cm) − 100}×0.9

*가벼운 활동 : 앉아서 하는 일, 운전, 사무원
보통 활동 : 걷기, 청소, 경공업, 가사일
힘든 활동 : 등산, 짐 운반, 운동선수

빨리 증가하지 않도록 하는 작용이 있어 식후 혈당 조절이 용이하다. 총에너지 섭취량 가운데 탄수화물이 차지하는 비율을 50~60%로 권장하고 있다.

적당한 식이 섬유질의 섭취도 중요하다. 식이 섬유질은 위 내용물의 배출을 지연시켜 당의 체내 흡수를 서서히 한다. 이로 인하여 식후 혈당 상승을 억제시킨다.

♠식이섬유질

섬유질은 당뇨병 환자의 식이 요법에 중요한데, 이는 섬유질의 섭취가 혈당치의 과도한 상승이나 급격한 상승을 억제시키기 때문이다.

섬유질은 점성을 갖기 때문에 포도당의 체내 흡수를 지연시킴으로써 혈중 포도당의 농도를 일정하게 유지시킨다. 고섬유질 식사를 할 때 위와 소장에서 포도당이 소화·흡수되는 속도를 저섬유질 식사를 할 때와 비교하면 **그림** 11-12와 같다.

고섬유질 식사를 할 때 포도당의 흡수는 서서히 일어나 소장의 아래 부위까지 소화물이 내려가면서 천천히 흡수되어 혈중 포도당 농도가 서서히 증가된다. 반면에 저섬유질 식사를 할 경우에는 소화·흡수 속도가

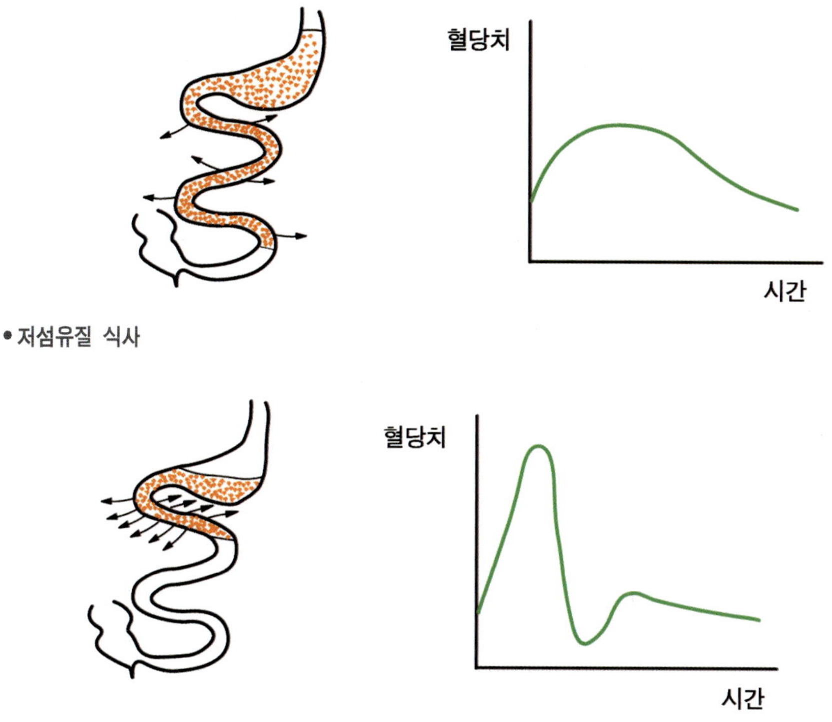

그림 11-12. 포도당 흡수속도와 혈당 변화

대단히 빠르고 소장의 윗부분에서 이미 흡수가 완료되므로 급격히 혈중 포도당 농도를 상승시킨다.

이와 같이 혈중 포도당 농도가 급격히 높아지게 되면 많은 인슐린 분비를 유도하므로 당뇨병이 있는 경우에는 바람직하지 못하다.

고섬유질 식사가 저섬유질 식사에 비하여 혈중 포도당 농도를 낮게 유지한다는 것은 거의 확실시되고 있으므로 당뇨병 환자에게는 섬유질이 풍부한 음식을 섭취하도록 권장하고 있다. 그러나 당뇨병 환자를 위한 섬유질 섭취량을 정확히 설정해 놓고 있지는 않으나 하루에 40~50 g(25 g/1,000 kcal)의 섬유질 섭취는 부작용 없이 당뇨병 치료에

인공 감미료

- 아스파탐 : 1981년 처음 사용하게 된 감미료로 1g당 4kcal의 열량을 내며 당도는 설탕의 180~200배가 넘는다.
- 사 카 린 : 가장 오래 사용되는 인공감미료로 당도는 설탕의 300~600배가 된다. 암 유발 등 인체유해 논란으로 인하여 사용이 제한 받고 있다.

효과가 있다고 한다.

이러한 섬유질의 권장량을 서구인들의 하루 평균 섭취량인 14~15 g, 일본인의 20~25 g인 것과 견주어 볼 때 상당히 많은 양임을 알 수 있다. 그리고 건강한 사람의 경우에는 하루 30 g 정도의 섬유질 섭취를 권장하고 있다.

(3) 단백질

단백질은 충분히 섭취하는 것이 좋으므로 총에너지 섭취량의 15~20%를 권하며 하루 섭취량의 50%는 필수아미노산의 공급을 위하여 양질의 단백질인 동물성으로 섭취한다(그림 11-13).

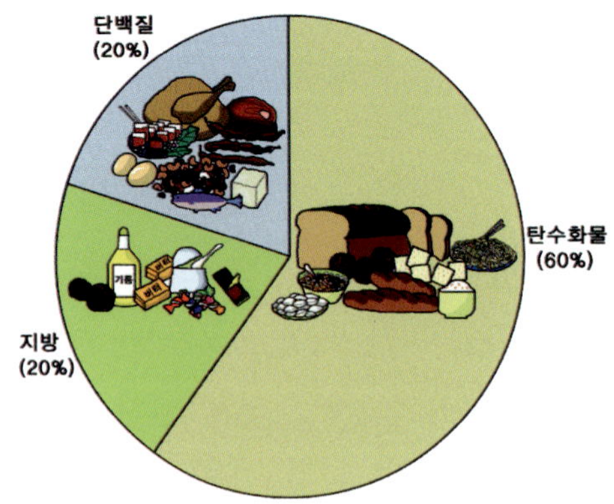

그림 11-13.
에너지 영양소 배분
(대한당뇨병학회)

(4) 지방

지방의 식품 급원으로는 식물성 기름을 권장하고 있다. 즉 동물성 지방에 들어 있는 포화지방산의 섭취를 제한하고 식물성 지방에 많이 함유되어 있는 불포화지방산의 섭취를 권장한다. 지방은 총에너지 섭취량 중 20~25%를 권장하고 있다.

불포화지방산이 많은 식품

등 푸른 생선, 옥수수기름, 면실유, 콩기름, 들기름, 참기름, 올리브유

(5) 비타민과 무기질

정상인과 같은 수준을 섭취하여야 하며, 다뇨의 증상이 있는 경우에 수용성 비타민과 무기질의 손실이 크므로 비타민과 무기질의 적절한 보충이 필요하다.

현대인이 주로 섭취하는 정맥가공식품이나 인스턴트 식품은 크롬을 비롯한 미량 무기물과 비타민이 현저히 결핍되어 있어 성인병 유발 원인의 하나가 되고 있으므로 적절한 보충이 필요하다.

♠ **GTF**

GTF는 3가 크롬에 나이아신(niacin), 글리신(glycine), 글루탐산(glutamic acid), 시스틴(cystine) 등이 결합된 화학물질로서 크롬만 있으면 사람의 간에서 합성되며 장내 세균에 의해서도 일부 합성된다. 그러나 노령자나 당뇨병 환자에게 있어서는 그 합성 능력이 매우 낮기 때문에 GTF를 섭취하는 것이 좋다. GTF는 인슐린을 도와 혈당을 떨어뜨리고 혈중 콜레스테롤과 중성 지방을 낮추는 기능을 한다. 당뇨병 환자에게는 GTF가 1일 600~800 mg 필요하다.

♠ 비타민 B_6

단백질을 구성하고 있는 아미노산의 일종인 트립토판(tryptophan)이 체내에서 정상적인 대사를 하기 위해서는 비타민 B_6가 필요하다. 비타민 B_6가 부족하면 트립토판의 대사 과정 중에 중간 대사 물질이 생성되고 이 물질이 췌장에서 분비되는 인슐린의 기능을 저하시켜 당뇨병을 유발시킨다. 또한 비타민 B_6가 부족하면 메티오닌(methionine)의 대사도 원활하게 진행되지 못하여 호모시스테인(homocystein)이 생성되어 체내에 축적되며, 이로 인하여 동맥경화증이 유발되고 당뇨병을 더욱 악화시키게 된다.

♠ 기타 영양소

망간(Mn)과 아연(Zn)의 결핍은 포도당 대사에 문제를 일으키고 칼륨의 결핍은 인슐린의 분비를 저해한다. 그리고 칼륨의 역할을 촉진하기 위하여서는 마그네슘(Mg)이 필요하며, 또한 칼슘도 인슐린 분비에 요구된다.

현대인이 주로 섭취하는 정맥가공식품이나 인스턴트식품은 미량무기질과 비타민이 현저히 결핍되어 있어 성인병 유발 원인의 하나가 되고 있으므로 적절한 보충이 필요하다.

인슐린과 관련이 있는 주요 무기질의 급원식품은?

- 칼슘 : 우유, 유제품, 녹색야채, 브로콜리, 닭고기, 견과류, 두부, 뼈채 먹는 생선
- 칼륨 : 시금치, 오징어, 쇠고기, 바나나, 오렌지 주스, 토마토, 우유, 브로콜리, 아스파라거스
- 아연 : 굴, 조개, 해산물, 육류, 계란, 두류, 전곡, 견과류
- 크롬 : 계란노른자, 전곡, 돼지고기, 효모
- 마그네슘 : 견과류, 푸른잎채소, 바나나, 토마토

그림 11-14. 당뇨병 환자가 피해야 할 식품

♠식사 지침

1 여러 가지 식품을 골고루 섭취한다.

2 총칼로리 중 전분의 양을 55~60% 섭취한다.

3 섬유질이 풍부한 식품을 섭취한다(혈당지수가 60 이하인 식품) : 과일, 채소, 전곡, 잡곡, 해조류, 두류

4 총칼로리 중 지방의 양을 20~25% 섭취한다.

5 동물성 지방과 식물성 지방은 1 : 2 비율로 섭취한다.

6 콜레스테롤은 1일 300 mg 이내로 섭취한다.

7 소금은 1일 6 g 이하 섭취한다(고혈압 환자의 경우 3 g 이하 섭취).

8 금연, 금주

9 인공 감미료를 사용한다.

10 3회 이상의 식사와 규칙적인 식사 시간을 지킨다.

자유롭게 먹을 수 있는 식품은?

- 채소류 : 양배추, 샐러리, 오이, 양파, 버섯, 시금치
- 해조류 : 미역, 김, 다시마
- 차(tea)류
- 기타 : 곤약, 한천, 맑은 고깃국, 채소국

2) 인슐린 요법

당뇨병의 정도가 심하지 않은 성인 당뇨병 환자에게는 인슐린의 주입이 필요하지 않지만 소아 당뇨병과 인슐린 분비가 적은 성인 당뇨병 환자에게는 필요하다. 인슐린은 반드시 주사하여야 하며 사용하는 인슐린의 양과 종류는 의사의 처방에 따라 결정한다. 그리고 3개월마다 당화혈색소(HbA1c) 검사를 하여 6.5% 미만으로 조절되지 않으면 인슐린분비 촉진제 또는 인슐린저항성 개선제 등을 함께 복용한다.

3) 운동 요법

당뇨병 환자에게 있어서 운동은 식이 요법, 인슐린 요법과 더불어 중요하다. 운동은 에너지 소비를 증가시켜 식이 요법의 효과를 증진시키고 혈당을 낮추어 주어 당뇨병의 합병증을 예방하고 정신적·육체적 스트레스도 해소시켜 준다. 따라서 저열량식을 하는 것보다 더 용이하게 체중조절을 할 수 있으며 열량제한으로 인한 영양부족도 피할 수 있고 체내 근육조직도 보존할 수 있어 운동요법이 매우 효과적이다.

운동은 심한 운동보다 가벼운 운동이 더 유리하다. 그 이유는 강도 높은 운동에 소모되는 열량은 주로 근육에 저장되어 있는 글리코겐(탄수화물)으로부터 공급을 받는 반면에 중간 이하 강도의 지구력 운동에 소모되는 열량은 피하지방(지방)에서 공급되기 때문이다.

운동의 종류는 몸과 팔다리를 될 수 있으면 활발히 움직이는 운동을 선택하되 각자의 능력과 취미에 따라 가벼운 운동부터 시작하는 것이 좋다. 즉, 유산소성 운동인 걷기, 뛰기, 자전거 타기 등의 전신 운동을 식후 30~40분 후에 시작하고 30분~1시간씩 적어도 1주일에 4회 이상 규칙적으로 하는 것이 효과적이다.

운동의 강도는 등에서 땀이 촉촉하게 나는 정도로 1시간에 열량이 300 kcal 이상 소모되는 정도가 적당하다. 운동할 때 착용하는 운동화 선택에도 세심한 주의가 필요하다. 운동화는 발이 편하고 잘 맞는 것으로 선택한다.

적절한 운동은?

- 운동 종류 : 유산소성 운동
- 운동 강도 : 땀이 촉촉하게 나는 정도
- 운동 빈도 : 1주일에 4회 이상
- 운동 시간 : 1회 30~60분

9. 당뇨병 환자가 주의할 점

당뇨병 환자에게 과식이나 인슐린의 부적절한 치료로 인하여 생명에 위협을 초래하는 현상이 올 수 있다. 그것은 당뇨성 혼수(diabetic coma)와 저혈당증(hypoglycemia)이다.

1) 당뇨성 혼수

당뇨병이 급격히 악화되어 혈당이 지나치게 높거나 반대로 혈당이 지나치게 낮아지면 의식 장애를 일으키며 혼수상태에 빠진다. 호흡시 아세톤 냄새를 풍기고 간혹 사망에 이르기까지 한다. 그리하여 당뇨병 환자는 항상 당뇨병 환자 증명을 휴대하여야 하며 의식이 없는 경우에는 즉시 병원으로 옮겨 치료를 받아야 한다.

2) 저혈당증

저혈당증은 인슐린이나 경구혈당강하제를 과량 사용한 경우, 제 시간에 식사를 하지 않은 경우 또는 심한 운동을 한 경우 혈당이 정상 이하로 떨어져 나타난다. 당뇨병 환자는 이러한 상황에 대비하여 항상 캔디와 같은 편리한 당분의 급원을 휴대하여야 한다. 만일 집에 있다면 설탕물이나 과일 주스를 마시게 하며, 혼수상태일 때에는 아무것도 주지 말고 즉시 병원으로 옮겨 포도당액을 주사하여야 한다.

당뇨병 환자는 저혈당증이 발생하지 않도록 주의를 하여야 하며 스스로가 이러한 저혈당 증세에 익숙하게 대처할 수 있어야 한다.

저혈당의 증상

- 배가 고프다.
- 불분명하게 말을 한다.
- 머리가 아프다.
- 식은땀이 난다.
- 손이 떨린다.
- 신경질적이다.
- 당혹해 한다.
- 나른하다.
- 가슴이 두근거린다.
- 물체가 선명하게 안 보인다.
- 마음이 불안하다.

10. 당의 종류가 혈중 포도당 농도에 미치는 영향

혈중 포도당 농도(혈당)는 탄수화물 급원 식품과 당의 종류에 따라서 그 반응이 각기 다르다. 강낭콩보다는 감자가 혈당치를 더욱 높이는 것으로 나타나고, 과당(fructose)은 포도당에 비하여 혈중 포도당 농도에 덜 영향을 미치는 것으로 나타난다(그림 11-15).

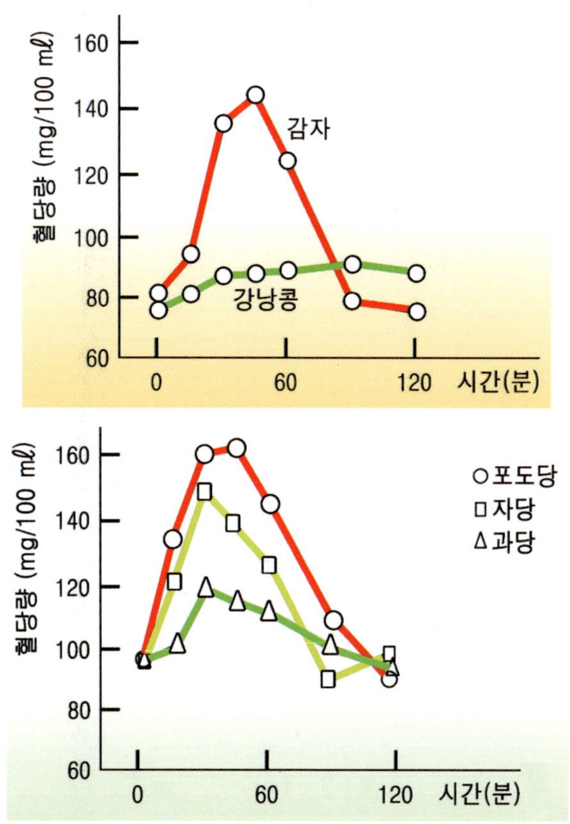

그림 11-15. 식품과 당의 종류(50 g)가 혈당치에 미치는 영향

표 11-3 각종 식품의 혈당지수

종 류	식 품	kcal/50 g	혈당지수(%)
당	포도당	200	100
	맥아당	200	105
	자당	200	59
	과당	200	20
우유류	탈지유	16	32
	우유	30	34
	요구르트	33	36
채소	삶은 당근	16	36
	생당근	17	31
과일	사과	23	39
	바나나	47	62
	귤	19	40
	오렌지주스	19	46
	건포도	137	64
곡류	흰빵	138	69
	콘프레이크	190	80
	밀	169	67
	밀가루	165	59
	옥수수	62	59
두류	강낭콩	78	29
	조리된 콩	85	40
감자	감자	36	80
	포테이토칩	284	51
기타	땅콩	267	13
	아이스크림	105	36
	소시지	102	28

이외에도 과당은 인슐린 없이도 대사가 이루어지기 때문에 당뇨병 환자의 식이 요법에 중요시되고 있다. 참고로 다른 종류의 당질 식품이 혈당지수에 어떻게 영향을 주는가를 **표 11-3**에 나타내었다.

포도당의 혈당지수를 100%로 보았을 때 이것과 비교하여 혈당지수가 80~90%에 속하는 식품은 콘플레이크(corn flake)와 감자 등이고 70~79% 범위가 빵(전곡으로 만든)과 쌀 등이며 가장 낮은 10~19%의 범위에는 콩과 땅콩 등이 있다. 혈당지수가 70 이상이면 고혈당지수식품이고, 55 이하이면 저혈당지수식품으로 분류된다.

당뇨병 환자의 생활 요법

- 건전하고 균형된 식사
- 규칙적이고 지속적인 운동
- 체중 조절 : 정상 체중 유지
- 금연, 금주
- 정기적으로 혈당 검사
  정상인 : 45세 이후 매 3년에 1회 검사
  비만인 : 45세 이전부터 자주 검사
  거대아 출산 경험자, 임신성 당뇨병을 앓았던 여성 : 자주 검사
- 스트레스를 피한다.
- 당뇨를 주기적으로 검사한다.
- 과일과 채소를 많이 섭취한다.

참고문헌

Anonymous. 1994. New recommendations and principles for diabetes management. *Nutr. Rev.* 52(7) : 283-241.

Baggaley A. 2001. *Human Body.* DK.

Berdanier, C.D. 1994. Genetic factors that result in diabetes mellitus. *Nutr. Today* 29(1) : 17-24.

Coulston, A.M. 1994. Nutrition considerations in the control of diabetes mellitus. *Nutr. Today* 29(1) : 6-11.

Crapo, P.A. 1985. Simple versus complex carbohydrate use in the diabetic diet. *Ann. Rev. Nutr.,* Vol. 5. pp.95-114.

Franz M. J. 2001. Medical nutrition therapy for diabetes, p. 167 in *Nutritional Health. Strategies for disease prevention.* T. Wilson and N. J. Temple(eds). Humana press, New Jersey.

Germann W.J. and C.L. Stanfield. 2001. *Principles of Human Physiology.* Benjamin Cummings.

Govindji, Azmina. 1990. Diabetes and its dietary management. *Nutrition and Food Science.*

Jenkins, D., A. Jenkins, T. Wolerer, L.M. Thompson, and A.V. Rao. 1986. Simple and Complex Carbohydrates. *Nutrition Review* 44(2) : 44-49.

Kamen, B. 1990. *The Chromium Connection.* Nutr. Encounter.

Kreutler, P.A. 1980. *Nutrition in Perspective.* Prentice-Hall Inc., Englewood Cliffs. New Jersey.

National health and nutrition survey report in Summary Report of the Cause of Death Statistics in 2002, Korea National Statistical Office, Seoul, 2003.

Rayfield, E.J. 1990. The effects of nutrition on diabetes and other endocrine disorders. pp. 487-504 in *The Mount Sinai School of Medicine Complete Book of Nutrition.* Herbert, V.C. and G.J. Subak-Sharpe(ed.). St. Martin's Press, New York.

Rolfes, S.R., K. Pinna and E. Whitney. 2006. *Understanding Normal and Clinical Nutrition.* 7th ed. Thomson Wadsworth.

Shils, M.E. and V.R. Young. 1998. *Modern Nutrition in Health and Disease.* 7th ed. Lea & Febiger, Philadelphia.

Time. 2002년 12월 9일.

Welch, R.W. 1991. Diet components in the management of diabetes. *Proc. Nutr. Soc.* 50 : 631-639.

Whitney, E.N., C.B. Cataldo, L.K. DeBruyne and S.R. Rolfes. 2001. *Nutrition for Health and Health Care*. Wadsworth.

Zapsalis, C. and R.W. Beck. 1986. *Food Chemistry and Nutritional Biochemistry*. John Wiley and Sons, Inc., New York.

대한 당뇨병학회. 당뇨병을 올바로 알자.

보건복지부 · 질병관리본부. 2012. 2011 국민건강통계(국민건강영양조사 제5기 2차년도).

원대진. 1990. 잘못된 식생활이 성인병을 만든다. 미국상원영양문제 보고서.

조선일보. 2000년 6월 1일자.

________. 2003년 10월 28일. 당뇨병에 대한 새로운 발견.

________. 2003년 12월 22일자.

중앙일보. 2003년 8월 26일자.

________. 2003년 12월 18일자.

________. 2006년 11월 11일자.

________. 2006년 11월 13일. 당뇨의 신호, 공복혈당을 잡아라.

________. 2008년 8월 16일. 50대 남성, 60대 여성 5명 중 1명꼴 당뇨병.

한국일보. 2001년 10월 29일자.

홍희옥 · 맹원재. 2003. 당뇨병, 알면 고친다. 건국대학교출판부.

____________. 2005. 현대인의 식생활과 건강, 건국대학교출판부.

CHAPTER
12

암과 영양

1. 암이란?

현재 세계적으로 암 발생률이 25%이며 2011년 사망원인 통계에 의하면 우리나라에서도 암 사망자가 전체 사망자의 27.8%를 차지하며 1983년 이래 사망원인 1위를 고수하고 있다.

암은 cancer, neoplasia, tumor, carcinoma 등 여러 용어로 불려지며 모발, 손 · 발톱과 치아를 제외한 신체 어느 부위에나 발병할 수 있다. 암세포는 인체의 기관, 조직 등에서 자율적이며 비정상적으로 과잉 성장하는 세포이며 인체에 해를 주는 것으로 정상세포와 비교할 때 모양이 불규칙하고 핵의 크기도 아주 다양하며 세포는 아주 빠르게 분열하는 특징을 갖고 있다.

정상세포는 일정수까지 증가하면 분열이 중단되지만 암세포는 계속 증가되어 신체 기관의 정상 기능을 저해하고 필요한 영양소를 모두 고갈시켜 환자를 사망하게 한다.

암이 발생되는 원인의 35%는 우리가 섭취하는 식품에 의해서 발병되고 다음이 흡연으로 30%를 차지한다. 이처럼 발암물질이 들어 있는 식품이 암을 유발하는 주요 원인임을 인식하여야 한다.

2. 암에 의한 사망률

암은 우리나라를 비롯한 세계 여러 나라에서 사망률이 가장 높은 질병으로서 각종 암으로 인한 사망률은 해마다 증가한다. 우리나라는 2011년 사망원인 통계결과에 의하면 인구 10만 명당 암 사망률은 142.8명으로 2001년 122.9명보다 19.9명 늘었다. 폐암으로 인한 사망률은 인구 10만 명당 31.7명으로 가장 높게 나타났으며 간암 사망률은 21.8명으로 2위를 나타내었다. 위암은 19.4명으로 3위를 나타내었는데 한국인에게 위암 발생률이 높은 것은 맵고 짠 음식을 선호하고 발암물질인 니트로사민(nitrosamine)의 노출과 헬리코박터균의 감염 때문이다.

3. 암은 어떻게 발생하는가?

암은 세포분열을 조절하는 유전인자가 발암물질(carcinogen)인 화학물질, 환경인자, 방사선 등 기타 인자에 의하여 회복이 불가능하도록 손상을 입었을 때 생긴다. 일반적인 발암물질은 흡연, 아스베스토 섬유, 방사선 등이다. 암유전자(oncogene)라 불리는 손상유전자는 일반적으로 회복이 가능하지만 발암물질에 반복적으로 노출되면 회복이 불가능해지고 정상 기능을 하지 못한다.

첫째, 발암물질에 의하여 손상을 받는다.

세포 내로 발암물질이 들어가 염색체상의 유전인자를 손상시킨다. 손상된 유전인자는 초기에 회복된다.

둘째, 손상이 반복된다.

손상이 반복되면 암유전자는 회복이 불가능하다.

셋째, 세포는 암세포가 된다.

암유전자가 회복이 안 되면 더 이상 정상기능을 못하게 되고 암세포로 된다. 악성종양(암)의 경우 전이가 되는데 암세포들이 림프와 혈액을

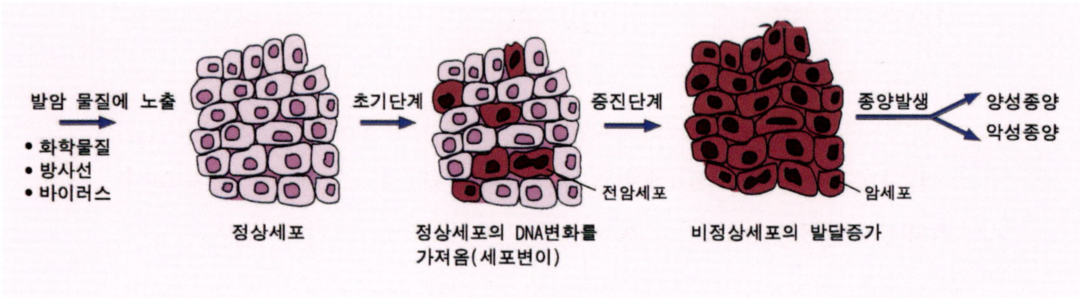

그림 12-1. 암 발생 과정

통하여서 몸 전체로 확산된다.

♠ 양성종양(benign tumor)

일반적으로 양성종양은 독립적인 캡슐(self-contained capsule) 안에서 자란다. 따라서 주위 조직으로 전이되지 않는다.

♠ 악성종양(malignant tumor)

마구 증식하여 림프관을 통하여 주위 림프관으로 확산되고 또한 혈액을 통하여 신체 다른 부위 즉 뇌, 간, 폐, 뼈 등으로 전이되는 특징이 있다.

♠ 암의 전이

암세포는 두 가지 경로를 통하여 인체에 퍼지게 된다. 즉 림프관을 통하여 주위 림프관으로 확산되며, 또 다른 경로는 혈액을 타고 뇌, 간, 폐, 뼈 등의 다른 부위로 확산된다.

4. 발암물질

암의 발생은 매우 복합적이어서 어느 요인이라고 말하기는 어려우나 흔히 화학물질, 유전, 바이러스, 감정 및 스트레스 그리고 영양과 식사 등이 위험인자로서 연구되고 있다. 우리가 섭취하는 음식이 암과 관계되는 것을 요약하면 **표** 12-1과 같다.

표 12-1. 암발생과 식품성분과의 관계

성 분	식 품	작 용
과다한 에너지 섭취	모든 에너지 생성물질	과다한 지방은 에스트로겐과 기타 성호르몬의 합성을 증가시키고 과다하면 암발생을 증가시킨다.
지방	육류, 우유와 유제품, 식물성기름	포화지방은 전립선암 발생을 증가시킨다.
알코올	맥주, 포도주, 양주	목, 간, 방광, 유방, 직장(엽산 부족시)암을 증가시킨다.
아질산염, 질산염	조리한 육류, 특히 햄, 베이컨, 소시지	고온에서 아미노산과 결합하여 발암물질인 니트로사민을 생성한다.
아프라톡신 등	땅콩과 기타 곡물에 곰팡이가 생길 때	DNA구조를 변화시켜 생리적 기능을 변화시킨다. 특히 아프라톡신은 간암과 연관이 깊다.
벤조피렌	숯으로 구운 음식, 특히 육류	위 및 직장암과 연관이 있다. 위험을 줄이기 위해서 굽기 전에 지방을 떼어 내든가 굽는 시간을 줄이는 것이 좋고 특히 탄 부위를 제거해야 한다.

미국 보건후생성에서 최근 발표한 발암물질은 암을 유발하는 물질 58종과 암유발을 예상하는 물질 188종 등 246종이다. 그 중 중요한 발암물질을 아래에 나타내고 있다(표 12-2).

표 12-2. 중요한 발암물질

종　　류	관련 암
X선	백혈병, 갑상선암, 유방암, 폐암
Υ선	위암, 대장암, 방광암, 난소암, 피부암
뉴트론 (의약용으로 쓰이는 방사선의 일종)	X선, Υ선과 같음
B형간염바이러스	간암
C형간염바이러스	간암
인체유두종바이러스	자궁경부암
나프탈렌	코종양, 폐종양
헤테로사이클릭아민 화합물[1]	대장암, 간암, 구강암, 피부암
납	폐암, 위암, 신장암
황산코발트[2]	부신종양, 폐종양

1. 육류나 생선을 높은 온도에 구울 때 생성되는 물질 또는 담배연기에서도 발견된다.
2. 도자기도료, 잉크, 페인트건조제 등에 포함된다.

5. 극복 가능한 3대 암 유발 인자

1) 흡연

전체 암의 30%는 흡연으로 생길 정도로 단일 인자로 가장 큰 발암 요인이다. 담배 연기 속의 발암물질이 혈액을 타고 전신으로 순환되기 때문에 폐암뿐 아니라 위암과 식도암, 방광암 등도 일어난다. 특히 폐암과의 관련성이 높아 담배를 피우는 사람이 안 피우는 사람보다 폐암에 걸릴 확률이 7배 이상 높다.

흡연과 폐암 발생의 관계를 **그림** 12-2에 나타내고 있다. 담배 연기 속에 포함되어 있는 아크로레인(acrolein)이라는 화학성분은 DNA의 변이를 일으켜 폐암을 유발시킨다. 그리고 아크로레인은 식용유를 고온으로 가열할 때 다량 방출되며 비흡연자가 폐암에 걸리는 원인이 된다.

흡연과 음주를 함께 할 경우 두 요인이 상승작용을 일으켜 발암 가능성이 크게 높아지는 것으로 나타났다. 국제암연구기구(IARC)의 발표에 의하면 발암 가능성이 흡연자는 53%, 음주자는 23%가 높은 반면 흡연과 음주를 함께 하는 사람의 경우 비흡연·비음주자보다 발암 가능성이 471%나 높은 것으로 나타났다.

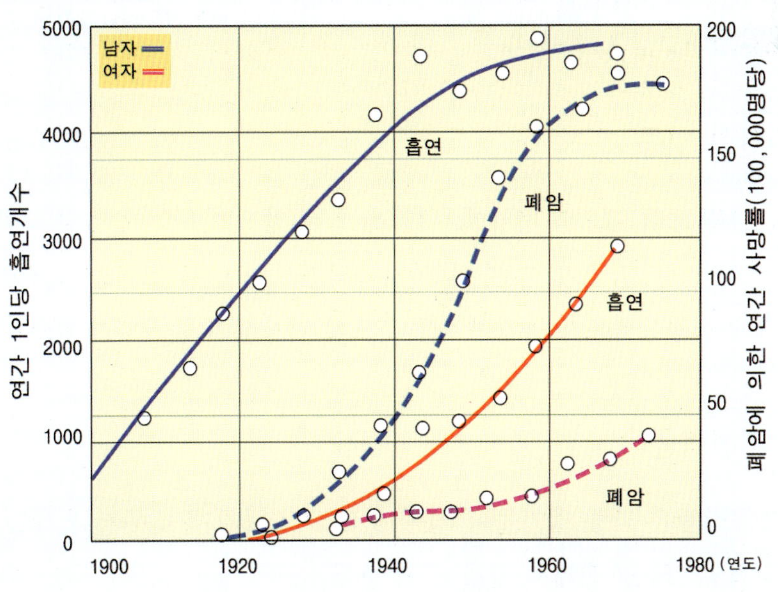

그림 12-2. 흡연과 폐암에 의한 연간 사망률(영국)

그림 12-3. 흡연 시작 연령과 폐암 사망률

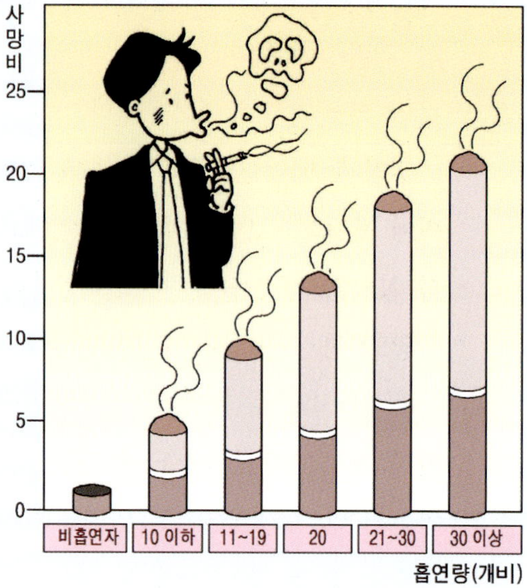

그림 12-4. 흡연량과 폐암 사망률

특히 폐암 사망률은 흡연시작 연령이 낮을수록, 또한 흡연량이 많을수록 높았다(그림 12-3, 12-4)

2) 만성 염증

간염을 오래 앓으면 간암에, 위염을 오래 앓으면 위암에 걸릴 확률이 높아진다. 즉, 염증이 수년 이상 지속되면서 손상된 조직을 복구하는 과정에서 정상세포가 돌연변이를 일으킬 가능성이 증가되기 때문이다.

3) 가공식품

가공식품은 각종 첨가물이 섞이게 되고 지나치게 태우거나 볶는 등 인위적인 조리과정에서 암을 유발한다.

6. 영양소 섭취와 암 발생

우리가 먹고 있는 음식이 암을 유발할 수 있다. 암은 어느 하나가 원인이 되어 발생하기보다는 유전, 생활양식, 문화적 배경, 건강상태, 영양 그리고 식사와 같은 것들이 상호작용하여 오는 것이다.

암 발생과 영양소 섭취와의 관계는 역학조사나 동물실험, 몇몇의 인체 실험 결과 일부 밝혀졌는데 즉 영양 과잉, 결핍, 불균형 등이 암 유발과 관계가 깊다고 한다. 영양과 식사가 암 유발의 시초가 된다기보다는 이 과정을 변형시키는 것으로 나타난다.

표 12-3. 각종 식품섭취와 암 발병률과의 상관 계수

구 분	결 장	유방(여자)	전립선
쌀		−0.34	−0.50
옥수수	−0.67	−0.66	−0.53
콩	−0.68	−0.70	−0.66
쇠고기	0.54	0.58	0.47
돼지고기	0.60	0.62	0.48
계란	0.75	0.75	0.48
우유	0.48	0.55	0.52
동물성 지방	0.64	0.64	0.51
맥주	0.62	0.56	0.44
동물성 열량	0.84	0.84	0.76
단백질	0.49	0.48	0.52
지방	0.74	0.75	0.72

여러 가지 식품과 이것이 암 발병률에 미치는 상호관계를 **표 12-3**에 나타내고 있다.

1) 열량 섭취

열량 제한은 암세포 형성을 억제한다. 식이 제한시 인슐린과 소마토스타틴(somatostatin)과 같은 성장 인자들의 대사에 영향을 미쳐 암 발생을 억제시킨다. 반면에 비만인 여성의 경우 요도 신장암의 발생률이 정상 체중을 가진 여성에 비하여 높다. 특히 상체 비만의 여성은 유방암 발생률이 월등히 높은데 이는 유방암의 위험 인자로 작용하는 에스트로겐이 상체 비만형인 여성에게 있어서 훨씬 많이 분비되기 때문이다(그림 12-5).

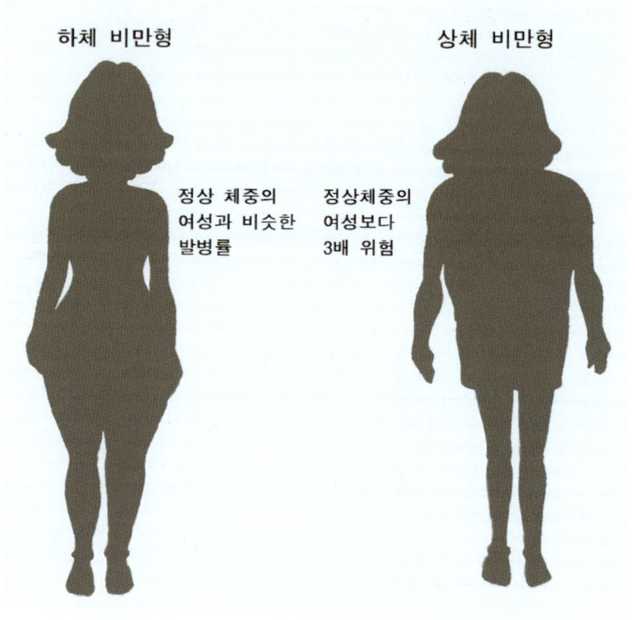

그림 12-5. 비만 체형과 유방암

2) 지방 섭취

암 발생과 가장 밀접한 관계를 가지고 있는 식품이 지방이다. 동물 실험이나 역학조사에 의하면 총지방 섭취량이 높은 국가에서 유방암, 결장암, 췌장암에 의한 사망률이 높게 나타난 반면 지방 섭취량이 적은 국가들은 이들 암으로 인한 사망률이 낮았다. 지방의 섭취가 낮은 일본 여성들의 유방암 발병률은 미국 여성들에 비하여 낮지만 미국에서 태어난 일본 여성들의 경우, 미국식 식사인 고지방식을 섭취함으로써 유방암 발병률이 증가하여 미국인의 평균치에 이르는 것으로 나타났다.

3) 단백질 섭취

동물성 단백질 섭취량이 많으면 유방암과 결장암 발생률이 증가하지만 식물성 단백질 섭취량과는 무관하다고 역학 조사 결과 밝혀졌다. 이는 아마도 동물성 단백질 섭취량이 많아지면 지방과 열량의 섭취량도 함께 증가되는 반면 식이 섬유질 섭취량이 감소되기 때문에 단백질만의 영향이 아닌 같이 먹은 다른 영양소 섭취량과의 복합적인 영향 때문으로 생각된다. 그러나 동물 실험 결과에 따르면 많은 양의 단백질 섭취량이 유방암 발생률을 감소시킨다고 한다. 고단백질 식사가 간 생체 이물 대사효소(hepatic xenobiotic metabolizing enzymes)인 AHH(aryl hydrocarbon hydroxylase)와 Cytochrome P-450 효소의 활성도를 증가시켜 발암 물질을 친수성 물질로 전환시켜 배설을 촉진시키므로 암 발생을 억제시킨다고 한다. 또한 단백질 섭취량이 적은 나라에서 위암 발생률이 높다고 한다. 이는 단백질 결핍이 체내 면역 능력의 저하를 초래하여 암을 유발시키는 것으로 알려져 있다. 이와 같이 현재 단백질은 지방이나 열량처럼 암의 관계에 있어서 일치된 결론을 얻을 수는 없다.

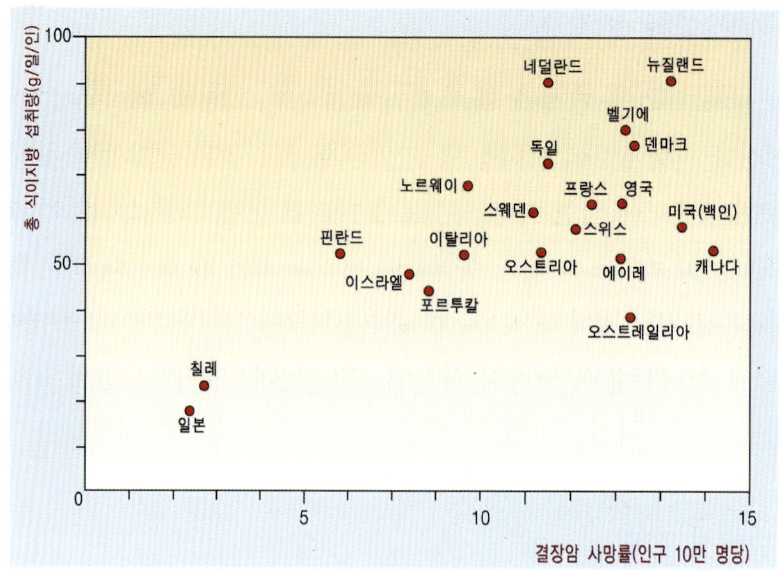

그림 12-6. 각국의 지방 섭취량과 결장암 사망률과의 관계

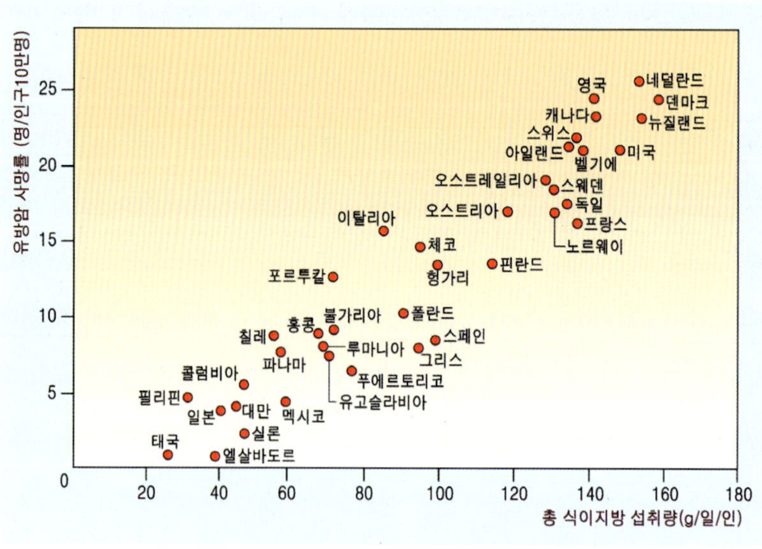

그림 12-7. 각국의 지방 섭취량과 유방암 사망률과의 관계

4) 식이 섬유질의 섭취

미국 식사에 있어 섬유질의 부족이 결장암의 단독 원인으로 꼽히고 있다. 식이 섬유질의 섭취량이 많은 아프리카, 핀란드인에게서 결장암 발생률이 낮다. 이는 섬유질이 장내에서 암 유발 물질과 결합하여 불활성화시키거나 변의 부피감을 증가시켜 대장의 통과시간을 단축시켜 줌으로써 발암 물질이 결장의 벽에서 반응할 시간을 단축시켜 주며 또한 발암 물질을 희석시켜 결장과의 접촉 농도를 낮게 해주기 때문이다.

5) 비타민 섭취

비타민 A의 섭취가 적은 집단에서는 암 발생률이 높다고 여러 연구조사에서 확인되었다. 특히 혈장 내 베타카로틴(β-carotene) 수준이 낮으면 폐암 발생률이 높은 것으로 밝혀졌다. 카로티노이드(carotenoid)는 화학물질, 자외선에 의한 박테리아의 돌연변이 효과를 억제시키며, 이미 형성된 종양의 크기를 작게 함으로써 항암 효과가 있다고 한다.

국제연구협의회에 의하면 위암의 발생률이 높은 일본으로부터 하와이로 이주한 후손들의 위암 발생률이 낮음을 보여주었다. 이 같은 감소는 절이고 염장하고 훈연되어 비타민 C가 충분히 함유되지 못한 식품을 섭취하는 일본의 전통식사에서 훈연이나 염장을 피하고 과일과 야채가 풍부한 식사로 전환시켰기 때문이다. 이러한 관찰은 베이컨이나 생선이 아질산염으로 보관될 때 첨가시킨 비타민 C가 위장관에서 발암 물질인 니트로사민(nitrosamine)의 형성을 방지한다는 사실과 일치한다.

비타민 E는 항산화제의 역할, 유리기의 제거 효과 및 질소 화합물의 발암제 합성의 억제 효과에 의한 항암 작용을 하는 것으로 알려져 있다.

역학조사에 의하면 혈액 내 비타민 E의 농도가 낮은 여성들이 높은 여성들보다 유방암의 발생률이 5배나 더 높았으며, 이외에 위암과 췌장암의 위험도도 높은 것으로 나타났다.

7. 방사선과 암 발생

인체에서 방사선(radiation) 물질이 암을 유발하는 것은 확실한 것으로 알려졌다. 방사선은 햇빛에 의한 것과 치료 등의 목적으로 인간이 개발한 것이 있다.

1) 자연 방사선

태양에 노출이 심하면 피부암에 걸릴 확률이 높다는 보고가 1894년 독일 학자에 의해서 발표되었다. 그 후 태양광선에 의한 암의 유발은 자외선에 의한 것이라는 것이 증명되었다.

피부암은 미국 남서부의 백인과 주로 실외에서 일하는 사람에게 많이 발병되는 것으로 알려져 있다.

2) 인공 방사선

원자폭탄이 투하된 지역의 생존자 가운데 많은 사람에게서 백혈병・폐암・유방암이 발병되었고 방사선 기지에서 가까운 곳에 거주하는 사람에게서도 암 발생률이 높은 것으로 나타났다.

방사선 치료는 훌륭한 의료 기술로 인정되어 많이 쓰이고 있는데 과다한 방사선 조사의 문제점에 대하여 사람들은 큰 관심을 기울이지 않고 있다.

무엇보다도 방사선을 쬐지 않는 것이 위험으로부터 벗어나는 길이다.

8. 연령과 암 발생

연령이 증가함에 따라 모든 형태의 암발생률이 증가된다. 이는 연령이 증가됨에 따라 유전적 물질인 염색체의 손상이 많이 오고 또 세포의 손상을 재생하는 능력이 줄어들기 때문이다. 이와 같은 세포의 손상이 점차적으로 암의 발생을 유발하게 된다. 2011년도 통계청이 발표한 암에 의한 연령대별 사망률은 **그림 12-8**과 같다.

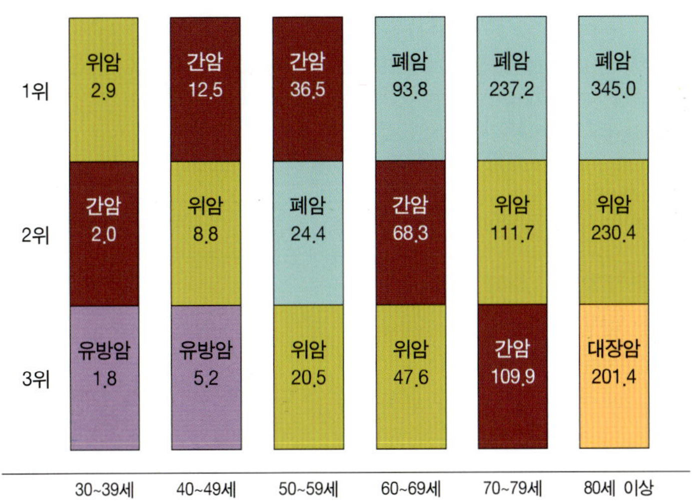

*자료: 2011년 사망원인통계, 2012

그림 12-8. 우리나라 암의 연령별 사망률(인구 10만 명당)

표 12-4. 암의 원인, 작용 기전 및 증상

암종류	위험인자	작용기전	증 상
폐암	흡연	유전적 독성 발암물질의 혼합물, 다중환 방향성 탄화수소, 니트로사민, 석면, 공해물질	기침, 호흡기 질환
	직업적 요인	다중환 탄화수소성 석탄가스, 에테르, 독가스용 유황염, 비소, 니켈, 크롬염광석	
신장암	흡연 비만	담배 중의 니코틴이 발암물질 내분비 : 지방세포가 발암물질로 작용, 에스트로겐 형성	혈뇨, 배뇨 곤란
식도암	염장, 피클음식	특수한 니트로사민	목소리가 쉬고, 음식을 삼키기가 어려움
	음주, 흡연	알코올이 담배 중 특수한 발암물질의 식도에서의 대사조절	
	담배껌	담배 특유의 발암 물질과 발암 촉진물질	
위장암	염장, 피클음식	향료제인 nitrosoindoles, phenolic diazotate	소화 불량, 식욕 부진, 상복부 불쾌감, 체중 감소, 변비
	질산염	위장관에서 발암물질 형성	구토
방광암	주혈흡충증 (biharzia)	알려지지 않은 발암물질, 세포증식의 증가가 위험성을 고조	혈뇨, 배뇨 곤란
	흡연		
	직업적 요인	모피 염료제인 arylamines	
내분비 관계 암: 전립선암, 유방암, 난소암	총섭취지방량 (포화+오메가 6 지방산)	호르몬 불균형 세포막과 세포 내 인자	유방암 : 덩어리가 만져짐
직장암	알코올성 음료, 특히 맥주	직장에서 세포순환율 증가	변통 이상, 점액이나 혈변 출현
간암	균류 함유 음식 일부 식품 만성 바이러스 과음	균류독소(mycotoxins) pyrrolizidine 알카로이드 B형 간염 간손상, 간경변 위험이 발암 유발	피로, 식욕 부진, 체중 감소
	직업적 요인	플라스틱 공업에 냉동제로 쓰이는 vinyl chloride	
	latrogenic	경구피임제 일부(낮은 빈도)	

암을 유발하는 요인들과 이들 인자들의 작용 기전 및 증상들을 요약하여 **표 12-4**에 나타내었다.

9. 영양과 암 예방

암의 발생 원인이 확실하게 밝혀져 있지 않은 현재로서는 암 예방이 중요하다. 최근 역학조사, 동물 실험 및 사례보고에 의하면 식품, 영양이 암 발생(carcinogenic)을 시작한다기보다는 그 과정을 수정 또는 변형한다고 한다. 따라서 균형된 식사를 하여 좋은 영양 상태를 유지하며 발암물질이나 증진제는 피해서 음식을 선택하고 특히 담배, 술 등을 과용하지 않아야 한다.

1) 지방

포화지방산의 섭취 수준이 높으면 유방암(breast cancer), 직장암(colon cancer), 전립선암(prostate cancer)과 기타 암에 걸릴 가능성이 높다. 따라서 현재까지 규명된 자료를 보면 지방으로부터 공급되는 에너지는 총에너지 공급량의 30% 이내로 줄이고 특히 심혈관 질환 예방과 암 예방을 위해서는 식물성 불포화지방산(polyunsaturated vegetable fat)을 10%까지 섭취해야 한다. 또한 어떤 연구결과에 의하면 오메가 3계 지방산(ω-3 fatty acid)은 항암 역할을 하고 오메가 6계 지방산(ω-6 fatty acid)은 암 발생을 증가시킨다는 보고도 있다. 그러나 아직도 암 예방을 위한 최적 수준의 지방 섭취량과 지방의 종류에 대해서는 연구가 더 필요하다.

2) 식이 섬유질

식이 섬유의 섭취량을 늘리면 직장암과 유방암의 발생을 줄일 수 있다. 식이 섬유 중에 포함된 피트산(phytate)도 직장암과 유방암의 발생을 줄인다. 1일 식이 섬유 섭취량은 30 g 이상으로 유지해야 한다.

3) 비타민

비타민 C, 비타민 E 그리고 베타카로틴(β-carotene)은 항산화제 역할을 하는 영양소(antioxidant nutrients)이다. 비타민 C(ascorbic acid)는 세포외액(extracellular fluid)에 있는 주요 항산화제로서 지방이 과산화(peroxidation)되기 전에 과산화기(peroyl radical)를 제거하고 또 비타민 E가 항산화제 역할을 할 수 있는 형태로 재생시킨다. 따라서 조직의 산화적 손상(oxidative damage)을 방지하고 발암물질(carcinogen)인 니트로사민(nitrosamine)과 퀴논(quinone)의 생성을 억제하며 항암 역할을 한다.

4) 무기질

미량 무기질 중 셀레늄(Se)은 암세포의 성장을 억제하고 아연(Zn)은 면역 기능을 증가시킨다.

5) 기타

브로콜리, 콜리플라워, 양배추 등 평지과 식물에서 발견되는 이소티아시아네이트(isothiocyanate)라는 화학물질이 항암작용을 가지고 있다. 그리고 양파에 들어 있는 폴리페놀(polyphenol) 성분인 케르세틴(quercetin)과 미리세틴(myricetin), 그리고 포도에 들어 있는 레스베라트롤(resveratrol)

표 12-5. 식품 중에 함유되어 있는 항암 물질

구 분	급원식품	작 용
비타민 A	간, 우유, 과일, 채소 (1일 7,500~1,000 IU 섭취할 것)	정상세포 발달 증진, 피부암·유방암·방광암·위암·식도암 예방 비타민 A 섭취 흡연자는 폐암 발병률 저하
비타민 E	전곡, 식물성 기름, 푸른잎 채소	항산화 효과에 의한 항암 작용, 유방암·폐암 예방, 암으로 인한 전체적인 사망률 저하
비타민 D	강화우유	세포성장을 억제하는 단백질 합성 증가
비타민 C	과일, 채소 (1일 75 mg 이상 섭취할 것)	항산화 효과로 니트로사민 형성 방지, 위암·식도암·자궁경부암 예방
엽산	과일, 채소, 전곡	정상세포 발달 증진
셀레늄	해조류, 효모 (1일 200 mg 섭취할 것)	glutathione peroxidase system에 관여
카로티노이드	과일, 채소	항산화제로서 세포 대사에 영향
indoles, phenols	양배추, 콜리플라워, 마늘, 녹차	발암물질의 활성 억제
식이섬유질	밀기울, 전곡, 과일, 완두콩 (1일 30~40 g 섭취할 것)	변에서 발암물질과 결합하여 농도 희석 및 장의 통과시간 단축, 결장암·직장암 발병률 감소
칼슘	유제품, 녹색채소	결장에서 암세포 분열 지연, 담즙산과 유리지방산과 결합
오메가 3계 지방산	cold-water fish	종양 성장 억제
콩제품	두유, 두부, 콩	소장에서 피트산이 발암물질과 결합, 제니스테인이 악성 종양 세포의 성장 억제, 유방암 예방
CLA*	유제품, 육류, 생선	종양 성장을 억제하고 항산화제로서 작용한다.

*CLA : conjugated linoleic acid

등이 암세포 증식을 억제한다.

지금까지 밝혀진 식품 중에 함유되어 있는 항암물질들의 종류와 기능을 **표 12-5**에 나타내었다.

10. 암 예방을 위한 권장 사항

지금까지 어떤 특정한 식사가 암을 유발한다는 증거가 없듯이 어떤 특수한 식사가 암을 예방하지도 못한다. 그러나 암 예방을 위하여 권장되는 사항은 다음과 같다.

1 비타민 A를 충분히 섭취하는 사람은 암에 걸릴 확률이 적다. 실제로 동물에서 암 예방 목적으로 비독성인 비타민 A 아날로그(analog)가 사용되고 있다.

2 비만인 여성은 요도암, 신장암에 걸릴 확률이 높다. 따라서 정상 체중을 유지하도록 한다.

3 숙주나물(sprout), 양배추(cabbage), 브로콜리(broccoli) 등의 야채에 있는 인돌(indole) 성분은 소화기 내에서 발암물질을 불활성화하는 효소를 유도한다고 한다.

4 장기간에 걸쳐 비타민 A, C, B 복합체가 부족한 경우 암에 대한 감수성이 증가한다.

5 무기질의 적절한 섭취가 중요하다. 많은 양의 셀레늄은 발암물질로 작용하는 동시에 셀레늄의 부족은 암 유발을 증가시키기도 한다.

6 저콜레스테롤 식사는 심장질환을 예방하는 반면에 암을 유발할 수 있다는 보고도 있다.

대한암협회에서 제정한 암 예방을 위한 권장사항

- 편식하지 말고 영양소를 골고루 섭취한다.
- 과일 및 곡류 등 섬유질을 많이 섭취한다.
- 항암 효과가 입증된 우유와 된장국의 섭취를 권장한다.
- 비타민 A, C, E를 적당량 섭취한다.
- 과식하지 말고 지방을 적게 먹어 정상체중을 유지한다.
- 너무 짜고 매운 음식과 뜨거운 음식을 피한다.
- 불에 직접 태우거나 훈제한 생선이나 고기는 피한다.
- 곰팡이가 생기거나 부패한 음식은 피한다.
- 술을 과음하거나 자주 마시지 않는다.
- 담배는 금한다.
- 태양광선, 특히 자외선에 과다하게 노출하지 않는다.
- 땀이 날 정도의 적당한 운동을 규칙적으로 하되 과로는 피한다.
- 스트레스를 피하고 기쁜 마음으로 생활한다.
- 목욕이나 샤워를 자주하여 몸을 청결히 한다.

⑦ 비타민 C와 같은 항산화제는 니트로사민의 형성을 억제하는 것으로 본다. 따라서 비타민 C의 다량 섭취는 위암 유발을 감소시킨다고 알려져 있다.

⑧ 열량 제한은 동물에 있어 암의 발달을 저해한다.

⑨ 섬유질은 장내 음식물의 이동을 빠르게 하고 미생물의 종류와 양을 변화시킴으로써 장암의 발생을 낮춘다고 알려져 있다.

⑩ 커피는 췌장암을 일으킬 수도 있다고 제안되었으나 이는 증명되지 않았으며 한두 잔 정도의 커피는 권장되고 있다.

⑪ 콩과류 식품에 들어 있는 단백질 소화 저해인자(protease inhibitor)는 항암 효과가 있는 것으로 나타났다. 이는 채식가들에게 있어 암의 발생률이 낮다는 것을 뒷받침할 수 있는 요소로 제시된다.

이상과 같은 내용으로 미루어 볼 때 어느 한 요소가 암을 예방할 수 있는 것이 아니며 특히 아직 규명되지 않은 것들이 많이 있다. 다만 이 시점에서 암 예방을 위한 최선의 권장 사항은 첫째 균형된 식사를 하고, 둘째 다양한 식품을 섭취하며, 셋째 비타민과 무기질을 적절하게 섭취하고, 마지막으로는 발암물질로 알려진 것들을 피하도록 하며 특히 담배, 술 등을 과용하지 않아야 한다.

11. 3대 암 예방 인자

1) 운동

운동은 암을 극복하는 데 최고이다. 대장암, 유방암, 전립선암, 난소암 등은 운동에 의하여 예방된다. 이들 암은 대부분 운동부족으로 체내 호르몬 분비의 균형이 깨지면서 발생한다.

2) 위생 관리

자궁경부암은 파필로마 바이러스가, 위암은 헬리코박터 세균이 그리고 간암은 간염 바이러스에 의하여 발병률이 증가한다. 식생활과 성생활 등 생활환경을 청결하게 유지하는 것이 암 예방을 위한 지름길이다.

3) 채식

신선한 야채와 과일에는 여러 가지 항암작용을 하는 성분들이 풍부하게 들어 있다(표 12-6).

표 12-6. 항암 성분이 많이 든 식품

항암 성분	주요 식품	기 능
함황화합물	마늘, 양파	면역능력 향상
안토시안	사과, 체리, 딸기, 적포도주	항산화제
베타카로틴	살구, 고구마, 당근	항산화제
카테킨	녹차, 다크초콜릿	자연적인 방어능력 증강
플라보노이드	사과, 딸기, 브로콜리, 양파	유전자 손상 방어
엽산	아스파라가스, 사탕무, 렌즈콩	손상된 유전자를 고쳐줌
라이코펜	토마토, 수박, 살구	항산화제
불포화지방산	올리브유, 땅콩, 호도	유방, 대장암 예방
셀레늄	고등어, 버섯, 조개류	폐, 전립선, 대장암 예방

*자료: 미국암협회

암의 분류

발병되는 조직 또는 세포에 따라 분류한다.

- 선종(adenomas) : 선조직(glandular tissue)에 발생한다.
- 암종(carcinomas) : 상피조직에 발생한다.
- 신경교종(glimas) : 중추신경계의 신경교세포(glial cell)에 발생한다.
- 백혈병(leukemia) : 골수의 혈액생성세포에 발생한다.
- 림프종(lymphomas) : 림프조직에 발생한다.
- 흑색종(melanomas) : 멜라닌이 착색된 피부세포에서 발생한다.
- 육종(sarcomas) : 근육, 뼈, 결체조직에서 발생한다.

참고문헌

Applegate, L. 2004. *Nutrition Basics for better Health and Performance*, Kendll/Hunt. Publ. Co.

Alfin-Slater, R.B. and D. Kritchevsky. 1991. Human Nutrition, a Comprehensive treatise, Vol. 7. *Cancer and Nutrition*. Plenum Press, New York.

Jacobs, M.M. 1993. Diet, nutrition and cancer research : An overview. *Nutr. Today* 28(3) : 19-23.

Kraus, M.V. and L.K. Mahan. 1978. *Food, Nutrition, and Diet Therapy*, 6th ed. Saunders Co., Philadelphia.

Linder, M.C. 1984. *Nutritional Biochemistry and Metabolism with Clinical Application*. Elsevier, New York.

Machlin, L.J. and H.E. Sauberlich. 1994. New views on the function and health effects of vitamins. *Nutr. Today* 29(1) : 25-29.

Mann, J. and A.S. Truswell. 2002. *Essentials of Human Nutrition*. 2nd ed. Oxford University Press.

Prescott, D.M. 1988. *Cells, Principles of Molecular Structure and Function*. Jones and Bartlett Pub. Boston.

Rolfes, S.R., K. Pinna and E. Whitney. 2006. *Understanding Normal and Clinical Nutrition*. Thomson Wadsworth.

Scheinder, W.L. 1983. *Nutrition, Basic Concepts and Applications*. McGraw-Hill Book Co., New York.

Shils, M.E. and V.R. Young. 1988. *Modern Nutrition in Health and Disease*. 7th ed. Lea & Febiger, Philadelphia.

Wardlaw, G.M. and J. Hamp. 2006. *Perspectives in Nutrition*. 7th ed. McGraw-Hill, N.Y.

Whitney, E.N., C.B. Catado, L.K. DeBruyne, and S.R.Rolfes. 2001. *Nutrition for Health and Health Care*, 2nd ed. Wadsworth.

Williams, E.R. and M.A. Caliendo. 1984. *Nutrition, Principles, Issues, and Applications*. McGraw-Hill Book Co., New York.

대웅사보. 1995년 10월 27일자.

동아일보. 1995년 10월 27일자.

조선일보. 2008년 1월 16일. 건강섹션. 간암, 바이러스만 억누를 수만 있다면.
중앙일보. 2003년 2월 25일자.
________. 2003년 9월 26일자.
________. 2005년 2월 2일. 발암물질 17개 새로 지정.
통계청. 2012. 2011년 사망원인통계.
한국비타민 정보센터. 1994년. 비타민 제2집.

CHAPTER
13

환경호르몬과 영양

최근 우리는 신문이나 TV 등 매스컴을 통하여 환경호르몬(environmental hormone)이라는 단어를 쉽게 접하고 있다. 이미 수년전 미국이나 일본, 유럽 등에서는 환경호르몬이 인간과 동물의 신체 내에 작용하여 수컷의 정자수를 감소시키거나 수컷의 암컷화, 성장억제 등을 초래하여 종국에는 인류를 비롯한 지구상의 모든 생명체의 멸종을 초래할지 모르는 위험요인이라고 인식하고 환경호르몬이 되는 물질의 검색, 환경호르몬의 실태조사, 생태계에 미치는 영향과 작용기전 규명에 대한 연구가 활발하게 진행되고 있다.

우리나라에서도 식품용기에서의 비스페놀 A(bisphenol A) 검출, 쓰레기 소각장에서의 다이옥신(dioxin) 배출, 수입 쇠고기에서의 다이옥신 검출, 어린이 장난감에서의 DEHP(diethylhexyl phthalate) 검출, 진해 굴양식장의 수확 감소, 낙동강 하류에 서식하는 수컷 잉어의 암컷화 등이 조사 보고되었다. 이로 미루어 볼 때 이미 우리나라도 환경호르몬으로 인한 생태계의 변화가 진행되고 있음을 알 수 있다. 이에 따라 1998년에 환경부, 노동부, 식품의약품안전청, 국립환경연구원, 농업과학기술연구원 관계자 및 민간 전문가로 구성된 내분비계 장애물질 대책 협의회를 발족시켜 환경호르몬의 실태조사를 하고 있으며 앞으로 역학조사 등을 통하여 환경호르몬 유발 물질의 지정 및 규제 방안을 마련할 계획이다.

여기서 환경호르몬이란 무엇이고, 환경호르몬이 우리 체내에 어떻게 들어와서 인체에 어떤 영향을 미치며, 환경호르몬의 피해를 줄일 수 있는 대처 방안이 무엇인가에 대하여 살펴보고자 한다.

1. 환경호르몬의 정의

학술용어로는 내분비계 장애물질(endocrine disruptors)이라고 하는데 이들 물질이 동물이나 사람의 몸 안에 들어가서 내분비계의 기능을 방해하거나 교란시키는 화학물질로 정의하며 1997년 일본 학자들에 의하여 환경호르몬(environmental hormone)이라고 명명되었다.

또한 미국 환경보호국(environmental protection agency, EPA)은 신체의 항상성(homeostasis)의 유지와 발달과정의 조절을 담당하는 체내 호르몬의 생산, 방출, 이동, 대사, 결합, 작용, 제거 등을 방해하는 체외 물질(exogenous agent)이라고 정의한다.

환경호르몬은 일반적으로 합성 화학물질로서 생체 내에 합성되는 호르몬과 비교하여 볼 때 쉽게 분해되지 않고 비교적 안정하다. 또한 환경과 생체 내에 잔류하는 기간이 길며 주로 지방조직에 축적되는 특징이 있다.

2. 환경호르몬의 종류

환경호르몬으로 추정되는 물질로는 현재 우리가 널리 사용하고 있는 각종 합성 화학물질, 살충제 · 제초제 등의 농약류, 중금속, 소각장에서 배출되는 다이옥신류, 식물에 존재하는 피토에스트로겐(phytoestrogen) 등의 호르몬 유사물질, 의약품으로 상용되는 합성 에스트로겐(estrogen)류, 기타 식품 및 식품 첨가제 등을 들 수 있다. 현재 세계야생동물보호기금단체(world wildlife fund)에서 67가지, 일본 후생성에서 143가지, 미국에서 73가지의 화학물질을 환경호르몬으로 제시하고 있다. 이 중 우리가 생활 주변에서 쉽게 접할 수 있고 우리에게 많은 영향을 미치는 것으로 알려져 있는 내분비 장애물질들을 **표 13-1**에, 그리고 식품에 잔류하는 환경호르몬을 **표 13-2**에 각각 제시하였다.

표 13-1. 내분비 장애물질의 종류

종 류	발 생 원
다이옥신	쓰레기 소각장, 월남전 당시 고엽제 성분
폴리염화비페닐 (polychlorinated biphenyl, PCB)	전기 절연제
트리뷰틸 주석(tributyl tin, TBT)	선박용 페인트
비스페놀 A(bisphenol A)	합성수지 원료, 식품과 음료수 캔의 내부 코팅제, 치과치료시 이용되는 코팅제
폴리카보네이트(polycarbonate)	플라스틱 식기
프탈산 화합물(phthalates : DBP, BBP)	플라스틱 가소제
스틸렌 다이머, 스틸렌 트리머 (styrene dimers & trimers)	컵라면 용기 등 1회용 식품 용기, 식품포장 용기
DDT(dichloro-diphenyl)	살충제
아트라진(atrazine)	농약
알킬페놀(alkylphenol)	합성세제
BHA(butylated hydroxyanisole)	식품첨가제

표 13-2. 식품에 잔류하는 환경호르몬

종 류	식 품
2,4-dichlorophenol	수입레몬, 수입자몽
OPP(ortho-phenylphenol)	수입레몬, 수입오렌지
알라크로르(alachlor)	수입콩
카바릴(carbaryl)	수입딸기, 수입젤리
사이페메트린(cypermethrin)	파, 시금치
파라치온(parathion)	수입오렌지, 수입망고
빈크로진(vinclozolin)	체리, 수입키위
펜빌레이트(fenvalerate)	수입브로콜리
베노밀(benomyl)	수입바나나, 수입망고
메소밀(methomyl)	상추, 배추
지네브(zineb)	토마토, 오이, 완두콩

1) 다이옥신

다이옥신은 쓰레기 소각장이나 화학공장, 자동차 등에서 배출되는 화학물질로 생식능력을 떨어뜨리고 면역 기능을 저하시키는 환경호르몬으로 분류되며, 1997년 국제암연구기구(IARC)에 의하여 폐암과 자궁내막증 등을 유발하는 발암물질로 규정되었다.

다이옥신은 환경호르몬 중 피해 사례가 많이 알려져 있으며 비교적 대책이 진전되어 있는 화학물질이다. 베트남 전쟁 당시 다량 살포된 고엽제에 함유되었던 다이옥신의 영향으로 베트남뿐만 아니라 참전 미국 병사들에게서 태어난 아이들에게 심한 장애가 발견되면서 다이옥신의 독성이 세계에 알려지게 되었다. 우리나라도 얼마 전 경기도 고양시 일반 쓰레기 소각장에서 많은 양의 다이옥신이 검출되어 가동이 일시 중단된 적이 있다.

뿐만 아니라 현대인들이 먹는 대부분의 음식이 환경호르몬인 다이옥신에 오염되어 있는 것으로 조사되었다. 이같은 사실은 뉴욕 주립대 보건과학센터 연구팀이 미국 전역의 슈퍼마켓에서 수거한 식료품을 분석한 결과 다음과 같이 나타났다(표 13-3).

표 13-3. 식품 중에 함유된 다이옥신 함량(기준량 : 100 g)

종 류	함 유 량(pg)*
민물생선	34
버터	39
치즈	14
아이스크림	11
계란	12
쇠고기	16
돼지고기	10
닭고기	7
야채	3

*pg(피코그램) : 1조분의 1 g

이상과 같이 인간이 섭취하는 모든 종류의 음식이 다이옥신에 오염되어 가고 있다. 즉 소각장 주변이나 화학공장 주변의 목초지가 다이옥신에 오염되고 그 풀을 먹은 소나 닭, 돼지가 2차적으로 오염된다. 그리고 다이옥신에 오염된 쇠고기나 돼지고기, 닭고기 등의 섭취에 의하여 사람에게 오염된다(그림 13-1).

그림 13-1. 다이옥신 오염 경로

다이옥신에 대한 미국 환경보호국(EPA)의 하루 섭취허용량은 체중 1 kg당 1 pg이다. 따라서 체중 70 kg인 사람이 민물생선 200 g만 섭취해도 하루 섭취 허용량을 초과하게 된다. 반면 세계보건기구(WHO)의 다이옥신 1일 섭취 한계량은 하루에 1~4 pg/체중kg이고, 우리나라와 일본은 4 pg/체중 kg이다. 식품의약품안전청 발표에 따르면 우리나라 국민의 1일 다이옥신류 노출량이 0.4 pg/체중kg으로 외국과 비교해볼 때 비교적 낮은 수준이었다.

2) BHA

BHA(butylated hydroxyanisole)는 항산화제(antioxidants)로서 유럽공동체(European Community, EC)와 우리나라에서 사용이 허가된 식품첨가제이다. 이 물질은 치즈 스프레드, 마가린, 디저트 토핑 등을 만들 때 첨가되고 있으며 사람은 BHA가 첨가된 식품을 섭취함으로써 이 물질에 노출된다. BHA는 독성이 비교적 낮은 것으로 알려져 있으며 현재까지 BHA가 체내에 미치는 영향에 대해서 논란이 되고 있다. 그러나 시험관 내(in vitro) 실험 결과, 이 물질은 인간의 에스트로겐(estrogen) 수용체와 비슷한 활성을 가지고 있으며 유방암 발병과 상관관계가 있는 것으로 밝혀졌다. 현재 BHA는 영아용 식품에 사용이 금지되어 있다.

3) 프틸산 화합물

프틸산 화합물(phthalates)은 식품포장과 제조 공정시 식품에 오염되는 것으로 알려져 있다. 프틸산 화합물 중 DBP(di-n-butyl phthalate)와 DEHP(di-ethylhexyl phthalate)는 종이나 마분지로 포장된 케이크, 유지류 등에서 쉽게 발견되는데, 영국에서 실시한 조사에 의하면 초코 코팅 케이크에서 5.8 mg/kg의 DBP가 검출되었고 소시지에서 4.4 mg/kg, 식물성 기름에서 8.4 mg/kg이 각각 검출되었다. 또한 DEHP는 과자에서 25 mg/kg, 식물성 기름에서 11 mg/kg이 검출되었고 유아용 조제분유에서 BBP(butyl benzyl phthalate)가 0.25 mg/kg 검출되었다(표 13-4). 이외에도 칩, 초콜릿 바 그리고 치즈 같은 낙농제품에서 다량의 프틸산 화합물이 발견되었다.

최근 우리나라에서는 어린이 장난감 중 딱지에서 다량의 DEHP가 검출되어 커다란 충격을 주었다. 프틸산 화합물에 노출되면 호르몬 관련성

암의 발병 증가, 여자아이의 성조숙증, 남자아이의 생식기 왜소화 그리고 정자수의 감소 등을 초래한다. 현재 영국에서는 식품의 포장지에 프틸산 화합물 사용을 중단했다.

폴리카보네이트(polycarbonate) 소재에 열을 가하면 비스페놀 A(bisphenol A)라는 환경호르몬이 배출된다. 폴리카보네이트는 아기 젖병, 물병, 선글라스, 헤어드라이어, 선풍기 부품 등에 광범위하게 사용되고 있다. 또한 비스페놀 A는 캔 내부 코팅제, 병마개, 수도관 내장 코팅제로 쓰이고 있다.

표 13-4. 식품 중에 함유된 프틸산 화합물의 함량

프틸산 화합물	식 품	함 유 량
DBP	초코 코팅 케이크	5.8 mg/kg
	소시지	4.4 mg/kg
	식물성 기름	8.4 mg/kg
DEHP	과자	25 mg/kg
	식물성 기름	11 mg/kg
BBP	유아용 조제분유	0.25 mg/kg

3. 환경호르몬의 작용 기전

정상 호르몬은 체내에서 합성, 분비, 작용부위로 운반, 수용체와 결합, 신호 전달, 유전적 발현 활성화 등 일련의 과정을 거치면서 작용한다. 그러나 환경호르몬이 존재하게 되면 이러한 과정 중 어느 단계를 방해

또는 교란시킴으로써 장애가 초래된다고 알려져 있다.

현재 환경호르몬의 작용기전을 밝혀내기 위한 연구가 미국, 일본, 유럽 등에서 수행되고 있는데 지금까지 밝혀진 바에 의하면 환경호르몬이 수용체 결합과정 중 호르몬 유사 작용(mimics), 호르몬 봉쇄 작용(blocking)과 촉발 작용(trigger)을 함으로써 정상 호르몬의 작용을 방해하는 것으로 알려져 있다(그림 13-2).

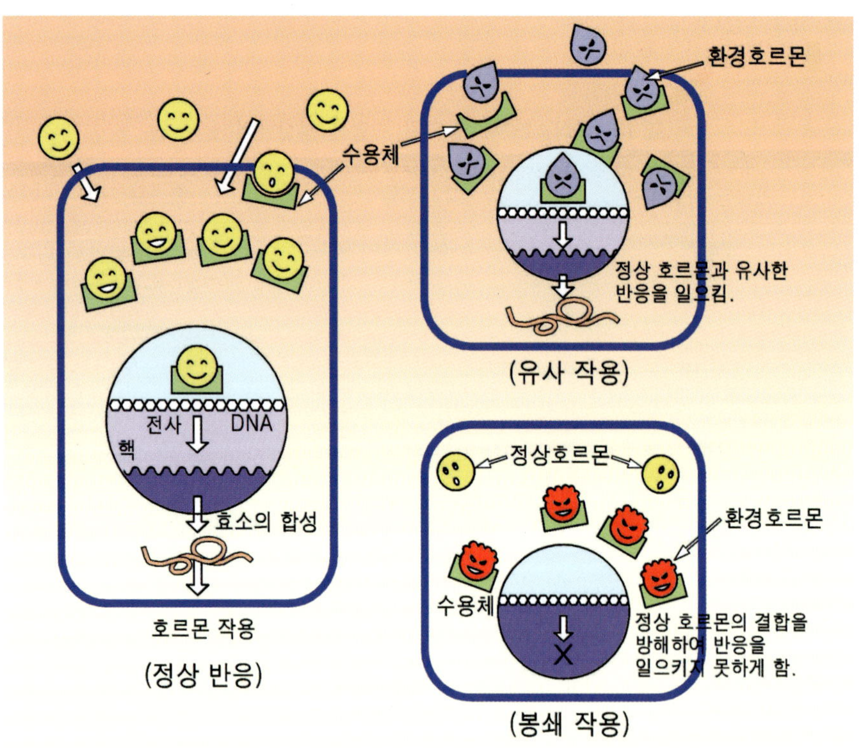

그림 13-2. 환경호르몬의 작용 기전(촉발 작용은 유사 작용과 비슷하다)

1) 호르몬의 유사 작용

환경호르몬이 호르몬 수용체와 결합하여 정상 호르몬과 유사하게 작용한다. 이러한 물질은 정상적인 반응과는 달리 비정상적인 생리 작용을 야기시켜 정상호르몬보다 강하거나 약한 신호를 전달하여서 내분비계를 교란시킨다. 대표적인 예로써 합성 에스트로겐이 에스트로겐의 유사체로 체내에서 작용하는 것을 들 수 있다.

2) 호르몬의 봉쇄 작용

환경호르몬이 호르몬 수용체 결합부위를 봉쇄시켜서 정상호르몬이 수용체와 결합할 수 없게 함으로써 정상호르몬의 기능을 저해하는 것이다.

대표적인 예로써 살충제로 사용되는 DDE(dichloro-diphenyl-dichloro-ethylene)는 안드로겐 호르몬(androgen hormone)을 봉쇄하여 정상적인 기능을 하지 못하게 한다.

3) 호르몬의 촉발 작용

환경호르몬이 수용체와 결합하여 정상호르몬의 작용에서는 나타나지 않는 비정상적인 대사가 생체 내에서 유발된다. 이러한 작용으로 생체 내에서 불필요하거나 해로운 물질들이 합성되기도 하고 암이 유발되기도 한다. 예로 다이옥신이 이와 같은 작용기전으로 체내에 나쁜 영향을 미친다고 알려져 있다.

4. 환경호르몬이 인체에 미치는 영향

제2차 세계대전 이후 무수히 많은 종류와 많은 양의 환경호르몬이 환경 중에 존재하고 있다고 한다. 그럼에도 불구하고 현재 환경호르몬이 인체에 미치는 영향에 대해서는 아직 명확하게 밝혀져 있지 않다. 그러나 여러 연구기관들의 역학조사 및 생태계에 관한 연구 조사 결과 정자수의 감소, 정자 운동성의 저하, 생식기능 저하, 기형아의 출생 증가, 유방암·전립선암 발병의 증가 그리고 불임 등과 환경호르몬의 상관관계가 높은 것으로 밝혀져 환경호르몬이 현재뿐만 아니라 미래에 인간의 건강에 심각한 영향을 미칠 것으로 생각된다.

환경호르몬과 관련된 최초의 사례 보고는 1970년대 합성 에스트로겐인 DES(diethylstilbestrol)라는 유산방지제를 복용한 임산부로부터 태어난 아이들에게서 생식기 이상, 불임, 자궁 기형, 정자수 감소, 뇌발달 장애, 면역기능의 장애 등이 관찰되어 보도된 것이다. 이후 1992년 덴마크의 연구팀이 20개국의 건강한 남자 1만 1천 명을 조사하여 과거 50년 동안에 남자들의 정자수가 정액 1 mℓ당 1억 1천 3백만 개에서 6천 6백만 개로 약 50% 감소되었고 또한 정액량도 약 25% 감소하였다고 보고하였다. 최근 일본에서도 40대 남자들의 평균 정자수가 8천 4백만/mℓ개인 반면 20대 남자들은 4천 6백만/mℓ개로 정자수의 감소가 관찰되었다. 또한 일본에서는 근래 20년 동안 아토피성 피부병 발생률이 7배나 증가하였으며 후생성 통계에 의하면 3세 어린이의 31.2%가 아토피성 피부염에 걸렸다고 한다. 게다가 모유를 섭취하는 유아에게서 인공유를 섭취하는 유아에 비하여 아토피성 피부병 발생이 높았는데 이는 일본인의 모유 내 다이옥신 함유량이 높기 때문이라 여겨진다.

이외에도 대만에서 PCB에 오염된 식용유를 섭취한 임산부로부터 태어난 아이들에게서 성장지연, 주의력 감소, 성기 왜소증, 성기 기형 등이 관찰되었고 네덜란드의 환경오염 지역에 거주하는 임산부에게서 태어난 아이들은 행동장애, 학습능력의 저하 그리고 면역기능에 장애를 가져왔다고 한다. 여러 국가에서 보고한 환경호르몬과 관련된 주요 사례는 **표 13-5**에 나타내고 있다.

표 13-5. 환경호르몬과 관련된 주요 사례

국 가	사 례	원인물질
대한민국	• 베트남전쟁에 참전했던 군인들 중 불임·성기능 장애 발견 • 1995년 경남 양산의 LG전자 부품공장 • 1998년 마산과 진해 앞바다에 서식하는 암컷 고둥(소라류)의 수컷화 • 1999년 낙동강 하류에 서식하는 수컷 잉어의 암컷화	고엽제 솔벤트-5200 TBT 비스페놀 A
일 본	• 1998년 남자들의 평균 정자수 감소 (20대 4천 6백만개/mℓ, 40대 8천 4백만개/mℓ) • 1998년 도쿄 외곽의 다마천에 서식하는 수컷 잉어의 정소 이상	
미 국	• 1938~1988년 사이 남자 정자수가 1.5% 감소 • 플로리다 주 호수에 서식하는 수컷 악어의 생식기 기능 감소 • 오대호에 서식하는 수컷 갈매기의 암컷화	 DDT DDT, PCB
영 국	• 1984~1995년 사이 정자수가 매년 2%씩 감소 • 하천에 사는 잉어 중 암수동체 잉어의 대량발견	세제 노닐페놀
프 랑 스	• 남성들의 정자수 감소(1973년 8천 9백만개/mℓ, 1995년 6천만개/mℓ) • 평균 고환 크기의 감소(1981년 18.9g, 1991년 17.9g)	
덴 마 크	• 1938~1990년 사이 정자수의 감소 (1억 1천 3백만개/mℓ에서 6천 6백만개/mℓ)	
벨 기 에	• 수정 불가능한 정자수 증가(1980년 5.4%, 1996년 9.0%)	

현재 인체에 대한 대부분의 환경호르몬 영향에 대하여 명확하게 규명되어 있지는 않으나 현대 인류의 질병 추세에 관한 연구에서 달리 설명되지 않는 현상들의 원인으로 환경호르몬을 우선 꼽을 수 있다. 따라서 앞으로 이를 밝히기 위한 많은 과학적이고 체계적인 연구가 수행되어야 하며 이들 물질로부터 인간을 보호하기 위한 구체적인 대책 마련이 절실히 요구된다.

5. 환경호르몬이 인체에 들어오는 경로

환경호르몬이 빗물, 호수, 바다, 물, 토양, 식품, 대기, 용기 등 우리 생활 주변에서 발견되고 있으며 이들 물질이 우리 체내로 들어오는 경로를 6가지로 분류할 수 있다(그림 13-3).

1 대기를 통하여 체내에 들어온다.
2 물이나 토양을 통하여 체내에 들어온다.
3 플라스틱 제품 사용으로 인하여 체내에 들어온다.
4 농약류 사용으로 인하여 체내에 들어온다.
5 음식물을 통하여 체내에 들어온다.
6 약물 복용으로 인하여 체내에 들어온다.

환경호르몬은 지방조직 등에 축적되며 생체 내에 잔류하는 기간이 길어 많은 양의 환경호르몬이 농축되어 우리 체내로 들어오는 특징을 가진다. 즉 **그림** 13-4에 나타나 있는 것처럼 바닷물에 오염된 PCB가

그림 13-3. 환경호르몬이 체내에 들어오는 경로

식물 플랑크톤을 오염시키고 이를 동물 플랑크톤이 먹고 이것을 작은 물고기가 먹고 작은 물고기를 큰 물고기가 먹어가는 사이 PCB의 농도는 바닷물의 농도보다 약 280만 배 증가 농축되는 것을 알 수 있다. 그리고 무엇보다도 중요한 것은 먹이 사슬의 정점에 있는 인간이 가장 농축된 환경호르몬을 섭취하게 되는 것이다.

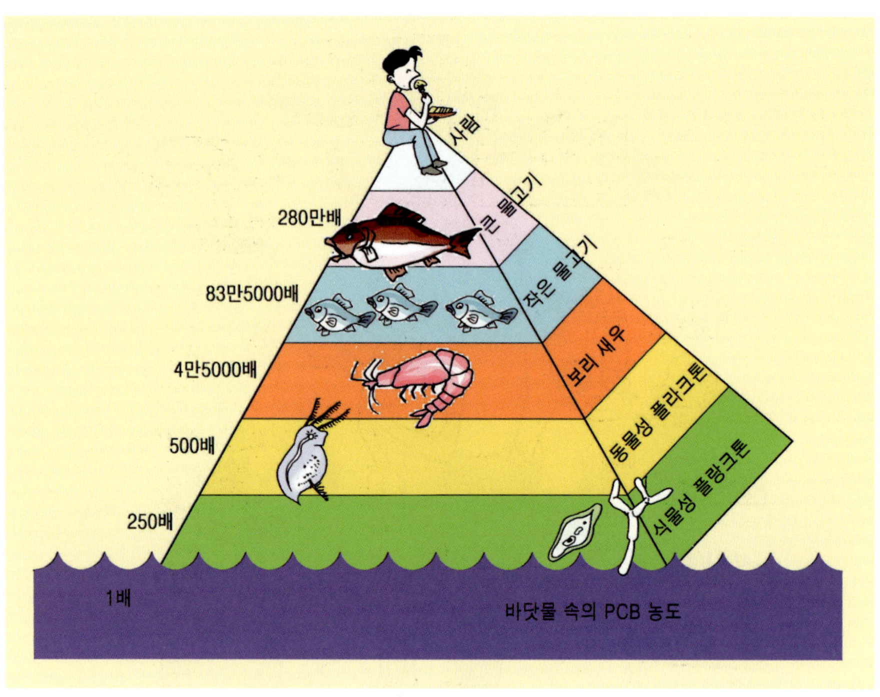

그림 13-4. 먹이 사슬과 환경호르몬의 농축

6. 환경호르몬의 대응 방안

환경호르몬은 오존층 파괴, 지구 온난화 문제와 더불어 우리가 해결해야 할 가장 시급한 환경 문제 중 하나임에 틀림없다. 가장 근본적인 대책은 환경호르몬에 대한 노출을 최소화하는 것이다. 이 때문에 환경호르몬에 대한 보다 많은 관심을 가져야 한다. 다음은 생활 중에서 우리가 실천할 수 있는 방안들을 제시한 것이다.

♠쓰레기를 분리 수거한다.

다이옥신은 염화비닐이나 플라스틱 제품을 태울 때 발생한다. 따라서 염화비닐로 만든 플라스틱 랩, 스타킹 봉투, 반창고, 스타킹 등 타지 않는 쓰레기와 일반 쓰레기를 분리하여야 한다. 이외에도 전화카드, 플라스틱 용기, 카세트테이프, 피혁, 고무, 페트병 등을 들 수 있다. 또한 이와 더불어 플라스틱의 절대 소각량을 줄여야만 하고 쓰레기 소각시 발생하는 다이옥신을 제거하기 위한 흡착 여과기의 개발 등이 요구된다.

♠일회용 식품 용기의 사용을 자제한다.

일회용 플라스틱 식기나 용기로부터 환경호르몬이 녹아 나와 음식에 오염되어 체내에 들어올 수 있기 때문에 이러한 일회용 식기의 안전성 검사가 충분히 이루어져야 하며 사용량 또한 제한할 필요가 있다.

♠동물성 지방 섭취를 가급적 줄인다.

환경호르몬은 주로 생체 내 지방조직과 친화적인 성질이 있어 축적 지방에 많이 분포되어 있다. 그러므로 살충제나 제초제를 사용했던 목초나 작물로 사육된 가축의 지방 성분 즉 치즈, 버터, 육류 등에 많은 환경호르몬이 축적되어 있을 가능성이 크다. 따라서 이들 축산물의 안정성 평가가 철저히 이루어져야 한다.

♠플라스틱 제품의 사용을 자제한다.

플라스틱 제품에는 프탈산 화합물(phthalates)이라는 환경호르몬이 함유되어 있다. 따라서 플라스틱 용기의 사용을 줄이고, 특히 음식을 전자레인지에 넣어 데울 때 플라스틱 용기에 넣거나 플라스틱 랩을 씌워 사용하지 않도록 해야 한다. 전자레인지를 사용할 때는 유리나 자기용기를 사용한다. 또한 플라스틱으로 만든 장난감을 어린이가 입에 대지 않도록 해야 하며 플라스틱으로 만든 치아발육기의 사용을 금한다. 만약 플라스틱 제품을 사용해야 한다면 폴리에틸렌(polyethylene)으로 만든 제품을 사용하는 것이 좋다.

♠ 기 타

- 과일이나 채소는 흐르는 물에 깨끗하게 씻고 되도록 껍질을 벗겨 섭취한다.
- 손을 자주 씻는다.
- 강력한 세제 사용을 자제한다.
- 파리, 모기 등 해충 구제를 위한 살충제의 과도한 사용을 금한다.
- 치아 치료시 아말감 사용을 금한다.
- 골프장에서는 손을 입에 대지 않도록 한다.
- 골프장에서 흘러나오는 냇물에서 물놀이나 낚시를 하지 않도록 한다.

참고문헌

Arai Y, C.Y. Chen. Y. Nishizuka. 1978. Cancer development in male reproductive tract in rats given diethylstilbestrol at neonatal age. Jpn J. Cancer Res. 69 : 86.

Bernard A., C. Hermans, F. Broeckaert, G. De Poorter, A. De Cock, G. Houins. 1999. Food contamination by PCBs and dioxins. *Nature*, 30 : 401.

Carlsen E., A. Giwercman, N. Keiding, N.E. Skakkeback. 1992. Evidence for decreasing quality of semen during past 50years. Br Med J, 304 : 609.

Colborn T.D. Dumanoski, J.P. Myers. 1992. *Our stolen future ABACUS.*

Colborn T., F.S. Saal, A.M. Soto. 1993. Developmental effects of endocrine-disrupting chemicals in wildlife and humans. *Environmental Health Perspectives*, 101 : 378.

Sarpe R.M., N.E. Skakkeback. 1993. Are oestrogens involved in falling sperm count and disorders of the male reproductive tract? Lancet, 341 : 1392.

Voet D. J.G. Voet. 1990. *Biochemistry*. John Willy & sons.

北條祥子. 1998. よくわかる 環境 木ルモソの話 合同出版

국립환경연구원. 1998. 내분비 교란 물질이란.

조선일보. 1999년 3월 9일자.

________. 1999년 6월 7일자.

중앙일보. 1999년 11월 16일자.

CHAPTER
14

피부건강과 영양

피부(skin)는 전신을 감싸고 있는 조직이며 표면적이 1.4~1.9 ㎡이고 총중량이 약 4 kg이다. 피부 1 ㎠당 70 cm의 혈관과 60 cm의 신경, 100개의 땀샘, 15개의 피지선(oil gland)과 230개의 감각 수용체(sensory receptor)가 있으며 46만 개 이상의 세포가 존재하며 이들은 파괴되고 또 다시 재생된다.

피부는 우리 몸을 외부환경으로부터 보호하는 보호막 역할을 한다. 특히 피부의 제일 바깥층인 각질층은 세균의 침입과 수분의 손실을 막아주는 주요 역할을 하기 때문에, 우리는 피부가 없으면 쉽게 박테리아의 먹이가 되며 수분을 잃고 또 열을 빼앗기게 된다.

피부 두께는 손바닥과 발바닥이 1.5 mm 그리고 눈꺼풀이 0.5 mm로서 신체부위에 따라 차이는 있으나 대개 0.5~4.0 mm 범위이며 표피(epidermis)와 진피(dermis)로 구분된다. 표피와 진피는 서로 단단히 연결되어 있고 물결모양(wavy)의 경계로 이루어져 있다(그림 14-1).

표피는 여러 겹의 상피세포로 된 표면을 구성하고 신체의 최전방 보호막이다. 진피는 피부막의 대부분을 차지하는 결합조직으로 구성되어 있다. 진피는 도관화 되어 있으며 피부혈관을 통하여 조직액이 확산작용에 의하여 영양소를 표피에 공급한다.

피부 밑 조직인 피하조직은 하피(hypodermis)이며 성근 결체조직(loose connective tissue)으로 되어 있다. 하피는 하부기관을 피부에 고정시키고 피부가 비교적 자유롭게 움직일 수 있도록 한다. 하피는 지방 조직으로 인하여 충격완화와 신체내부의 열손실을 막는다. 그러나 엄격히 말하면 하피는 피부가 아니다.

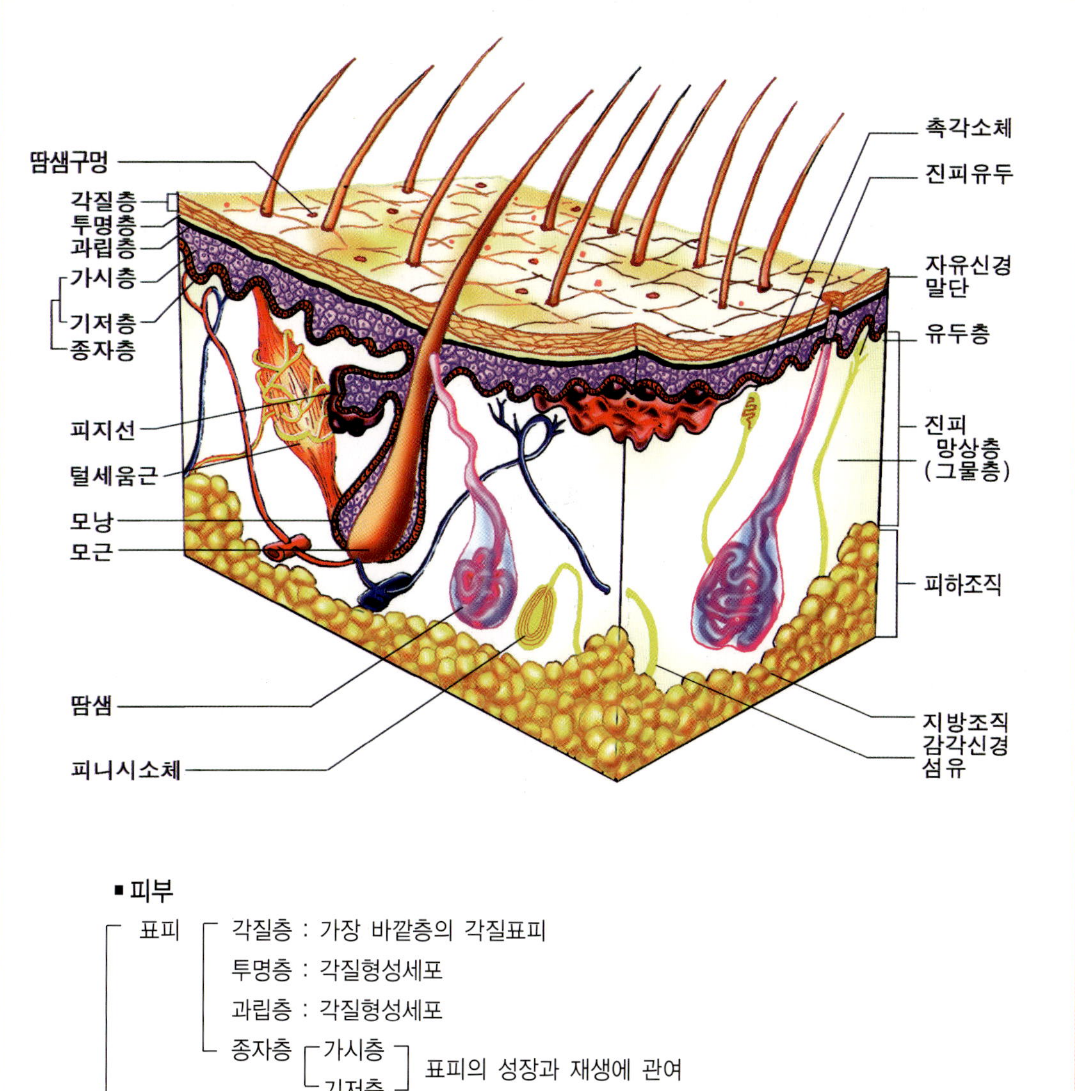

■ 피부

- 표피
  - 각질층 : 가장 바깥층의 각질표피
  - 투명층 : 각질형성세포
  - 과립층 : 각질형성세포
  - 종자층
    - 가시층
    - 기저층
    - (가시층, 기저층) 표피의 성장과 재생에 관여
- 진피
  - 유두층 : 성근 결체조직, 혈관분포
  - 망상층 : 불규칙한 결체조직
- 하피 – 피하조직

그림 14-1. 피부 구조

1. 표 피

표피는 구조적으로 4종류의 세포로 구성된 각질층 편형 상피세포(keratinized stratified squamous epithelium)이다. 즉 각질형성세포(keratinocyte), 멜라닌세포(melanocyte), 촉각세포(Merkel's cell)와 랑게르한스세포(Langerhans' cell)로 구성되어 있으며 대부분의 상피세포는 각질형성세포가 차지한다.

1) 각질형성세포

각질형성세포의 주요 기능은 표피의 보호층인 섬유단백질로 된 각질(keratin)을 생산하는 데 있다. 각질형성세포는 교소체(desmosome)에 의해서 상호 단단히 결합되어 있고 표피 최하층에서 연속적인 유사분열에 의하여 새로운 세포가 생성되어 피부표면으로 밀려 올라오면서 결국 각질이 전체 세포의 주요 부위를 차지하게 된다. 각질형성세포가 피부표면으로 밀려 올라오면 비늘처럼 되며 이처럼 수백만 개의 죽은 세포가 매일 떨어져 나가고 35~40일마다 완전 새로운 세포가 표피를 구성한다. 따라서 건강한 표피는 피부표면에 새로 생성된 세포와 떨어져 나가 죽은 세포가 균형을 이룬다.

2) 표피층

손바닥과 발바닥을 덮고 있는 두터운 피부의 표피는 5개 층으로 구성되어 있는 반면에 기타 신체를 감싸고 있는 엷은 피부는 여러 층의 보다 엷은 4개의 층으로 구성되어 있다.

(1) 기저층

기저층(stratum basale, basal layer)은 표피의 가장 깊은 층이며 엷은 기저막에 의해서 진피와 분리되어 있다. 대부분은 원주 각질형성세포(columnor keratinocyte)가 단열(single row)을 이루고 직접 진피와 접하고 있다. 여기서 볼 수 있는 수많은 유사 분열핵(mitotic nuclei)은 아들 세포가 급속히 분열되고 있음을 나타낸다. 그리고 때때로 촉각세포가 각질형성세포와 같이 나타나기도 한다. 촉각세포는 감각신경끝단(sensory nerve ending)과 밀접하게 연관되어 있고 촉각 수용체(touch receptor)와 관련이 있는 것으로 생각된다.

기저층 세포의 약 25%는 멜라닌(melanin)색소를 합성하는 특수 상피세포인 멜라닌세포(melanocyte)이다. 멜라닌세포는 피부의 색소 제조 장소이며 생성된 멜라닌 소체는 계속적으로 인접된 각질형성세포에 옮겨지면서 피부의 색소 저장소 기능을 한다.

(2) 가시층

가시층(stratum spinosum, spiny layer)은 여러 세포층으로 이루어져 있고 여기서 유사분열(mitosis)이 일어나지만 기저층보다는 활발하지 않다. 각질형성세포는 다소 편평하고 모양이 불규칙하다.

기저층과 가시층을 합쳐서 종자층(stratum germinativum) 또는 성장층(growing layer)으로 부르며 이는 이들 세포가 표피의 성장과 재생을 하기 때문이다.

(3) 과립층

과립층(stratum gronulosum, granular layer)은 평평한 세포가 2층 또는 3층으로 구성된 매우 엷은 부위이며, 이 세포 내에 케라토하이아린(keratohyalin)이라고 부르는 과립이 있다. 각질형성이 시작되는 세 번째 표피층이며 여기에 랑게르한스세포(Langerhans' cell)가 존재한다.

(4) 투명층

투명층(stratum lucidum, clear layer)은 과립층 바로 위에 엷은 반투명의 띠(translucent band) 모양으로 현미경 상에 나타나며 분명한 경계를 한 편평한 원자핵이 없는 각질형성세포로 구성되고 표피가 비교적 두터운 부위에만 존재한다.

(5) 각질층

가장 바깥층인 각질층(stratum corneum, horny layer)은 20～30 세포층을 가진 넓은 층이며 표피 두께의 약 75%를 차지한다.

각질층에는 단단하고 방수성 단백질인 각질(keratin)이 풍부하기 때문에 외부 환경으로부터 신체를 보호하고 수분손실을 막고 동시에 생물학적·화학적·물리적 충격을 완화시켜 준다. 각질층은 죽은 세포가 겹겹이 쌓여 있고 맨 위층으로부터 차례로 피부에서 떨어져 나간다.

2. 진 피

진피(dermis)는 피부의 두 번째 주요 부위이다. 콜라겐(collagen), 엘라스틴(elastin)과 세망섬유(reticular fiber)가 침착된 젤같은 매트릭스로 구성된 유연한 결체 조직층이다. 진피층의 세포는 여타 결체조직의 세포와 같이 섬유아세포(fibroblast), 거식세포(macrophage)와 때때로 비만세포(mast cell)와 백혈구도 존재한다. 진피는 인간의 가죽(hide)이며 동물의 값비싼 가죽제품을 만드는 동물가죽에 해당된다.

진피는 신경섬유, 혈관과 림프관이 잘 분포되어 있고 모낭(hair follicle), 피지선과 땀샘도 존재한다. 표피와 마찬가지로 진피도 개인과 신체부위에 따라 두께가 다르다. 그러나 피부의 얇고 두터운 것은 표피 두께의 차이를 의미한다. 진피는 유두층(papillary layer)과 망상층(reticular layer)으로 구분된다.

엷은 표면 유두층은 성근 결체조직으로 섬유가 느슨하게 짜여진 매트를 형성하고 있고, 또 많은 혈관이 분포되어 있으나 비교적 두터운 망상층은 단단한 불규칙적인 결체조직으로 구성되어 있다.

진피의 주요 성분은 콜라겐이며 전 신체의 주된 구조로서 피부 전체 중량의 70%를 차지한다.

3. 피부색

피부색(skin color)은 세 가지 색소 즉, 멜라닌(melanin), 카로틴(carotene)과 헤모글로빈(hemoglobin)에 의하여 나타난다. 멜라닌은 아미노산인 타이로신(tyrosine)으로 구성된 중합체(polymer)이며 그 색이 노란색(yellow)에서 오렌지(orange) 및 갈색(brown)까지 띤다. 멜라닌은 멜라닌세포에서 만들어져 각질형성세포로 이전된다. 인종간의 피부색 차이는 생성된 멜라닌의 종류와 양에 따라 차이를 나타낸다. 흑인과 황색피부를 가진 사람은 백인에 비하여 멜라닌이 더 많고 또 더 검은색을 띤다. 멜라닌색소는 피부가 햇빛에 노출되면 더 많이 생성된다.

카로틴은 주로 각질층과 하피의 지방조직에서 나타나며 노란색과 오렌지색을 띤다. 이 색깔은 각질층이 가장 두터운 손바닥과 발바닥에 주로 나타난다. 카로틴은 특히 동양인의 피부에 멜라닌과 더불어 풍부하여 그들의 피부가 황색을 띠게 된다.

서양인의 핑크혈색은 진피모세혈관에 흐르는 적혈구세포 내의 산화된 헤모글로빈의 진홍색(crimson)에 기인된다. 서양인의 피부는 멜라닌이 극소량으로 존재하기 때문에 표피가 투명하다.

4. 피부의 기능

피부는 햇빛, 바람, 열, 마모, 추위와 박테리아 및 화학적 손상 등의 외부요인으로부터 신체를 보호하는 중요한 기능을 가진다. 그리고 우리 몸을 정상적으로 유지하는 데 필수적인 수분이나 영양분이 몸 밖으로 빠져나가지 못하게 보호막 역할을 한다.

1) 보호기능

피부는 화학적 · 물리적 · 생물학적인 보호기능을 가진다.

화학적 보호기능으로 피부 분비액과 멜라닌이 여기에 속한다. 피부 표면액은 항상 박테리아에 노출되어 있지만 피부 분비액의 산성도 즉, 산성외피가 박테리아의 증식을 억제시킨다. 그리고 많은 박테리아는 피지(sebum)에 들어 있는 박테리아 살균물질에 의하여 사멸된다. 멜라닌 역시 자외선에 의한 피부세포의 손상을 막아주는 화학색소 보호막 역할을 한다.

물리적 또는 기계적 보호막은 피부의 연속재생과 각질세포의 견고함에 있다. 그리고 생물학적 보호기능은 표피의 랑게르한스세포와 진피의 식세포(phagocytic cell)에 의한 것이다. 랑게르한스세포는 면역체계의 활성 요소로서 이물질을 파괴시키는 작용을 한다.

2) 배설기능

한정된 질소함유 노폐물(암모니아, 요소, 요산)은 땀을 통하여 피부로부터 제거된다. 땀을 통하여 소금(sodium chloride)을 배출하기도 한다.

3) 체온조절

피부혈관과 땀샘을 이용해 체온을 조절하는 기능을 한다. 강한 강도의 운동을 한다든가, 외부 온도가 높거나 또는 낮거나 상관없이 우리 체온은 일정하게 유지된다. 정상적인 휴식 중에도 그리고 환경온도가 31.1～32.2 ℃ 이하일 때는 우리 스스로 감지하지 못하지만 1일 500 mℓ 정도의 땀이 땀샘으로부터 분비된다. 체온이 이보다 상승하면 피부 혈관이 확장되고 땀샘의 분비활동이 증가되어 1일 12 ℓ까지 땀이 분비된다. 피부표면으로부터 땀의 증발은 체열을 효과적으로 발산시키기 때문에 체열의 상승을 방지한다. 외부 기온이 낮아지면 피부혈관은 수축되고 더운 혈액이 피부에 노출되지 않기 때문에 체열의 손실을 방지한다.

4) 피부감각

피부는 실제 신경계의 일부인 피부감각 수용체의 기능을 제공한다. 따라서 피부감각 수용체는 외부 환경 즉, 온도와 외부자극에 대한 정보를 감지한다. 따라서 아픔, 뜨거움, 가려움 등의 다양한 감각기능을 수행한다.

5) 비타민 D 합성

표피세포의 콜레스테롤 분자가 자외선을 받으면 비타민 D로 전환된다. 이렇게 해서 합성된 비타민 D는 피부모세혈관을 통해 흡수되며 신체의 다른 부위로 이전되어 칼슘대사에 관여한다.

6) 혈액 저장소

피부의 혈관분포가 많기 때문에 혈액공급량이 매우 높다. 신체의 다른

기관 즉, 근육이 활발하게 활동을 할 때는 혈액 공급량이 많아지기 때문에 피부혈관이 수축되어 근육에 혈액공급량을 높게 해준다.

5. 영양소와 피부건강

피부세포는 혈액으로부터 영양소를 공급받는다. 따라서 여러 종류의 균형된 영양소를 공급할 수 있는 식사만이 피부의 성장과 건강에 필요한 모든 영양소를 공급할 수 있다. 그러나 필요한 영양소를 제대로 공급받지 못하면 피부가 제 기능을 못하게 되며 지나친 비늘성 피부(scaling) 또는 물집(blister)으로 수분, 질소, 단백질, 마그네슘과 기타 무기질의 손실을 초래한다. 특히 결핍시에 피부에 문제를 일으키는 영양소는 다음과 같다(표 14-1).

표 14-1. 각종 영양소의 결핍과 피부 증상

영양소	피부 결핍 증상
비타민 C	괴혈병, 피부상처 치료 지연, 점상출혈
나이아신	펠라그라, 햇빛에 노출시 거칠고 비늘이 있는 갈색 피부
비타민 A	지나친 각질 형성으로 건조하고 거친 비늘성 피부
리보플라빈	코와 입주위에 비늘이 있는 지방성 붉은 피부
비타민 B_{12}	얼굴, 손, 발에 갈색 반점
비오틴	비늘성 피부
엽산	피부의 지나친 색소 침착
필수 지방산	비늘이 생기는 피부
철분	창백한 피부
단백질	건조하며 주름지고 벗겨지기 쉬운 피부

표 14-2. 피부의 외형상 상태와 결핍 영양소

좋은 피부 상태	영양 결핍시 피부 상태	결핍 영양소
매끄러운 피부(smooth) 탄력 있는 피부(firm) 혈색이 좋은 피부(good color)	건조한 피부(dry) 거친 피부(rough) 꺼칠꺼칠한 느낌과 아픔 피하지방이 없다	필수 지방산 비타민 A 비타민 B군 비타민 C

또한 피부의 외형상 상태를 보고 영양소의 부족현상을 판단할 수 있다(표 14-2).

6. 피부건강과 햇빛

태양은 여러 파장의 빛, 즉 자외선, 적외선 그리고 가시광선을 방출한다. 이 중에서 피부에 주된 영향을 미치는 것이 자외선이다. 자외선은 파장이 긴 자외선 A(UVA)와 이보다 짧은 자외선 B(UVB)가 있다.

자외선 A는 주로 피부 노화를 가져오고 자외선 B는 주로 화상과 암을 일으킨다. 이처럼 자외선은 각질층을 두꺼워지게 하며 피부를 급속히 늙게 만들고 피부암 등을 유발함과 동시에 색소침착의 원인이 되어 기미, 주근깨, 검버섯, 흑자 등의 각종 반점 등 색소성 질환의 주범이며 피부를 주름지게 한다(표 14-3). 그러나 자외선은 피부에서 비타민 D를 합성하여 골다공증을 예방한다.

자외선은 하루 중 오전 10시에서 오후 3시까지 특히 오전 11시부터 오후 2시까지가 가장 강하다. 이 시간대는 야외활동을 줄이거나 옷이나 모자, 양산 등으로 자외선을 차단하며 또는 자외선 차단제를 반드시 바르는 습관을 가져야 한다.

자외선 차단지수(sun protection factor, SPF)는 자외선 B를 차단해 주는 시간을 나타내는 것으로 수치가 높을수록 자외선 차단효과가 오래 지속된다. SPF 1은 15분 동안 자외선 차단효과가 있다는 뜻이다.

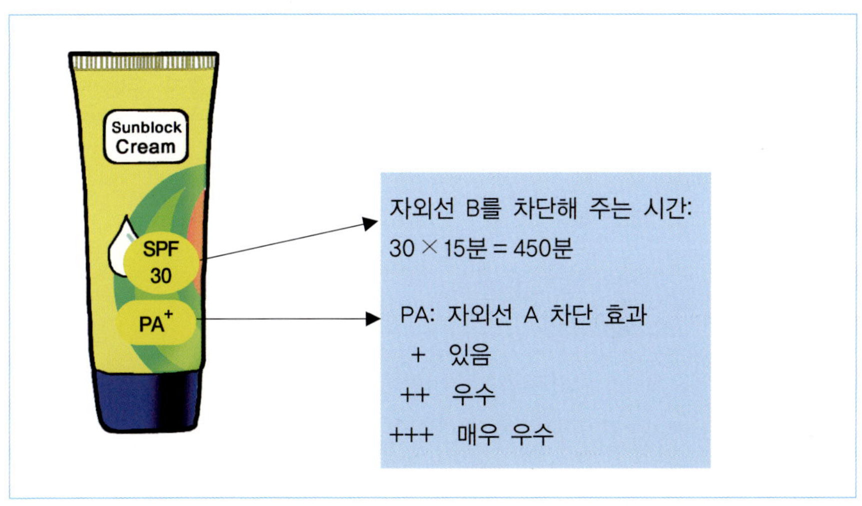

표 14-3. 자외선 종류별 특징과 피부 반응

종 류	특 징	피부 반응
자외선 A	구름이나 유리창도 통과. 파장이 길어(320~400 nm)피부 진피에도 작용	노화, 착색, 주름
자외선 B	파장이 짧아(280~320 nm) 표피에만 작용	홍반, 기미, 주근깨, 피부암 유발
자외선 C	파장이 가장 짧지만(200~280 nm) 대부분 오존층에 머무름	피부암 유발위험, 화상

표 14-4. 자외선 지수에 따른 피부 손상(피부 민감도가 보통인 사람 기준)

지수범위	자외선 강도	가능 증상
9.0 이상	매우 강함	20분 노출시 홍반 생성
7.0~8.9	강함	30분 노출시 홍반 생성
5.0~6.9	보통	1시간 노출시 홍반 생성
3.0~4.9	낮음	100분 노출시 홍반 생성
0.0~2.9	매우 낮음	2~3시간 노출시 홍반 생성

*자료: 산업기상정보허브

7. 피부의 노화

사람의 모든 신체부위가 나이 증가와 더불어 노화되는 것과 마찬가지로 피부도 노화된다. 젊었을 때 피부가 부드러우면서 탄력이 있는 이유는 피부의 진피층에 있는 콜라겐(collagen)과 엘라스틴(elastin) 때문이다. 그러나 나이가 들면서 콜라겐과 엘라스틴 등 결합조직의 구조와 기능이 손상되면서 탄성조직이 퇴화되어 피부는 얇아지면서 주름이 많아지고 처지며 피부색이 고르지 않고 탄력을 잃어버리는 노화현상이 나타난다. 이처럼 세월과 더불어 나타나는 변화를 내인성 노화(intrinsic aging) 또는 자연노화라고 한다.

피부의 노화는 이처럼 내인성 노화와 더불어 외인성 노화 즉 환경에 의한 노화도 같이 일어난다. 환경에 의한 노화요인은 자외선, 흡연, 음주, 대기오염, 고열량 식사, 정신적 스트레스 등이다. 이 중에서 외인성 노화의 주범은 자외선이며 자외선에 의해 피부가 거칠어지고 굵은 주름과 더불어 잡티, 검버섯 등이 생긴다. 이를 광노화(photo aging)라 한다. 이들 환경적 노화요인에 노출되면 유해산소가 무한정 증가되어 진피층의 콜라겐을 감소시키고 엘라스틴을 변화시켜 피부는 탄성을 잃고 거칠어진다. 이외에도 심리적 스트레스와 흡연 및 환경오염 등이 피부노화를 촉진시킨다.

피부노화가 가장 먼저 시작되는 부위는 얼굴이다. 나이가 들어가면서 얼굴에 내인성 노화와 외인성 노화가 동시에 진행되기 때문에 얼굴피부는 점차 건조해지고 거칠어지며 눈주위의 근육과 피부가 탄력을 잃고 주름이 생긴다. 때로는 눈꺼풀이 축 처지고 눈 아랫부위에 지방이 축적되어 불룩하게 된다. 그리고 자외선의 영향으로 검은 점이 생기고 잡티와 검버섯이 생기기 시작한다.

노화에 의한 피부주름의 주범

- 자연노화에 의한 주름
  나이가 들면서 피부세포의 증식능력 감소
- 활성산소에 의한 주름
  체내에서 생성된 활성산소(free radical)가 세포 내의 지질, 단백질, 당, 핵산 등을 파괴하여 세포기능 저하를 초래하면서 노화현상 촉진
- 자외선
  피부구성 성분인 콜라겐 분해효소 증가와 엘라스틴 섬유소를 변형시킴.
- 호르몬 감소
  여성의 폐경 이후 에스트로겐 감소로 콜라겐의 급속한 감소
- 흡연
  피부 보유 수분을 감소시키고 산소 유입 감소로 피부조직의 괴사 및 콜라겐 생성 억제
- 음주
  알코올이 혈관을 팽창시키고 모세혈관 파괴의 원인

■ 피부의 5대 적 ■

1. 자외선 2. 흡연 3. 건조함 4. 피부자극 5. 스트레스

8. 젊고 신선한 피부 유지

최근 피부의 노화를 지연시키거나 개선하려는 연구들이 활발하게 진행되고 있다. 피부를 젊게 유지하기 위하여서는 자외선 차단과 보습, 적절한 음식 섭취, 충분한 수면, 충분한 물의 섭취가 필수이다. 반면에 술, 담배, 지나친 체중 감량은 피부에 해를 준다.

피부 노화의 주 원인인 유해산소 생성을 줄이기 위하여 항산화 비타민인 베타카로틴, 비타민 C, 비타민 E의 충분한 섭취가 중요하다(표 14-5). 딸기, 파파야, 키위, 고추, 오렌지 등에는 비타민 C가, 견과류, 유제품 등에는 비타민 E, 당근, 호박, 감자 등에는 베타카로틴이 많이 함유되어 있다. 또한 오메가 3계 지방산의 섭취도 피부건강에 좋다. 그리고 피부에 수분의 공급을 위하여 충분한 물을 섭취한다. 또한 적절한 운동과 수면은 피부를 활력 있게 유지시켜 준다.

그림 14-2. 피부에 좋은 음식

표 14-5. 피부노화방지에 활용되는 물질

항산화물질	주요 기능	주요 급원식품
비타민 C	유해산소 제거	채소, 과일
비타민 E	유해산소 제거	곡류, 식물성 기름, 귀리, 견과류, 유제품
셀레늄	자외선 손상 줄임	곡류, 해산물, 마늘, 계란
코엔자임 Q10	면역 증강, 미백 효과	고등어, 연어, 정어리, 시금치, 쇠고기
비타민 A	콜라겐 합성, 피부주름 개선	채소, 과일
카테킨	항산화, 광노화 억제	녹차
사포닌	콜라겐 생성 촉진	홍삼

*자료: 미국피부과학회, 니베아(BDF) 연구소

피부노화를 줄이는 방법

- 사계절 SPF(자외선 차단지수) 15 이상의 자외선 차단 크림을 바른다.
- 과일, 채소, 생선 등을 즐겨 먹는다.
- 물을 하루 8컵 이상 마신다.
- 잠을 충분히 잔다.
- 담배를 끊고 술을 줄인다.
- 피부가 건조하지 않게 유지한다.
- 스트레스를 적절히 해소한다.

*자료: 미국노화방지의학회

참고문헌

Baggaley A., 2001. *Human Body.* DK.

Marieb E.N. 1989. *Human Anatomy and Physiology.* The Benjamin/Cummings Publishing Company, Inc.

Whitney, E.N., C.B. Cataldo, L.K. DeBruyne and S.R. Rolfes. 2001. *Nutrition for Health and Health Care.* Wadsworth.

중앙일보. 2004년 6월 18일자.

________. 2003년 2월 18일자.

대한피부과학회 간행위원회 편저. 1988. 피부과학. 여문각.

헬스조선. 2007년 5월 25일. 주름, 그것이 알고 싶다.

CHAPTER

15

운동과 영양

사람은 나이가 들수록 신체조직의 노화를 초래하면서 젊음을 상실하게 된다. 그러나 건강하게 신체기능을 유지 또는 증진시킬 뿐 아니라 젊음 또한 오랫동안 유지시키는 데 운동이 최선의 방법이다.

1. 에너지 영양소

신체 운동은 에너지를 소모하는 신체의 움직임이다. 신체는 엔진과 같아서 음식을 화학적 에너지로 전환시키고 다시 근육 활동에 필요한 기계적 에너지로 전환시킨다. 따라서 균형을 잘 이룬 식사는 체내에서 필요한 에너지 비축과 다량의 글리코겐의 축적 그리고 비타민과 무기질이 공급되어 간접적으로 에너지의 이용에 도움을 준다.

정상인(성인 70 kg)이 우리 몸 안에 비축하고 있는 총 에너지는 165,900 kcal이다(표 15-1). 정상체중을 가진 정상인의 경우 총 체지방 무게가 15 kg으로 비축에너지의 80~85%를 차지하고 있으며 체단백질은 전체 비축에너지의 14.4%를 가지고 있다. 그러나 모든 근육 단백질이 에너지원으로 쓰이는 것은 아니다. 특히 비수축성 단백질(noncontractile protein)은 먼저 분해되고 수축성 단백질(contractile protein)은 오래 굶었을 때 분해된다. 간과 근육에 축적되어 있는 글리코겐은 총 비축에너지의 0.54%인 900 kcal이며 기타 혈중 포도당과 혈중 지방 및 지방산이 112 kcal에 해당된다.

표 15-1. 체내 축적된 총 에너지(체중 70 kg의 성인)

에너지원	중량(kg)	축적 에너지	
		kcal	%
지방	15	140,962	85
단백질(근육)	6	23,892	14.4
글리코겐(근육)	0.15	600	0.36
글리코겐(간)	0.075	299	0.18
혈중 포도당	0.020	79	0.05
혈중 지방	0.003	30	0.02
혈중 지방산	0.0003	3	0.002
총 계		165,865	100.00

1) 탄수화물

탄수화물은 가장 중요한 에너지원이다. 체내 간과 근육에 축적된 탄수화물인 글리코겐 수준은 지속적인 운동능력과 직접적으로 연관이 있다. 평균적으로 체내 혈당과 글리코겐으로 1,900~2,000 kcal의 에너지를 발생시킬 수 있으며, 이 양은 식사를 통하여 조절이 가능하다. 예를 들면 24시간 절식하든가 또는 저탄수화물 식사를 하면 글리코겐 축적량이 크게 감소되고 반면에 며칠간 탄수화물 식사를 하면 정상인에 비하여 거의 2배에 달하는 글리코겐을 체내에 축적할 수 있다. 대부분의 전문가들은 1일 총에너지 섭취량 중 55~60%는 탄수화물로 공급하며 심한 운동을 하는 경우는 이보다 많은 65~70%를 권장하고 있다.

글리코겐

- 수천 개의 포도당이 합쳐져 있는 다당류
  저장 장소 및 축적량 – 간에 70~150 g
  근육에 300~500 g

2) 지방

지방은 체내에서 가장 농축된 에너지원이며 이들 지방은 체기능을 수행하고 장시간의 지속적인 운동을 위하여 요구되는 에너지를 공급한다. 체지방이 8%인 68 kg의 체중인 사람의 경우 지방만으로 약 42,000 kcal를 공급할 수 있으며 이것은 서울에서 부산을 왕복해서 달릴 수 있는 에너지이다. 그리고 과잉의 탄수화물과 단백질도 쉽게 체지방으로 전환될 수 있으므로 지방을 많이 섭취하지 않아도 쉽게 체지방을 유지할 수 있다.

지방은 탄수화물에 비하여 체내에서 소화, 흡수, 대사되는 데 더 많은 시간이 걸리므로 짧은 시간 하는 운동의 에너지원으로는 효과적이지 못하다. 그러나 지속적으로 하는 운동은 근육으로 하여금 지방을 이용하는 능력을 길러준다.

일반적으로 총에너지 섭취량의 약 20%를 지방으로 권하고 있으며 지나친 지방 섭취는 탄수화물을 줄이고 동시에 콜레스테롤 섭취량이 증가되어 관상동맥 심장병과도 연관이 된다.

3) 단백질

근육도 단백질을 에너지원으로 이용할 수 있다. 탄수화물과 마찬가지로 단백질도 1 g당 4 kcal 에너지를 발생하지만 덜 효율적이다. 뿐만 아니라 지나친 단백질 섭취는 운동 능력을 저해한다. 일반적으로 12~15%의 에너지를 단백질로부터 공급받는 것이 최적 수준이다.

2. 비타민과 무기질

1) 비타민

비타민은 체내에서 발생하는 에너지 생성과정에서 필수적인 작용을 하므로 운동 능력에 영향을 미친다(표 15-2).

표 15-2. 운동과 비타민의 기능

비 타 민	기 능	운동 수행 능력의 이점
티아민	탄수화물 대사	운동 수행 능력과 지구력 증진
리보플라빈	에너지 대사	유산소 운동 증진
나이아신	에너지 대사	에너지 대사 증진
비타민 B_6	헤모글로빈 형성	운동 수행 능력 증진
판토텐산	에너지 대사	유산소 운동 증진
비타민 B_{12}	적혈구 발달	지구력 증진
엽산	세포 합성, 적혈구 형성	
비오틴	지방과 글리코겐 합성	
비타민 C	항산화제	조직 손상의 예방, 속도 회복
비타민 A	항산화제	조직 손상의 예방, 속도 회복
비타민 D	뼈무기질 대사	근육 형성이 뼈 형성
비타민 E	항산화제	조직 손상의 예방, 속도 회복

2) 무기질

무기질 역시 신체활동에 관계되는 생리 작용의 조절체로서 매우 중요하여 운동 수행능력 증진에 필수적이다(표 15-3).

표 15-3. 운동과 무기질의 기능

무기질	기 능	운동수행능력의 이점
칼슘(Ca)	근육 수축, 혈액응고, 신경전달	체중부하운동, 조깅, 달리기, 걷기 증진
나트륨(Na)	체액 구성성분	
칼륨(K)	세포내액의 주요 이온	근육약화, 피로지연
철분(Fe)	산소 운반	운동빈혈 예방, 피로감소, 지구력 증진
아연(Zn)	탄수화물 · 지방 · 단백질 대사, 조직의 회복	운동으로 인한 손상 회복
구리(Cu)	적혈구 합성, 에너지 대사	유산소 운동 증진
크롬(Cr)	탄수화물 대사, 인슐린 효과 증진	피로지연
셀레늄(Se)	항산화제	운동으로 인한 손상 방어, 피로 지연

3. 수 분

운동 중 수분의 공급이 중요한 것은 체온조절을 수행하기 때문이다. 운동 중에 근육 사용으로 열(heat)이 발생되고, 이 열이 쌓이면 체온 상승을 가져와 운동에 지장을 초래한다. 우리의 몸에서 이러한 열을 방출하는 주요 작용으로는 피부를 통한 땀의 증발을 들 수 있다. 그러나 지나치게 땀이 나는 것은 많은 양의 체수분을 잃게 되고, 이를 보충하지 않는

한 탈수 상태가 일어나 신체의 냉각 기능을 상실하게 된다.

따라서 운동 수행 중 운동의 종류와 시간에 따라 적당한 수분 공급이 중요하다. 적절한 수분 공급이 이루어지지 않아 탈수현상(dehydration)이 초래되면 혈액량이 감소되어 피부까지 순환되는 혈액량이 감소되고 이로 인하여 열 발산이 지장을 받게 된다. 그리고 근육에 영양소와 산소를 공급해야 하는 혈액도 감소된다. 체수분이 손실되는 정도에 따라 우리 몸에 나타나는 증상이 다른데 체중의 2%에 해당되는 수분이 손실되면 초기 탈수현상이 나타난다. 즉, 일반적인 불편감(generalized discomfort), 피로(fatigue), 두통(headache)과 무관심(apathy) 등이 나타난다. 5% 정도의 손실이 있으면 열에 의한 경련(heat cramp)과 맥박이 급히 뛰고 열이 상승하는 등 극도의 피로(exhaustion)를 나타내며 7%의 손실이 있으면 환각상태(hallucination)가 나타나고 10%의 손실을 가져오면 열사병(heat stroke)과 혈액순환 장애를 일으키게 된다.

운동 전후에 물을 마시는 것은 운동 능력을 떨어뜨리고 위장 장애를 가져온다고 믿는 것은 잘못이며 또 운동 연습중에 마시지 않는 것은 탈수 현상에 대한 적응력을 길러서 실제 운동 시합 때 물을 덜 찾게 된다는 것도 믿을 만한 근거가 없다. 단거리와 스프린터(sprinter)의 경우는 수분의 영향을 받지 않는다. 1시간 이하의 운동시에는 찬물을 공급하는 것이 좋으며, 고온에서 장시간 운동을 할 경우에는 나트륨과 칼륨 등이 포함되어 있는 전해질 음료를 보충하는 것이 좋다. 이외에도 스프레이나 젖은 수건을 이용하여 피부를 적셔줌으로써 체내에 수분을 공급하여 운동수행능력을 개선시켜 준다. 특히 단시간에 효과적이다.

스포츠 음료

수분, 탄수화물(주로 자당, 포도당), 전해질, 여러 가지 비타민이 들어 있는 알칼리성 음료이다. 물론 이 같은 음료의 섭취가 운동 능력을 향상시킬 수 있는지 없는지에 대한 논란은 되고 있다. 일반적으로 운동시간이 2시간 이상 지속되는 경우에 스포츠음료 섭취가 유리하며 운동시간이 짧은 경우 냉수를 마시는 것이 좋다고 한다.

4. 건강 증진을 위한 운동

1) 운동의 종류

건강 증진을 위한 운동으로 전신 근육을 사용하는 유산소 운동이 좋다.

유산소 운동으로 걷기, 속보, 조깅, 달리기, 자전거 타기, 수영, 스포츠 댄스, 에어로빅 댄스 등을 들 수 있으며 유산소 운동의 특징은 비교적 가벼운 운동이기 때문에 심장의 부담이 적고 뼈와 관절 등에도 부담이 적다는 것이다. 그리고 에너지원으로 탄수화물뿐만 아니라 지방을 이용할 수 있기 때문에 운동을 오랫동안 지속할 수 있다. 각종 유산소 운동으로 인한 에너지 소모량은 **그림 15-1**에 나타내고 있다.

그림 15-1. 유산소 운동시 에너지 소모량(kcal/분)

2) 운동의 강도

일상 활동도 유산소 운동의 하나로 그 강도는 30~40% VO_2max(최대 산소섭취량의 %) 이하이다. 운동 효과를 증진시키기 위하여서는 30~40% VO_2max 이상의 운동이 요구된다. 즉, 처음에는 40% VO_2max 정도의 운동으로 시작하여 운동에 익숙해짐에 따라 운동의 질과 양을 점진적으로 증가시켜 50~60% VO_2max 정도의 운동을 행한다. 속보는 50~60% VO_2max를, 조깅은 70% VO_2max 정도의 강도를 각각 나타낸다.

표 15-4는 연령에 따라 최대 산소 섭취량의 % 또는 자각적 운동강도를 느끼는 정도와의 상관관계로부터 운동 목표 심박수를 나타내는 환산표이다.

표 15-4. 운동강도와 심박수 환산표

강도의 비율 %VO_2max*	자각적 운동강도 (느끼는 정도)	1분당 심박수					그 외의 감각
		20대	30대	40대	50대	60대	
100	대단히 힘들다	190	185	175	165	155	매우 고통을 느낀다.
90	매우 힘들다	175	170	165	155	145	거의 100% 가깝게 느끼며 겨우 말을 할 수 있으나 숨이 막힌다.
80	힘들다	165	160	150	145	135	그만두고 싶고 목이 마르며 겨우 버틴다.
70	조금 힘들다	150	145	140	135	125	운동을 계속할 수 없을 것 같으며 또한 긴장되고 땀이 많이 난다.
60	조금 가볍다	140	135	130	125	120	언제까지나 계속할 수 있다고 생각되며 땀이 난다.
50	가볍다	130	125	120	115	110	땀이 조금씩 나지만 운동 동작에만 신경을 쓴다.
40	매우 가볍다	115	115	110	105	100	가벼워서 좋지만 어딘지 부족하다.
30	대단히 가볍다	90	90	90	90	90	가벼워서 불만스럽다.

*%VO_2max : 최대산소섭취량의 %

자료: 한국체육과학연구원 부설의원 국민체력센터, 1994

♠운동강도의 지표

1 최대 산소 섭취량에 대한 상대강도(%VO_2max)

운동강도와 산소 섭취량은 비례관계이다. 따라서 운동 강도는 행하는 운동에 요구되는 산소 섭취량이 최대 산소 섭취량의 몇 %에 해당하는가 즉, %VO_2max로 표시하는 것이 가장 좋은 방법이다.

2 심박수(heart rate, HR)

산소 섭취량과 심박수 또한 상관관계가 높으며 측정이 용이하므로 심박수를 이용하여 쉽게 운동강도의 지표를 정할 수 있다. 심박수는 나이에 영향을 받기 때문에 나이를 이용하여 최대 심박수를 예측할 수 있다. 즉, 정상인의 경우 220에서 나이를 뺀 값(220－나이)이 최대 심박수이다.

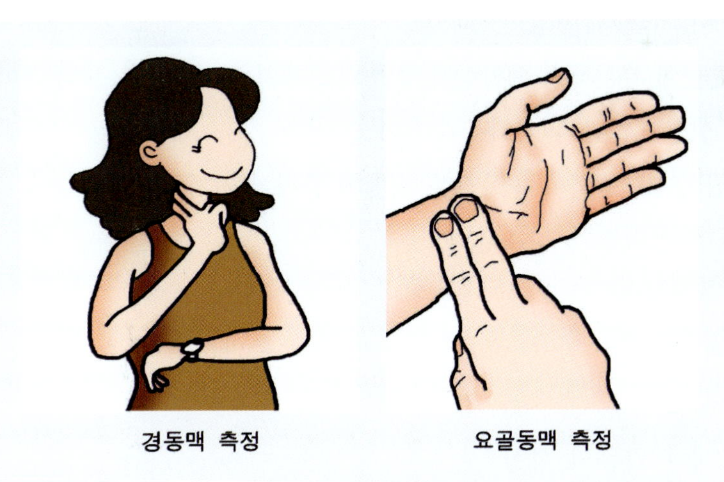

그림 15-2. 맥박 측정

3) 운동의 시간과 빈도

운동의 효과는 운동량에 영향을 받는다. 70%VO_2max 이하의 운동이 바람직하기 때문에 15~30분 이상 계속되는 운동이 좋다.

운동의 효과는 운동의 빈도가 증가하면 할수록 커진다. 그러나 피로가 축적되면 오히려 역효과를 가져오게 된다. 정상성인의 경우 일주일에 3일 운동을 하여야 운동의 효과를 기대할 수 있다. 체력수준이 향상되면 일주일에 4~5일 이상의 지속적인 운동이 건강증진에 도움이 된다. 또한 일주일에 5일 이상 운동을 할 경우 체중부담을 안고 하는 운동(예 : 달리기)과 체중부담이 없이 하는 운동(예 : 수영, 자전거타기)을 교대로 실시하는 것이 좋다. 연령별 권장되는 운동량과 주의사항은 **표 15-5**에 요약하고 있다.

♠**규칙적인 운동이 우리 몸에 미치는 효과**

1 폐 기능의 향상

호흡근이 튼튼해져 폐활량이 증가하고 폐의 산소 교환능력이 좋아진다.

2 심장·혈관의 강화

전신의 혈액순환이 좋아진다. 심장의 용적이 커져 1회 박출량이 증가함에 따라 심박수가 감소된다.

3 혈액량의 증가

혈액량이 증가하고 헤모글로빈의 양이 증가하여 산소 운반 능력이 향상된다.

4 대사 기능의 향상

체지방량 감소, 혈당 조절, 인슐린 감수성 증가, 혈중 HDL수준을 증가시키고 LDL수준을 감소시켜 동맥경화 예방에 도움이 된다.

5 안정시 혈압을 감소시킨다.

6 체중조절

에너지 소비량을 증가시켜 체중감소에 도움이 되며, 비만과 고지혈증 예방에 좋다.

7 체온조절 기능 향상

8 심리적인 안정감 제공

정신적인 안정과 만성적이거나 과도한 스트레스 해소에 효과적이다.

9 근육에서 산소를 이용하는 능력이 증가하여 에너지 이용 향상

10 근력 향상

근력과 기초대사율을 증가시킨다.

표 15-5. 연령별 권장되는 운동량과 주의사항

항 목	20~30대	40~50대	60~70대
근력 운동	아령, 역기 1회 15~20분씩 매주 2회	아령, 앉았다 일어나기, 팔굽혀펴기 등을 1회 20분씩 매주 2회 이상	가벼운 아령 1회 10~15분씩 매주 2회
유산소 운동	1회 30~50분씩 매주 3회	1회 25~40분씩 매주 3회	걷기, 속보 등 1회 20분 이상, 매주 3회
유연성 운동	운동 후 스트레칭 10분	스트레칭 매일 10~20분	스트레칭 1회 10~20분 매일 2회(아침, 저녁)
권장되는 맥박수	20대 : 100~180 30대 : 133~171	40대 : 126~162 50대 : 116~149	60대 : 101~139 70대 : 개인 차 심함 (숨찬 정도)
주의사항	20대 후반부터 신체 기능이 조금씩 감소, 유산소운동이 특히 중요	신체 기능이 빠르게 감소, 특히 여성은 근력운동이 중요, 격렬한 운동은 피할 것	노화현상 뚜렷, 안전한 운동이 최고, 일상생활에서의 많은 움직임이 중요

*자료: 삼성서울병원운동의학센터

5. 잘못 알려진 운동 상식

1 운동하면 식욕이 좋아진다.

중간 이하의 운동강도나 하루 1시간 정도의 운동은 오히려 식욕이 감소된다.

2 역기를 들면 키가 크지 않는다.

역도는 키가 작을수록 유리하므로 키가 작은 선수들이 많다.

3 부위별로 운동하기에 따라 살을 뺄 수 있다

피하지방은 운동부위와 관계없이 골고루 빠진다.

4 체중감소에 유산소 운동만 좋다.

근육을 키우는 무산소 운동도 좋다.

5 여자라도 근력강화운동을 하면 어깨가 넓어지고 팔뚝이 굵어진다.

여자는 남성 호르몬의 부족으로 근력운동을 해도 남자만큼 근육이 발달되지 않는다.

6 살빼기에는 저녁운동이 좋다.

운동의 효과는 아침이나 저녁이나 같다.

7 고혈압 환자에게 있어 운동은 금물이다.

지나친 근력운동만 아니면 고혈압 환자에게 운동은 도움이 된다.

8 땀복을 입고 운동을 하면 살이 잘 빠진다.

땀복으로 인한 수분감소일 뿐이다.

9 운동은 밥 먹기 전에 하는 것이 좋다.

가장 적당한 운동 시간은 식후 2시간 후이다.

10 운동할 때는 가급적 물을 마시지 않는 것이 좋다.

운동할 때는 갈증 여부와 상관없이 물을 마시는 것이 좋다.

참고문헌

Applegate, L. 2004. *Nutrition Basics for Better Health and Performance*. Kendall/Hunt Publ. Co. Iowa.

Brady, T. 1994. *Nutritional Biochemistry*. Academy Press, New York.

Bray, G.A. 1993. The nutrient balance approach to obesity. *Nutr. Today* 28(3) : 13-18.

Ensminger, A.H., M.E. Ensminger, J.E. Konlande and J.R.K. Robson. 1994. *Food and Nutrition Encyclopedia*, 2nd ed. CRC Press, London.

Hultman, E., R.C. Harris and L.L. Spriet. 1994. Work and Exercise. pp. 663-685 in *Modern Nutrition in Health and Disease*, 8th ed. Shils, M. E., J. A. Olson and M. Shike(ed.). Lea and Febiger, Philadelphia.

Lowenthal, D. J. and Y. Karni. 1990. The nutritional needs of athletes. pp. 396-414 in *The Mount Sinai School of Medicine Complete Book of Nutrition*. Herbert, V. C. and G. J. Subak-Sharpe(ed.). St. Martin's Press, New York

Vander, A. J., J. H. Sherman and V. S. Luciano. 1990. *Human Physiology*. McGraw-Hill Publ. Co., New York.

Wardlaw, G. M. and J. Hamp. 2006. *Perspectives in Nutrition*, 7th ed. McGraw-Hill, N.Y.

Williams, M.H. 2002. *Nutrition for Health. Fitness & Sport*. 6th ed. McGraw-Hill. N.Y.

안횡균, 윤성원, 윤재량. 1994. 운동이 성인병을 다스린다. 한국체육과학연구원 부설의원 국민체력센터.

유춘희, 이진실, 홍희옥, 김희선. 2001. 식사와 건강. 상명대학교출판부.

CHAPTER
16

노령기 영양과 건강

1. 노령 인구

일반적으로 65세 이상의 인구를 노령 인구라 부르며 UN은 노령 인구가 전체 인구의 7% 이상이면 고령화 사회, 14% 이상이면 고령 사회 그리고 20% 이상이면 초고령 사회로 분류하고 있다. 우리나라의 노인 인구 증가는 세계에서도 유례가 없을 정도로 빠르게 증가하여 2012년 전체 인구의 11.8%로 고령화 사회(aging society)에 접어들었고, 2019년에는 고령 사회(aged society), 2026년에는 초고령사회(super aging society)에 진입할 것으로 전망한다(그림 16-1).

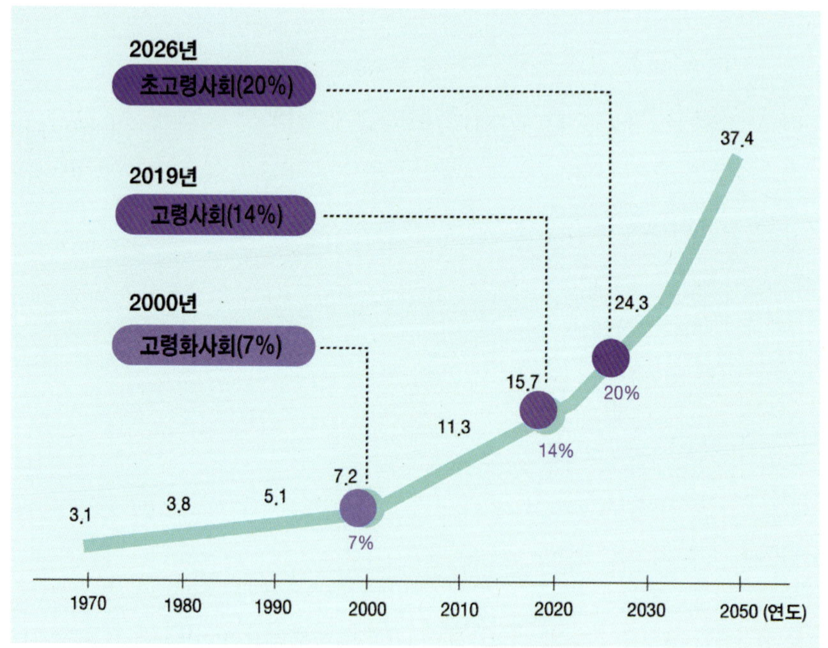

*자료: 장래인구추계 2011, 통계청, 2012

그림 16-1. 한국 사회 고령화 추이

2. 수명과 영양

능동적 사고가 오래 사는 비결이다. 건강하게 오래 살려면 자신의 인생을 스스로 계획하고 조절하는 능동적 자율성이 가장 중요한 요소이다. 이는 인간은 어울려 사는 사회적 동물이므로 상대적인 행·불행이 중요하고 이것이 건강과 수명을 좌우하기 때문이다. 은퇴한 노년기라 하더라도 건강한 삶을 위한 능동적인 사회 참여의 일환으로 자원봉사, 취미생활, 동호회 모임 등에 적극적으로 참여하여 사회의 일원으로 활동하고 사회구성원임을 느껴야 건강하게 장수할 수 있다.

지난 1960년대 초 우리나라 인구의 평균 수명은 남자 55.3세, 여자 57.7세이던 것이 꾸준히 증가하여 2011년도에는 남자 77.6세, 여자 84.5세로서 평균 수명이 81.1세이다(그림 16-2).

그러나 건강수명(2007년)은 남성이 68.0세, 여성이 74.0세로 평균 71.0세이다. 건강수명은 질병이나 장애 없이 건강하게 사는 나이를 말한다. 따라서 우리나라 사람들은 일생 중 평균 71.0년은 병 없이 편안하게 살지만 나머지 10년은 고통스런 와병 중에서 살아가는 셈이다.

건강수명

평균수명에서 질병이나 부상 등의 평균장애기간을 뺀 것으로 실제 사망 시까지 건강하게 삶을 살았던 기간이다.
즉 건강수명=평균수명－평균장애기간

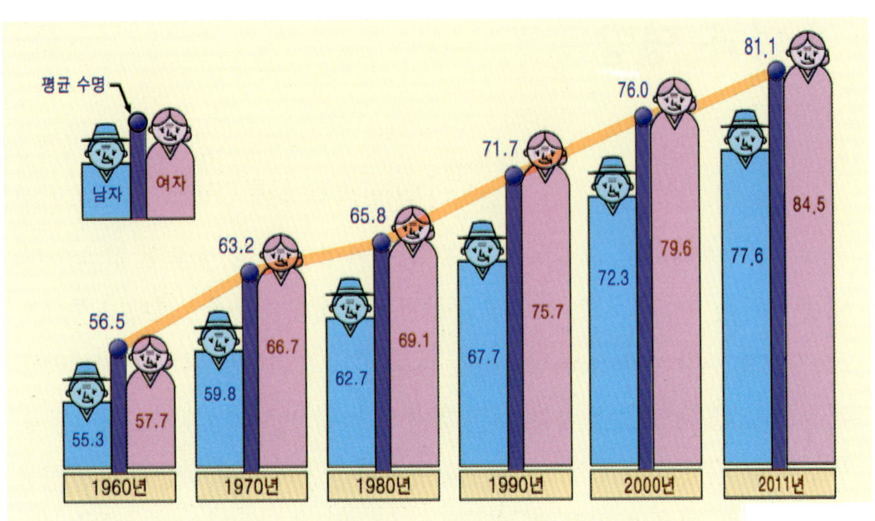

그림 16-2. 우리나라 남녀별 평균 수명(세)

예로부터 사람들의 소망은 건강하게 오래 사는 것이었으며 오늘날 이 꿈이 실현되어 가고 있다. 인간의 수명이 과거에 비하여 연장되는 것은 전반적인 생활환경의 향상, 즉 영양, 환경, 위생 및 의료 기술의 진전에 의한 것으로 보여진다.

이 중 영양은 사람이나 동물의 수명 또는 노화 진행 속도와 밀접한 관련이 있는 것으로 알려져 있다. 최근 미국 하버드대학교의 연구에 의하면 열량 섭취량을 30% 줄이면 수명을 30~40% 연장할 수 있다고 한다. 그 이유는 식이 제한을 시키면 제일 먼저 미토콘드리아 안에 있는 NAD(nicotinamide adenine dinucleotide)라는 보조효소가 늘어나고 이것이 다시 시르투인(sirtuin)이라는 효소의 활동을 증가시키며 이에 자극을 받아 미토콘드리아가 에너지 생산을 증가시킴으로써 섭취 감소로 인한 세포의 노화를 억제시킨다는 것이다.

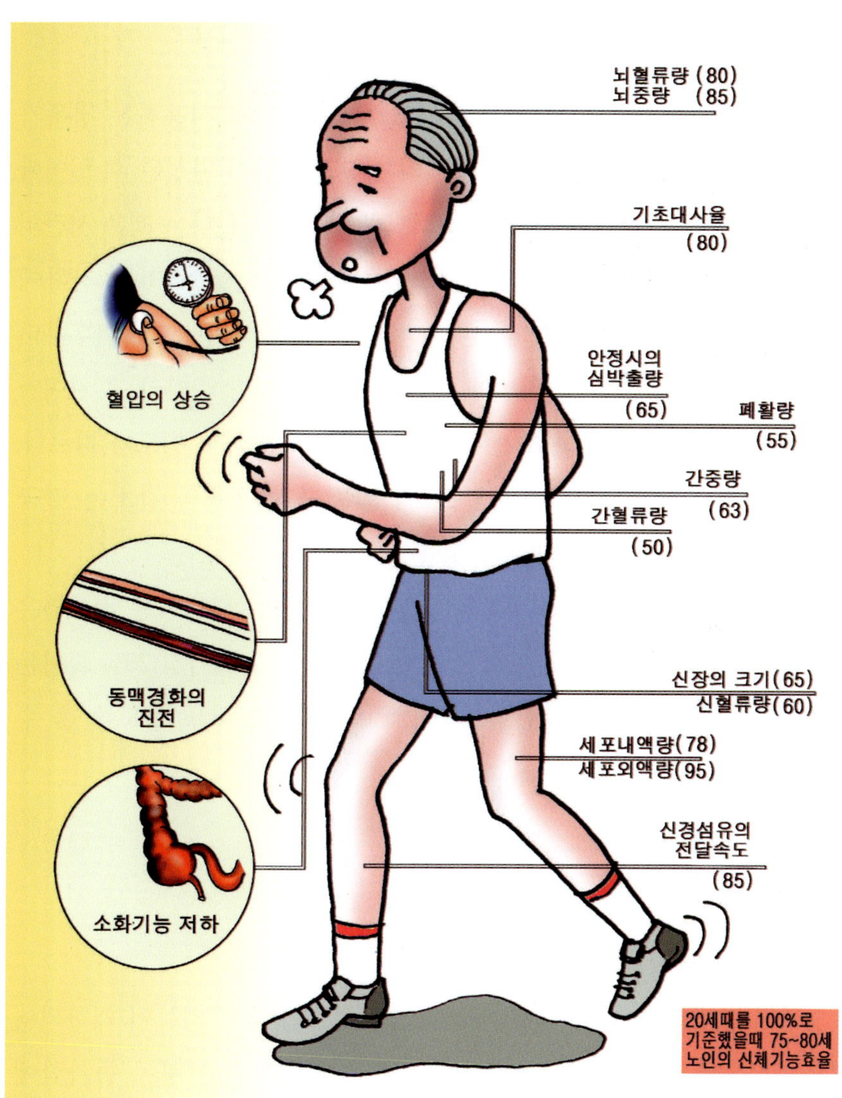

그림 16-3. 노화에 따른 생리기능의 변화

3. 노화와 생리기능의 변화

노화(senescence)와 나이가 먹는 것(aging)을 동의어로 사용하는 경우가 많으나 엄밀히 다르다. 즉 노화는 신체의 성장과 발달이 완성된 후 일어나는 체성분 및 신체 각 기관의 기능 쇠퇴이며 나이를 먹는다는 것은 시간의 경과를 의미하는 것이다. 그러나 노화는 나이와 더불어 기능 저하에 따른 죽음에 이르는 과정을 의미한다. 사람의 생리기능은 30세 이후부터 매년 약 1%씩 그 기능이 저하된다. 이러한 변화는 사람에 따라 그 차이가 천차만별이며 한 개인이라도 신체 기관에 따라서 노화의 정도가 다르다. 50세 이후부터는 근육이 매년 1~2%씩 감소되고 근육의 감소는 결국 운동성을 저하시키고 생의 독립성을 떨어뜨린다.

사람의 뇌 역시 50세부터 퇴화된다. 사고와 기억을 담당하는 전두엽은 50~90세의 나이에 30% 감소되고 정보입력창구인 해마 역시 20% 줄어든다. 그러나 뇌를 활발하게 움직이면 기억력 감퇴를 어느 정도 늦출 수 있다(그림 16-3).

1) 체내 대사의 변화

♠기초대사율 감소

연령이 증가함에 따라 세포수의 감소와 세포의 대사 기능이 저하되어 기초대사율이 50세 이후가 되면 10～15% 감소된다. 연령이 증가함에 따라 오는 기초대사율 감소와 남녀 간의 차이가 나타난다(그림 16-4).

♠포도당 이용률 감소

노인들에 있어서도 포도당에 대한 내성도 점차로 감소되며 이는 인슐린

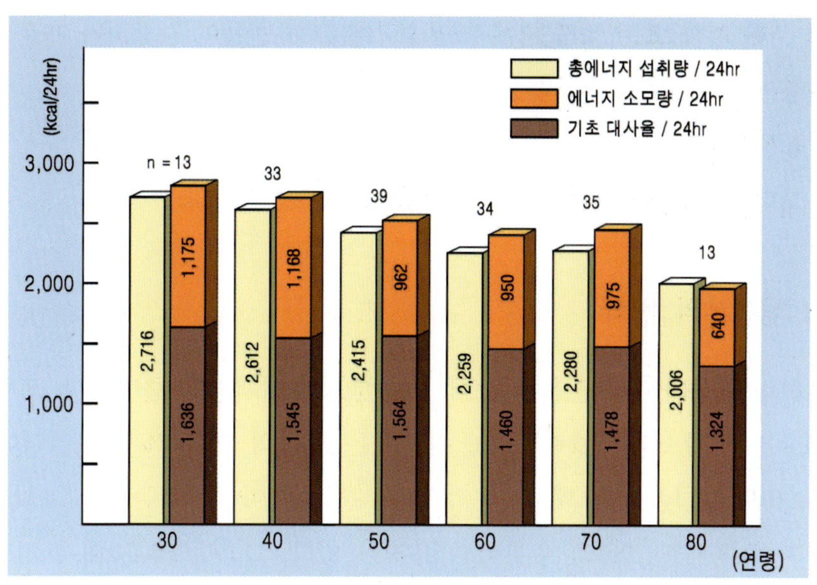

그림 16-4. 정상 남자의 30세에서 80세까지의 1일 평균 에너지 균형

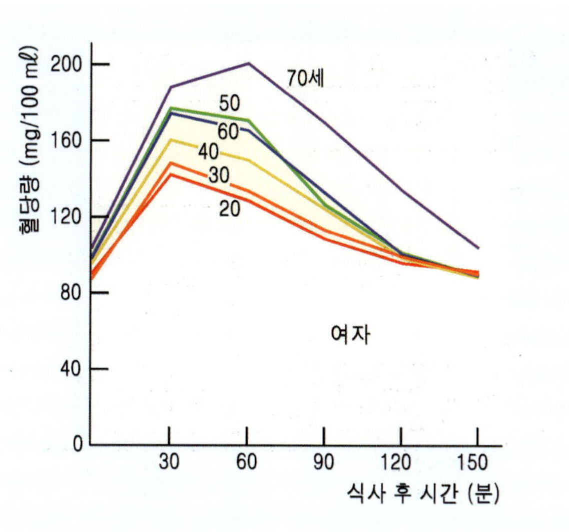

그림 16-5. 연령과 식전 및 식후 시간별 혈당치 변화
(50g의 포도당을 구강으로 섭취 : Keen과 Fuller, 1980)

의 분비 저하 또는 조직 내에서 인슐린에 대한 반응이 감소되기 때문에 연령이 높을수록 혈당치가 높다(그림 16-5).

♠ 지방대사

혈액 중 HDL은 낮아지고 반면에 LDL은 증가한다.

2) 체성분의 변화

연령이 증가되면 근육은 줄어드는 반면에 체지방은 증가된다. 또한 체수분도 감소된다(그림 16-6). 신생아는 체중의 75~80%가 체액이다. 20~30대에는 뇌, 심장, 폐, 장 등의 70~80%가 수분이며 피부는 72% 그리고 심지어 뼈에도 22%의 수분이 함유되어 있다. 그러나 60~70대가 되면 체내 수분 함량이 남성은 50%, 여성은 45%로 크게 감소된다.

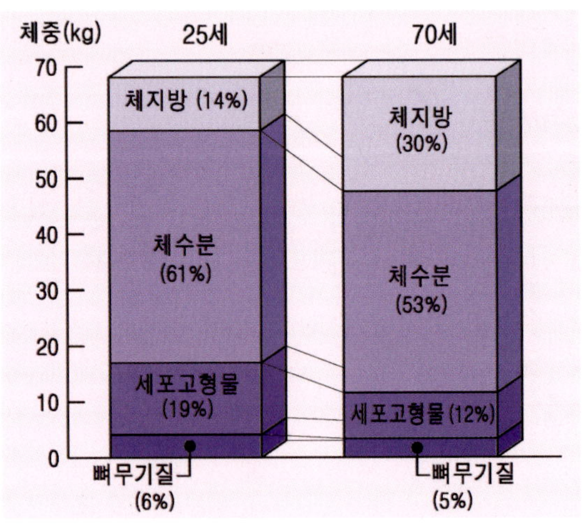

그림 16-6. 25세와 70세 노인의 체성분 비교

3) 장기 기능의 저하

연령의 증가와 더불어 장기들의 세포수가 감소되고 기능이 저하된다. 대표적인 예로 간의 기능은 연령증가와 더불어 저하되며 신장의 사구체 수도 감소하여 신장기능이 저하된다.

4) 감각 기능의 저하

미각, 후각, 시각, 청각 등의 감각이 개인에 따라 다르기는 하지만 저하된다. 나이가 들어감에 따라 미각과 후각이 저하되어 음식을 먹는 즐거움을 잘 느낄 수 없게 되고 결국 식욕의 저하를 초래한다. 달팽이관(cochlea)의 퇴화로 인하여 청각의 감소를 가져온다. 이로 인하여 소리에 대한 민감도가 떨어지게 되고 말도 어눌하게 된다. 또한 눈은 조직의 탄력성 저하로 눈의 렌즈가 굳어져 망막에 분명한 영상을 나타내지 못하여 시력도 감소한다.

5) 면역 기능의 저하

체내 면역기능 특히 흉선과 연관된 면역 능력은 연령증가와 더불어 감소되어 박테리아, 곰팡이 그리고 바이러스의 감염을 높이고 동시에 암 발생과 자가 면역성 질환(auto immune disease)의 발병을 증가시킨다.

6) 심리적 변화

직장으로부터의 정년은 수입원의 단절뿐만 아니라 사회로부터의 고립도 함께 가져다준다. 또 이 연령에 이르면 행동의 불편함, 가족들의 무관심, 또는 배우자를 잃은 슬픔 등으로 인하여 우울증이 오기 쉬운데 이러한 감정 상태는 노인들의 식습관에 해롭게 작용할 수도 있다. 그러나 오래 살려면 긍정적인 생각이 중요하다. 낙관적인 사람은 심혈관 질환 등의 각종 노인성 질환으로 인한 사망위험이 50% 이상 낮은 것으로 나타난다.

나이가 들면

- 뼈질량과 밀도가 감소한다.
- 척추에 압력이 증가한다.
- 관절연골의 퇴행성 변화를 초래한다.
- 지방조직이 증가하며 따라서 실질 근육량이 감소한다.
- 신체의 노동 능력이 감소한다.
- 시력이 감소한다.
- 기초대사열량 요구량이 감소한다.
- 수태율이 감소한다.
- 성기능이 감소한다.
- 총 혈액량이 감소한다.

4. 노화의 원인설

노화의 원인을 밝히는 여러 가지 학설이 있으나 그 중 중요한 것을 간추려 보면 다음과 같다.

1) 점진적인 DNA의 손상설

DNA(deoxyribonucleic acid)는 살아있는 생물의 세포 핵 속에 들어 있으며 유전인자를 조절하고 전달해주는 물질이다. 이 학설은 DNA의 손상 속도가 재생 속도보다 더 빠르게 되면서 DNA의 손상이 누적되어 노화를 초래한다는 것이다.

2) 세포분열의 한계설

인간의 정상세포는 50번 정도 증식하면 더 이상 분열을 하지 못하고 죽게 된다는 사실을 토대로 세포에 일정한 수명이 내재해 있다는 것이다. 즉, 세포 속에 유전적으로 죽음의 시기를 결정하는 수명시계가 있다는 설이다.

3) 자유기에 의한 손상

자유기는 산소가 세포 내를 통과하는 과정에서 생성되며 세포막에 작용하여 정상 기능을 못하게 한다. 따라서 자유기의 작용이 노화의 주요 원인으로 지적되고 있다.

5. 노인의 건강 문제

노년기에 이르러 본인은 물론 가족 모두에게 가장 큰 고통을 주는 것이 기억력 상실이다. 대부분의 건강한 노인도 수시로 기억상실증이 나타나는 경우가 있지만 무엇보다 심각한 것은 치매(dementia)이다. 65세 이상 노인 중 5~10% 내외가 고통을 받는 치매는 기억력과 사고력 및 판단력이 쇠퇴하면서 자기자신을 잃어가는 병이다. 치매는 정상적인 노화과정에서 일어나는 기억력 및 정신기능의 감퇴와는 다른 특별한 질환이다.

스트레스 역시 기억력을 떨어드린다. 스트레스 호르몬인 코티솔(cortisol)이 기억기능을 맡고 있는 뇌의 일부를 손상시키기 때문이다. 알코올도 뇌의 신경회로를 일시적으로 마비시키는데 이러한 마비가 반복되면 기억능력을 저하시킨다. 흡연은 뇌에 산소와 포도당을 공급하는 혈관을 수축시키고 동시에 뇌신경 세포를 파괴시킨다.

치매는 한번 걸리면 회복이 어렵지만 평소 규칙적인 운동과 지적 활동을 포함한 생활습관을 잘 유지하고 적절한 치료와 예방조치를 취하면 치매의 진행을 늦추거나 발병을 막을 수 있다.

1) 알츠하이머형 노인성 치매

1907년 독일의 정신과 의사 알로이스 알츠하이머(Alois Alzheimer)가 학회에 환자를 처음으로 보고해 알려진 병이다. 이 병의 원인이 아직 명확하게 밝혀져 있지 않으나 현재 알려진 바에 의하면 신경세포 안에 있는 미토콘드리아라고 하는 동력원의 대사기능에 문제가 생겨 신경세포가 포도당을 제대로 이용하지 못함으로써 뇌기능이 손상되기 때문이다. 뇌에서 특정 효소인 베타세크레타아제(β-secretase)와 감마세크레타아제(ϒ-secretase)의 활성도가 비정상적으로 증가하여 베타아밀로이드(β-amyloid)라는 이상 단백질이 과잉으로 생산되어 뇌 안에 쌓여 신경세포의 세포벽을 파괴시키기 때문이라 한다. 따라서 신경세포와 뇌세포가 점점 파괴되어 뇌조직이 쪼그라지면서 뇌기능을 상실하게 되는 병이며 이런 과정에서 아세틸콜린(acetylcholine)이라는 신경전달물질이 크게 감소한다. 아세틸콜린은 기억과 학습 등의 뇌작용에 긴요하게 쓰이는 물질로서 부족해지면 기억력 장애 등 인지기능장애가 생긴다.

알츠하이머형 노인성 치매는 신경퇴행성 질환이며 전체 치매환자의 50~60%를 차지하고 주요한 위험요인으로 연령을 들 수 있다. 이외에도 가족의 병력(family history), 바이러스(virus)나 환경오염 특히 알루미늄(aluminum) 오염이 이 질환의 원인이 된다는 보고도 있으나 아직 분명히 규명되지 않았다. 그러나 일부 학자들에 의하면 산성비(acid rain)가 알루미늄을 용해시키고 용해된 알루미늄이 식수 중에 유입되어 그 농도가 높은 지역에 알츠하이머형 노인성 치매 발병률이 1.5～2.7%나 높았다고 한다. 어린 시절에 두뇌의 외상 또는 정신적 충격도 이 질환의 발병과 관계가 있다.

알츠하이머형 노인성 치매는 뇌의 퇴행성 질환으로 치료약물을 조기에 복용하면 병의 진행을 완화시킬 수 있다. 환자 개인에 따라 병의 강도(intensity)와 기간(duration)이 다양하며 일반적으로 진행과정을 3단계로 분류한다(표 16-1).

기억을 담당하는 뇌부위는 대뇌피질이다. 해마가 정보창구라면 대뇌피질은 정보를 보관하는 창고역할을 한다. 알츠하이머 치매환자가 과거의 일은 기억하지만 최근의 새로운 정보를 기억하지 못하는 것은 뇌의 정보

표 16-1. 알츠하이머형 노인성 치매 진행과정 3단계

단 계	증 상
1단계	혼동(confusion), 우울증(depression), 근심(anxiety) 그리고 단기 기억력 상실이 나타난다
2단계	장기 기억력 상실로 발전하며 의사소통과 지각력의 문제가 생긴다.
3단계	결국에는 시간이 갈수록 노쇠해져 일상생활에 필요한 어떤 활동도 못하게 되고 모든 것을 가족의 손에 의지하게 된다. 그리고 박테리아의 감염 또는 폐렴(pneumonia) 등으로 쉽게 사망하게 된다.

입력창구인 해마가 손상되기 때문이다.

치매는 기억을 입력하는 해마와 기억을 잠시 보관하는 측두엽부터 망가지기 시작하여 병의 경과가 깊어지면 전두엽 전체가 망가져 감정조절이 안 되고 인격이 변하여 행동을 자제 못하는 인지기능장애로 이어진다.

따라서 감정조절이 안 되어 난폭한 행동과 욕설 그리고 집밖에서 배회하는 등의 증상이 나타나 정신질환으로 오인받기도 한다.

2) 노인성 치매

노인성 치매는 뇌혈관순환장애로 나타나는 혈관성 치매로 전체 치매환자의 20~30%를 차지하며 뇌혈액순환의 장애로 생기는 질환이다. 뇌세포에 혈액순환이 원활치 못하면 충분한 영양소와 산소가 공급되지 않아 신경세포가 서서히 죽게 되어 기억력과 기타 지적 능력을 잃고 행동 및 정신상의 장애를 초래한다. 혈관성 치매의 진행속도는 개인차가 있으나 초기에는 주로 건망증, 언어능력 저하, 방향감각 상실 등의 증세가 나타나다 뇌세포의 심한 파괴로 기억 장애, 판단력 장애, 실어증, 인격변화 등을 초래하여 결국 정상적인 일상생활을 할 수 없게 한다.

우리나라도 최근 보건복지부 발표에 의하면 2012년 65세 이상 노인 중 치매환자 발생률이 9.08%로 세계에서 가장 빠르게 증가하고 있다. 여성이 남성에 비하여 치매 유병률이 1.3배 높았는데, 이와 같이 여성의 발병률이 높은 이유는 여성호르몬 분비 저하가 뇌신경 전달물질에 영향을 미칠 뿐 아니라 여성의 평균 수명이 남성보다 길기 때문으로 여겨진다. 그리고 인구 고령화에 따라 65세 이상 치매환자는 계속 증가할 것으로 전망하고 있다(그림 16-7). 알츠하이머 치매는 환자 자신이나 가족이 언제부터 증상이 시작되었는지 모를 정도로 조용히 진행되지만 혈관성 치매는

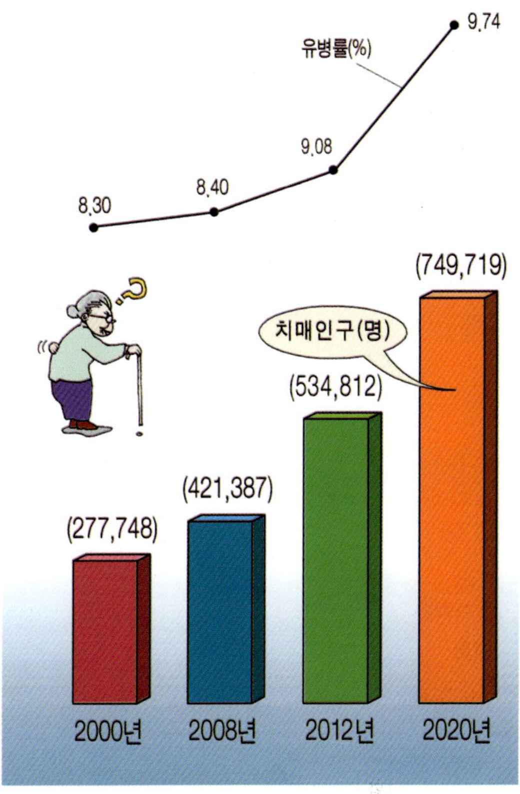

*자료: 국민건강보험공단, 2012

그림 16-7. 65세 이상 치매 인구 예측

갑자기 증상이 나타나거나 악화되어 추정이 가능하다. 혈관성 치매는 혈액순환을 막는 고혈압, 당뇨병, 심장질환, 흡연 등의 위험인자를 잘 관리하면 예방할 수 있다. 특히 혈관성 치매는 알츠하이머 치매와는 달리 제때 발견해 치료하면 치매가 진행되는 것을 예방할 수 있다.

3) 파킨슨병

파킨슨병은 치매와 같은 퇴행성 질환이다. 파킨슨병은 50세 이하에서는 거의 발병되지 않으나 연령이 증가되면 발병률이 높고 75세에 최고에 달한다. 65세 이상 노인의 1%가 파킨슨병에 걸릴 정도로 흔한 병이지만 진단이 어렵다. 신경전달물질인 도파민을 생산하는 두뇌의 신경 세포가 상실되어 도파민 부족을 초래하여 각종 신경학적 이상을 나타내는 병이다.

치매를 예방하려면

- 운동의 생활화(걷기 등)
- 정상 체중 유지
- 적극적인 사회활동(자원봉사, 종교 활동)
- 주변사람과 많은 대화
- 고혈압 조기 발견 및 치료
- 고혈당의 경우 혈당 조절
- 책읽기 등 꾸준한 두뇌 활동
- 게임 즐기기(장기, 바둑, 화투 등)
- 콜레스테롤 수치 정상 유지
- 금연
- 심장병 조기 발견 및 치료
- 과음 조심
- 우울증 치료
- 여성의 경우 갱년기 치료

6. 노인 건강을 위한 영양 관리

같은 연령이라도 어떤 사람은 더 젊어 보이고 어떤 사람은 더 늙어 보인다. 여기에 관여하는 주요 원인으로 영양과 관계가 있는 규칙적인 식사, 알코올의 적당한 섭취 그리고 이상 체중의 유지를 들 수 있으며, 이외에 충분한 수면, 금연, 규칙적인 운동을 들 수 있다. 물론 이들 요소들은 상호 보완적이며 신체적 건강(physical well-being)과 수명에 크게 영향을 미친다. 따라서 사람은 태어난 날짜(생일)를 바꾸지는 못하여도 그들의 생명과 삶의 질은 바꿀 수 있는 것이다.

건강한 장수의 기본은 에너지 섭취를 줄이고 운동량을 늘리는 습관을 만드는 것이다. 운동으로 근력을 높이고 균형된 식사로 충분한 영양소를 섭취하고 활발한 사회활동을 하는 것이 노화를 지연시키고 건강한 노후를 맞이할 수 있다(표 16-2).

노화를 지연시키는 5대 원칙

1. 즐거운 마음으로 생활하고 절대로 화내지 말자.
2. 하루 30분 이상 근력운동을 하자.
3. 하루 8시간 이상 숙면을 하자.
4. 술, 담배를 피하고 고지방음식을 삼가자.
5. 과일, 채소 섭취와 비타민, 무기질 섭취 등 균형된 식사를 하자.

표 16-2. 노인 건강 향상을 위한 영양소

영양소	특 징	급원 식품
에너지	활동량의 저하 및 식욕 감퇴, 치아 소실 등으로 에너지 섭취가 부족하기 쉬우므로 충분량 제공	복합당류, 서류
단백질	체단백질의 합성 및 분해 저하, 이용 효율 감소 초래로 필수 아미노산 제공	살코기, 계란, 생선
지방	동맥경화증, 심장병 등의 발병률 증가로 지방섭취량, 콜레스테롤, 포화지방산 섭취 제한	식물성 기름
무기질과 비타민	일반적으로 노년기에 칼슘, 비타민 A와 C가 결핍되기 쉽기 때문에 그리고 세포의 산화 방지와 뼈질환 예방을 위하여 충분하게 제공	비타민 A : 간, 생선, 우유, 계란 노른자, 당근, 브로콜리 비타민 C : 시금치, 브로콜리 비타민 D : 어유, 참치, 계란 비타민 E : 식용유, 견과류 칼슘 : 우유, 유제품, 멸치

♠노화 방지 식품

1 토마토

항산화제인 라이코펜(lycopene)이 풍부하게 들어 있다. 면역 강화, 심혈관질환 및 전립선암 예방에 효과가 있다.

2 시금치

비타민과 무기질이 풍부하게 들어 있다.

3 등푸른 생선

DHA, EPA 등 오메가 3계 지방산이 들어 있다.

④ 브로콜리

항노화 식품으로 특히 베타카로틴 등 비타민이 많이 들어 있다.

⑤ 해조류

무기질과 식이 섬유질이 풍부하게 들어 있다.

⑥ 클로렐라

무기질과 식이 섬유질이 풍부하게 들어 있다.

⑦ 적포도주

폴리페놀(polyphenol) 성분인 레스베라트롤(resveratrol)이 심장병을 예방한다. 또한 최근 연구에 의하면 노인성 치매로 인한 기억상실을 억제하는 효과가 있다고 한다.

⑧ 마늘

알린(aline) 성분이 심혈관계 질환을 예방하고 항산화제 기능, 항균 작용 그리고 항바이러스 효과가 뛰어나다.

⑨ 고추

캡사이신(capsicine) 성분이 항산화제 기능을 가지고 있으며 심혈관계 질환 예방효과도 있다.

⑩ 양파

알린 성분이 풍부하다. 폴리페놀 성분인 케르세틴(quercetin)과 미리세틴(myricetin) 성분이 혈중 콜레스테롤을 낮추고 암세포 증식을 억제한다.

⑪ 녹차

카테킨(catechin) 성분이 심혈관계 질환을 예방한다.

⑫ 콩과 콩식품

플라보노이드(flavonoid)가 풍부하여 노화방지에 좋다. 특히 검은콩에 풍부하게 함유되어 있는 안토시아닌(anthocyanin) 색소는 활성산소를 차단하고 혈액순환을 돕는다.

13 버섯

베타-글루칸(β-glucan) 성분은 면역력을 증강시킨다.

14 고구마

베타-카로틴, 비타민 C, 플라보노이드 그리고 섬유질이 풍부하다.

참고문헌

Berg, B.N. and H.S. Smith. 1960. Nutrition and longevity in the rat Ⅱ. Longevity and onset of disease with different levels of food intake. *J. Nutr.* 71 : 255.

Biarrows, C.H. and G.C. Kokkonen. 1977. Relationship between nutrition and aging. *Acly. Nutritional Res.*, Vol. I. H. H. Draper(ed.). Plenum Press, New York.

Davies, L. 1984. Nutrition and the elderly : identifying those at risk. *Proc. Nutr.* Soc. 43 : 295.

Evans, W.J. 1986. Exercise and muscle metabolism in the elderly. *Nutrition and aging.* Hutchinson, M.I. and H.N. Munro(eds.). Academic Press, New. York.

Evans, W.J. and C.N. Meredith. 1989. Exercise and Nutrition in the Elderly : Human Nutrition. *A Comprehensive Treatise,* Vol. 6. Munro, H.N. and D.E. Danford(eds.). Plenum Press, New York.

Hahn D.B. and W.A.Payne. 2003. *Focus on Health*, 6th ed. McGraw Hill

Keen, H. and J.H. Fuller. 1980. *The Epidemiology of Diabetes in Metabolic and Nutritional Disorders in the Elderly.* Exton, Smith, A.NX and F.C. Caird(eds.). Wright, Bristol.

Kohrs, M.B. 1986. *Effectiveness of Nutrition Intervention Programs, 161- the Elderly, Nutrition and Aging.* Hatchinson, M.L. and H.N. Munro(eds.). A.P., N.Y.

Leto, S., G.C. Kokkonen and C.H. Barrows. 1976. Dietary protein, life-span, and biochemical variables in female mice. *J. Gerontol.* 31 : 144.

Markovic, V., K. Kostial, I. Simonovic, R. Buzina, A. Brodarec and B.L.C. Nordin. 1979. Bone status and fracture rates in two regions of Yugoslavia. *Am. J. Clin. Nutr.* 32 : 540.

Masoro, E.J. 1989. Nutrition and Aging in Animal Models. Human Nutrition. *A Comprehensive Treatise,* Vol. 6, Munro, H.N. and D.E. Danford(eds.). Plenum Press, New York.

Meydami, S.N. and J.B. Blumberg. 1989. Nutrition and Immune Functions in the Elderly, Human Nutrition. *A Comprehensive Treatise,* Vol. 6, Munro, H.N. and D.E. Danford(eds.). Plenum Press, New York.

Munro, H.N. 1989. The Challenges of research into nutrition and aging. Introduction to a multifaceted problem, Human Nutrition. *A Comprehensive Treatise,* Vol. 6,

Munro, H.N. and D.E. Danford(eds.). Plenum Press, New York.

Nolen, G.A. 1972. Effect of various restricted dietary regimens on the growth, health and longevity of albino rats. *J. Nutr.* 102 : 1477.

Rolfes, S.R., K. Pinna and E. Whitney. 2006. *Understanding Normal and Clinical Nutrition*. Thomson Wadsworth.

Rosenberg, L.H. 1994. Keys to a longer, healthier, more vital life. *Nutr. Rev.* 52(8) : S. 50-51.

Rowe, J.W., K.L. Minaker, J.A. Pallota and J.S. Flier. 1983. Characterization of the insulin resistance of aging. *J. Clin. Invest.* 71 : 1581.

Scheider, W.L. 1983. *Nutrition, Basic Concepts and Application*. McGraw-Hill Book Co., New York.

Schlenker, E.D. 1993. *Nutrition in Aging*, 2nd ed. Mosby. St. Louis, U.S.A.

Shock, N.W. 1972. *Energy Metabolism, Caloric Intake, and Physical Activity of the Aging*. Nutrition in old age. 10th Symp. of the Swedish Nutr. Foundation, Carlson, L.A.(ed.). Almgvist & Wiksell, Uppsala.

Stuchlikova, E., M. Juricova-Horakova and Z. Deyl. 1975. New aspects of the dietary effect of life prolongation in rodents. What is the role of obesity in aging. *Exp. Gerontol.* 10 : 141.

Wardlaw, G.M. and J. Hamp. 2006. *Perspective in Nutrition*, 7th ed. McGraw-Hill, N.Y.

Whitney E.N., C.B. Cataldo, L.K. DeBruyne, and S.R. Rolfes. 2001. *Nutrition For Health and Health Care*, 2nd ed. Wadsworth.

국민건강보험공단. 2012. 실천적 건강복지 플랜.

권용옥. 2004. 나이가 두렵지 않은 웰빙 건강법. 조선일보사.

대웅사보. 329호 2003년 12월 15일자.

동아닷컴. 2009년 10월 1일. 장수엔 소식, 유산소운동이 최고?

동아일보. 1994년 4월 3일자.

________. 1998년 4월 25일자.

문화일보. 2008년 9월 16일. 치매로 가는 길 막을 수 있다.

보건복지부 · 질병관리본부. 2012. 2011년 국민건강통계(국민건강영양조사 제5기 2차년도).

조선일보. 2004년 6월 19일자.

중앙일보. 2002년 9월 10일자.
________. 2002년 12월 4일자.
________. week & 2004년 9월 14일. 기억력 감퇴—당신의 뇌를 깨워라.
________. 2004년 2월 10일.
________. 2004년 6월 21일자.
________. 2004년 9월 22일자.
________. 2007년 2월 9일. 노후 외로움 치명적—'마당발'이 오래 산다.
통계청. 2012. 장래인구추계 2011.
한국영양학회. 2000. 한국인 영양권장량 제7차 개정.

부록

1. 외식의 열량

외식형태	음 식 명	제공형태 (제공량)	주내용물	열 량 (kcal)
한 식	갈비탕	갈비 1대, 쇠고기	소갈비, 양지고기, 당면	300
		밥 210 g	밥 1공기	300
	갈비구이	양념 재어 250 g	소갈비, 양파, 간장, 설탕, 참기름	580
	진곰탕	600 g	양지고기, 사골, 국수사리	220
		밥 210 g	밥 1공기	300
	김치찌개	400 g	김치, 돼지고기, 두부	150
		밥 210 g	밥 1공기	300
	물냉면	냉면사리 300 g, 육수 400 cc	양지고기, 무, 오이, 계란 1/2개	450
	비빔냉면	냉면사리 300 g 내외	젖은 냉면, 양지고기, 무, 오이, 계란	530
	회냉면	냉면사리 300 g 내외, 홍어 무친 것 60 g	젖은 냉면, 홍어, 무, 계란	530
	된장찌개	뚝배기(소)	감자, 호박, 두부, 바지락	100
		밥 210 g	밥 1공기	300
	보쌈	삶은 고기 270 g	돼지사태, 배추, 무, 생굴	1,180
	불고기 (1인분)	양념 재어 250 g	쇠고기, 배, 양파, 설탕	250
	불낙전골	1인분	낙지, 쇠고기, 호박, 삶은 국수, 두부	230
		밥 210 g	밥 1공기	
	비빔밥	200 g 내외	쇠고기, 고사리, 당근, 무, 시금치, 콩나물	300
		밥 210 g	밥 1공기	300
	삼계탕	영계 1마리, 찹쌀 30 g	영계, 마늘, 대추, 찹쌀, 국수사리	1,000
	생등심구이	1인분(200 g)	쇠고기 등심	290

외식형태	음 식 명	제공형태 (제공량)	주내용물	열 량 (kcal)
한 식	설렁탕	고기 50 g, 당면 15 g	양지고기, 사골, 당면	160
		밥 210 g	밥 1공기	300
	순두부백반	뚝배기(소)	순두부, 돼지고기, 바지락, 계란 1개	290
		밥 210 g	밥 1공기	300
	육개장	고기 50 g, 계란 20 g	쇠고기, 고사리, 대파, 계란	200
		밥 210 g	밥 1공기	300
	전복죽	500 g 내외	쌀, 전복, 참기름	290
	김치전	직경 17 cm 크기	김치, 밀가루, 양파, 계란	280
	녹두전	직경 17 cm 크기	녹두, 돼지고기, 김치, 밀가루, 숙주	320
일 식	대구매운탕	뚝배기(대)	대구, 콩나물, 양파, 쑥갓	210
		밥 210 g	밥 1공기	300
	메밀국수	삶은 면 350 g 내외 국물 250 cc	메밀국수, 양념장	450
	생선초밥	1인분(250 g 내외)	전복, 장어, 문어, 새우, 참치, 새조갯살, 밥	360
	유부초밥	10개(300 g 내외)	유부, 밥, 설탕	500
	김초밥	10개(300 g 내외)	김, 맛살, 오이, 우엉, 밥, 설탕	340
	회덮밥	200 g 내외	참치, 상추, 양배추, 오이	220
		밥 210 g	밥 1공기	300
중 식	자장면	한 그릇	국수, 양배추, 쇼트닝, 돼지고기, 양파, 오이, 호박	670
	짬뽕	한 그릇	국수, 양배추, 바지락, 물오징어, 호박, 양파, 당근	540
	볶음밥	볶음밥량(350 g), 자장소스(100 g)	밥, 돼지고기, 양파, 당근, 대파, 계란, 자장소스	730
	탕수육	한 접시 (직경 29 cm)	돼지고기, 난황, 녹말, 탕수육소스	1,960

외식형태	음 식 명	제공형태 (제공량)	주내용물	열 량 (kcal)
양 식	포크커틀릿 (돈가스)	직경 29 cm 접시, 샐러드용 접시, 밥접시, 수프 그릇	돼지고기, 계란, 빵가루 곁들이는 것: 튀긴 감자, 브로콜리, 당근, 야채샐러드(양배추, 오이), 밥 또는 빵 소스 포함, 크림수프	980
	안심 스테이크	직경 29 cm 접시, 샐러드용 접시, 밥접시, 스프 그릇	쇠고기 곁들이는 것:튀긴 감자, 브로콜리, 당근, 야채샐러드, 밥 또는 빵 소스 포함, 크림수프	890
	생선커틀릿 (생선가스)	130 g 정도 (생선 튀긴 것)	동태살, 빵가루, 계란, 밀가루, 곁들이는 야채, 밥, 크림수프	930
	햄버그 스테이크	180 g 정도(patty)	쇠고기, 돼지고기, 빵가루, 계란, 양파, 곁들이는 야채, 밥, 소스, 크림수프	860
	김치볶음밥	400 g 내외	김치, 쇠고기, 양파, 당근, 피망, 밥	600
	오므라이스	20×30의 타원형 접시 400 g 내외	쇠고기, 당근, 피망, 케첩, 양파, 밥, 계란	680
	정식	돈가스 50 g 생선가스 50 g 햄버그 70 g	돼지고기, 동태살, 쇠고기, 새우, 야채샐러드, 밥, 곁들인 야채, 소스, 크림수프	1,040
	통닭 (프라이드)	한 마리(650 g)	닭, 전분류, 밀가루	3,190
	통닭(양념)	한 마리(750 g)	닭, 전분, 밀가루, 물엿, 땅콩, 케첩	3,540
	카레라이스	20×30의 타원형 접시	돼지고기, 양파, 감자 당근, 샐러리, 카레, 밥	630
	피자	regular 9 inch 480 g 정도	밀가루, 토핑(피망, 페파로니, 쇠고기, 돼지고기, 햄, 양송이), 모짜렐라치즈, 피자소스	1,120

외식형태	음 식 명	제공형태 (제공량)	주내용물	열 량 (kcal)
양 식	햄버거	불고기버거 (patty 40 g)	햄버거빵, 쇠고기, 돼지고기, 빵가루, 마요네즈	380
		데리버거 (patty 40 g)	햄버거빵, 쇠고기, 돼지고기, 빵가루, 마요네즈	360
분 식	돌냄비우동	돌솥	국수, 흰떡, 어묵, 튀김, 새우, 대추, 맛살, 밤, 은행, 계란	550
	수제비	한 그릇	밀가루, 감자, 바지락, 애호박	410
	칼국수	800 g 내외 (물 500 cc 포함)	밀가루, 사골, 쇠고기, 애호박	460
	고기만두	1인분 10개 300 g 정도	밀가루, 무말랭이, 돼지고기, 대파, 간장	350
	사골 만두국	한 그릇 (사골, 고기)	밀가루, 숙주, 돼지고기, 양파, 두부, 쇠고기, 국사골, 계란 지단	460
	도시락 (나이스데이)	일식형 도시락	밥, 생북어조림, 계란말이, 호박볶음, 돈육강정, 미역줄기볶음, 소시지전, 오징어튀김, 김치, 과일	700
	김밥	200 g 정도	밥, 시금치, 맛살, 단무지, 당근, 계란지단	270
	장터국수 (체인점)	800 g 내외	국수, 튀김, 유부, 어묵, 계란, 파	420

2. 유제품·음료수·과자류의 열량

· 유제품

제 품 명	포장당 각 1개(g)	열 량 (kcal)	제 품 명	포장당 각 1개(g)	열 량 (kcal)
요플레(딸기)	110	119	요델리(딸기)	110	101
꼬모(딸기)	110	116	다농(딸기)	110	114
비피더스(딸기)	110	86	바이오거트(딸기)	100	101
요델리퀸드링크(플레인)	100	73			
한국요쿠르트	65	80	파스퇴르요쿠르트	150	87
불가리스	150	150	덴마크요쿠르트	180	69

· 음료수

제 품 명	포장당 각 1개(g)	열 량 (kcal)	제 품 명	포장당 각 1개(g)	열 량 (kcal)
코카콜라	250	99	데미소다(사과)	250	100
펩시콜라	250	100	밀키스	250	149
칠성사이다	250	100	크리미	250	125
킨사이다	250	120	게토레이(레몬맛)	250	78
스프라이트	250	77	포카리스웨트	250	63
라이트콜라	250	30	하이칼스	250	95
환타(오렌지)	250	120	이오니카	250	63
환타(포도)	250	161	아쿠아리스	250	40
전원메론	250	100	마하-7	250	60
미에로화이바	100	48	미에로화이바-베타	100	31
탄산미에로화이바	100	28	화이브미니	100	40

· 스낵류

제 품 명	포장당 각 1개(g)	열 량 (kcal)	제 품 명	포장당 각 1개(g)	열 량 (kcal)
양파링	95	470	쌀로별	80	425
새우깡	85	437	고래밥		
포테이토칩	55	312	(볶음양념맛)	55	71
쌀로본	192	923	(불고기맛)	55	74
쌀로랑	125	602	컨추리콘	80	397

· 비스킷류

제 품 명	포장당 각 1개(g)	열 량 (kcal)	제 품 명	포장당 각 1개(g)	열 량 (kcal)
초코빼빼로	40	173	버터링	80	428
아몬드빼빼로	45	239	다이제스티브		
더브러	121	335	(일반)	149	425
에이스	154	812	(초코)	178	578

3. 술의 열량

종 류	포장단위량 용량 (ml/병)	열 량 (kcal)	알코올 농도(%)	1잔 열량 (kcal)	1잔 크기 (ml)
고량주	250	690	40	138	50
막걸리	750	410	6	110	200
맥주	500	240	4	96	200
생맥주	500/잔	190	4	76	200
소주	360	504	20	72	50
샴페인	640	280	6	65	150
위스키	360(패스포트)	1,000	40	110	40
청주	300(청하)	390	16	65	50
포도주(백)	700(마주앙)	650	12	140	150
포도주(적)	700(마주앙)	590	12	125	150
이강주	750	1,310	25	88	50
문배주	700	1,960	40	140	50
안동소주	400	1,260	45	158	50

4. 절기음식의 열량

· 추석

음 식 명	제 공 량	열 량 (kcal)
토 란 국	300 cc 내외	100
갈 비 찜	150 g 내외	440
산 적	60 g 내외	120
전 유 어	50 g 내외	110
삼색나물	100 g 내외	70
송 편	50 g(2개)	130(깨속) 120(돈부속)

· 설날

음 식 명	제 공 량	열 량 (kcal)
떡 국	800g 내외	400
닭 찜	80g 내외	240
누 름 적	100g 내외	150
전 유 어	50g	110
절 편	50g	100
식 혜	200cc	90

찾아보기

ㄱ

ㄴ

ㄷ

ㅇ

INDEX

C

D

P

Q

R

S

T

U